中等职业教育新编规划教材

中等职业教育新编规划教材专家指导委员会审定

机械制造工艺基础

主　编　王　诚　李义晚

副主编　于小宝　张　箭

合肥工业大学出版社

图书在版编目(CIP)数据

机械制造工艺基础/王诚,李义晚主编.一合肥:合肥工业大学出版社,2008.3

ISBN 978-7-81093-586-9

Ⅰ.机… Ⅱ.①王…②李… Ⅲ.机械制造工艺—专业学校—教材 Ⅳ.TH16

中国版本图书馆 CIP 数据核字(2007)第 026574 号

机械制造工艺基础

主编 王 诚 李义晚 责任编辑 汤礼广

出 版	合肥工业大学出版社	版 次	2008 年 4 月第 1 版
地 址	合肥市屯溪路 193 号	印 次	2008 年 4 月第 1 次印刷
邮 编	230009	开 本	787×1092 1/16
电 话	总编室:0551-2903038 发行部:0551-2903198	印 张	12.5
		字 数	280 千字
网 址	www.hfutpress.com.cn	印 刷	中国科学技术大学印刷厂
E-mail	press@hfutpress.com.cn	发 行	全国新华书店

ISBN 978-7-81093-586-9 定价:23.00 元

《中等职业教育新编规划教材》出版说明

我们正处于一个变革的时代，一个创新与超越的时代。在这场前所未有的变革中，职业教育正在从社会边缘走向社会中心，成为影响我国经济和社会发展的重要因素之一。职业教育的改变和发展从来没有像今天这样备受瞩目，职业教育也从来没有像今天这样承载着如此沉重的历史使命和面临着如此多的挑战，职业教育呼唤着新的理念和新的课程，职业教育需要从本质上转变传统的教学观和课程观。基于这一背景，根据教育部制定的技能型紧缺人才培养工程专业教改方案，在参考劳动与社会保障部制定的《国家职业标准》中相关工种等级考核标准和借鉴国外先进的职业教育理念、模式和方法的基础上，结合目前我国中等职业教育的实际情况，我们组织编写了这套《中等职业教育新编规划教材》。

课程是学校教育的核心。在课程开发过程中所做出的决策，不管是有意还是无意的，都极大地影响着教师教什么、怎么教，学生学什么、怎么学。随着时间的推移，新的知识又在实践中不断发生着变化，这些变化对课程又有着深刻的影响。因此，课程开发是一个持续不断的过程。

那么，采用什么标准来决定哪些知识应该纳入课程呢？技能是单独来教还是在解决真实问题时教？理论和实践应该怎样联系起来才能改进教学？教学过程中采用哪些方法更有利于提高教学效果？

过去在解决上述这些问题时，我们曾获得了许多有益的经验。借鉴这些宝贵经验，我们编写本套教材时力图体现以下特色：

（1）“导、学、做合一”的职业教育思想。结合中等职业学校的培养目标，在教材内容选择上，力求降低专业理论的重心，突出与操作技能相关的必备专业知识；在教学思想贯彻上，注重充分发挥教师引导、学生在任务引领下构建知识和技能的现代职业教育理念的作用；在结构和内容安排上，保证理论实践一体化等教学方法的实施。

（2）改变传统的单科独进式的专业课程体系，实现课程综合化和模块化。将专业基础理论知识与实训项目综合在一起，配套设置成实践性教学训练教材，以贴近学生生活实例和工作任务为基础，激发学生学习兴趣，体现生本教育思想。

（3）紧扣中等职业教育的培养目标，坚持削繁就简和实用的原则。如本套教材中将《机械制图》改为《机械识图》，目的是着重提高中等职业学校学生的读图能力；在《机械基础》中删除了有关机械原理的论述和复杂计算；把机械制造工艺知识及测量技术与实训项目结合起来，以提高教学效率，同时培养学生理论联系实际的优良学风，等等。

尽管本套教材的编写人员大多来自中等职业学校教学第一线，有着丰富的教学经验和强烈的教改意识，但由于时间仓促，教改水平也有限，因此不当之处恳请读者批评指正。

《中等职业教育新编规划教材》编委会

前言

本教材以劳动与社会保障部制定的《国家职业标准》中机械制造类专业中级工考核标准为依据，充分考虑目前职业类学校学生生源的变化以及理论课的课堂教学难度较大等情况，因此，从学生接受程度出发，不以单一的学科体系和不以理论与实践分开教学的形式来编写机械类专业教材，而是将相关专业理论知识通过生产实例融入到我们教材中进行分析讲解，对本专业原有的课程结构、体系、内容进行改革，力求实现专业课程理论与实训项目紧密结合的一体化教学。

本教材充分体现"教、学、做合一"的现代职教思想，即学生将来做什么，学生要学什么，教师就教什么。针对中等职业学校的培养目标，降低专业理论难度，突出对与专业技能相关的必备专业知识进行分析讲解，突破传统专业课程体系，把机械制造工艺知识理论教学与实训项目结合，实现理论实践课程的综合化，以提高教学效率，更好地培养学生理论联系实际的优良学风。本教材相关专业的内容均通过相对应的实训项目完成来讲解，这样可让学生在实训中加深和提高对专业理论知识的理解，同时对本专业的学习有学以致用的机会，以此提高学生学习专业理论知识的兴趣。本教材对传统机械制造工艺中的热加工知识未做编写。

本教材包括以下内容：机械制造概述，机械制造基础知识，车削、铣削、磨削及其他切削加工，机械加工工艺规程，钳工技术基础，装配工艺基础知识等。

编写时考虑到学生的认知特点，在若干章节中均安排了实训项目，将教材设置成实践性教学训练教材。课堂教学时，可结合生产实际和实训项目进行教学。

建议本教材安排120左右学时，各章节参考学时如下表。

章 节	学 时
第一章　机械制造概述	4
第二章　机械制造基础知识	6
第三章　车削	20
第四章　铣削	10
第五章　磨削	10
第六章　钻削、镗削、刨削、插削、拉削加工	10
第七章　机械加工工艺规程	12
第八章　钳工技术基础	24
第九章　装配工艺基础	16
机　动	8
总　计	120

本教材由王诚、李义晚担任主编，于小宝、张箭担任副主编。参加本教材编写的还有陈娟、唐召喜、万巍等。全书由于小宝统稿。

由于编者的水平有限，时间仓促，书中难免存在错误和不足之处，恳请广大读者批评指正。

编　者

目 录

第一章　机械制造概述

学习目标

1. 了解机械产品生产过程。
2. 了解机械加工工种分类。
3. 了解机械加工的安全与环保常识。

机械制造业在国民经济的发展中占有十分重要的地位。中国力争成为世界制造业加工中心，必须提升机械制造业的规模和水平。机械制造技术支持着机械制造业的健康发展，先进的制造技术将使一个国家的制造业乃至整个国民经济处于有竞争力的地位。

制造系统覆盖产品的全部生产过程，即设计、制造、装配等全过程。在这个过程中，由物质流（主要指由毛坯到产品的有形物质的流动）、信息流（主要指生产活动的设计、规划、调度与控制）及资金流（包括成本管理、利润规划及费用流动）等构成了整个制造系统。

第一节　机械产品生产过程简介

广义而言，生产过程是指将自然界的资源经过人们的劳动，生产成有用产品的整个过程。所以，任何机械产品的生产过程都可理解为从采矿开始，经冶炼、浇铸、辗压、零件加工到直接装配、试验的全过程。

机械制造工厂的生产过程是指将原材料或半成品生产成机械产品的全过程，如图 1－1 所示。在生产过程中，主要的过程是直接改变工件形状和尺寸的加工过程，另外也包括各种辅助生产过程，如技术准备、检验、运输、保管、包装等。

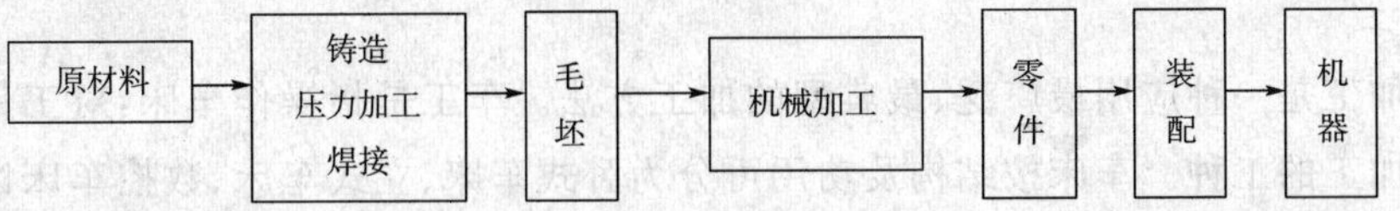

图 1－1　机械制造工厂的生产过程

机械制造工厂的生产过程，应由各个车间去完成，由此又构成了各车间的生产过程。一个车间生产的成品，往往又是其他车间的原材料。一个机械制造工厂通常都设有铸造、锻压、焊接、冲压、机械加工、热处理、表面处理和装配等车间，由它们分别完成有关的生产工作。

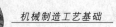

为了降低机器的生产成本，一台机器中的许多零部件往往都是由各种专业生产厂制造的，这样做也有利于实现零部件的标准化和组织专业化生产。

在工厂生产过程中，按一定顺序直接改变生产对象的形状尺寸、物理机械性质，以及决定零件相互位置关系的过程统称为机械制造工艺过程，简称为工艺过程。因此，工艺过程是生产过程的主要部分。工艺过程可分为铸造、锻压、焊接、机械加工、热处理、表面处理和装配等过程。

机械加工工艺过程在一般机械产品的整个制造工艺过程中占重要地位，它是指用机械加工方法（主要是切削加工方法）逐步改变毛坯的形态（形状、尺寸及表面质量），使其成为合格零件所进行的全部过程。

零件依次通过全部加工的过程称为工艺路线或工艺流程。工艺路线是制定工艺过程和进行车间分工的重要依据。

工艺规程是按工艺过程的各项内容编写成的工艺文件，通常包括“机械加工工艺卡”、“机械加工工序卡”等。

第二节　机械加工工种分类

工种是对劳动对象的分类称谓，也称工作种类，如电工、钳工等。机械加工工种一般分为冷加工、热加工和其他工种三大类。

一、冷加工（机械加工）类

1. 钳工

钳工大多是用手工方法并经常要在台虎钳上进行操作的一个工种。目前不适宜采用机械加工方法的一些工作，通常都由钳工来完成。钳工是机械制造企业中不可缺少的一个工种。

钳工工种按专业工作的主要对象不同又可分为普通钳工、装配钳工、模具钳工、修理钳工等。不管是哪一种钳工，要完成好本职工作，就要掌握好钳工的各项基本操作技术，如划线、錾削、锯割、锉削、钻孔、扩孔、锪孔、铰孔、攻螺纹和套螺纹、刮削、研磨、测量、装配和修理等。

2. 车工

车削加工是一种应用最广泛、最典型的加工方法。车工是指操作车床，对工件旋转表面进行切削加工的工种。车床按结构及功用可分为卧式车床、立式车床、数控车床以及特种车床等。

车削加工的主要工艺内容为：车削外圆、内孔、端面、沟槽、圆锥面、螺纹、滚花、成形面等。

3. 铣工

铣工是指操作各种铣床设备，对工件进行铣削加工的工种。

铣床按结构及其功用可分为：普通卧式铣床、普通立式铣床、万能铣床、工具铣床、龙门铣床、数控铣床、特种铣床等。

铣削加工的主要工艺内容为：铣削平面、台阶面、沟槽（键槽、T形槽、燕尾槽、螺旋槽）以及成形面等。

4. 刨工

刨工是指操作各种刨床设备，对工件进行刨削加工的工种。

常用的刨削机床有普通牛头刨床、液压刨床、龙门刨床和插床等。

刨削加工的主要工艺内容为：刨削平面、垂直面、斜面、沟槽、V形槽、燕尾槽、成形面等。

5. 磨工

磨工是指操作各种磨床设备，对工件进行磨削加工的工种。

常用的磨床有普通平面磨床、外圆磨床、内圆磨床、万能磨床、工具磨床、无心磨床以及数控磨床、特种磨床等。

磨削加工的主要工艺内容为：磨削平面、外圆、内孔、圆锥、槽、斜面、花键、螺纹、特种成形面等。

除上述工种外，常用的冷加工工种还有：钣金工、镗工、冲压工、组合机床操作工等。

二、热加工类

1. 铸造工

铸造是指熔炼金属、制造铸型并将熔融金属浇入铸型，凝固后获得一定形状尺寸和性能的金属铸件的工作。

铸造工指操作铸造设备，进行铸造加工的工种。常用的铸造种类有：砂型铸造、熔模铸造、金属砂型铸造以及压力铸造、离心铸造等。

2. 锻造工

锻造是利用锻造方法使金属材料产生塑性变形，从而获得具有一定形状、尺寸和力学性能的毛坯或零件的加工方法。

锻造工是指操作锻造机械设备及辅助工具，进行金属工件毛坯的剁料、镦粗、冲孔、成形等锻造加工的工种。

锻造可分为自由锻和模锻两大类。

3. 热处理工

金属材料可通过热处理改变其内部组织，从而改善材料的工艺性能和使用性能，所以热处理在机械制造业中占有很重要的地位。

热处理工是指操作热处理设备，对金属材料进行热处理加工的工种。根据不同的热处理工艺，一般可将热处理分成整体热处理、表面热处理、化学热处理和其他热处理四类。

三、其他工种

1. 机械设备维修工

指从事设备安装维护和修理的工种。其从事的工作主要包括：

(1)选择测定机械设备安装的场地、环境和条件。

(2)进行设备搬迁和新设备的安装与调试。

(3)对机械设备的机械、液压、气动故障和机械磨损进行修理。

(4)更换或修复机械零部件,润滑保养设备。

(5)对修复后的机械设备进行运行调试与调整。

(6)到现场巡回检修,排除机械设备运行过程中的一般故障。

(7)对损伤的机械零件进行钣金、钳加工。

(8)配合技术人员,预检机械设备故障,编制大修理方案,并完成大、中、小型修理。

(9)维护保养工具、夹具、量具及仪器仪表,排除使用过程中出现的故障。

2. 维修电工

指从事工厂设备的电气系统安装、调试与维护、修理的工种。其从事的工作主要包括:

(1)对电气设备与原材料进行选型。

(2)安装、调试、维护、保养电气设备。

(3)架设并接通送、配电线路与电缆。

(4)对电气设备进行修理或更换有缺陷的零部件。

(5)对机床等设备的电气装置、电工器材进行维护保养与修理。

(6)对室内用电线路和照明灯具进行安装、调试与修理。

(7)维护保养电工工具、器具及测试仪器仪表。

(8)填写安装、运行、检修设备技术记录。

3. 电焊工

电焊工是指操作焊接和气割设备,对金属工件进行焊接或切割成形的工种。其从事的工作主要包括:安装、调整焊接、切割设备及工艺装备;操作焊接设备进行焊接;使用特殊焊条、焊接设备和工具,对铸铁、铜、铝、不锈钢等材质的管、板、杆件及线材进行焊接;使用气割机械设备或手工工具,对金属工件进行直线、坡口和不规则线口的切割;维护保养相关设备及工艺装备,排除使用过程中出现的一般故障。常见的焊接方法有熔焊、压焊、钎焊三大类。

4. 电加工设备操作工

在机械制造中,为了加工各种难加工的材料和各种复杂的表面,常直接利用电能、化学能、热能、光能、声能等进行零件加工,这种加工方法一般称为特种加工。其中操作电加工设备进行零件加工的工种,称为电加工设备操作工。常用的加工方法有电火花加工、电解加工等。

第三节 机械加工的安全与环保常识

机械加工的安全主要是指人身安全和设备安全,防止生产中发生意外安全事故,消除各类事故隐患,制定各种规章制度以及利用各种方法与技术,使工作者牢固树立"安全第一"的观念,使工厂设备与工作者的安全防护得以改善。安全生产是每一个进入工作现场的劳动者必须牢记的座右铭。劳动者必须加强法制观念,认真贯彻有关安全生产、劳动保护的政策、法令和规定，严格遵守安全技术操作规程和各项安全生产制度。

一、安全规章制度

在工厂中为防止事故的发生，应制定出各种安全规章制度，特别是对新工人都要进行厂级、车间级、班组级三级安全教育。

1. 工人安全职责

(1)参加安全活动，学习安全技术知识，严格遵守各项安全生产规章制度。

(2)认真执行交接班制度，接班前必须认真检查本岗位的设备和安全设施是否齐全完好。

(3)精心操作，严格执行工艺规程，遵守纪律，记录清晰、真实、整洁。

(4)按时巡回检查，准确分析判断和处理生产过程中出现的异常情况。

(5)认真维护保养设备，发现缺陷应及时消除，并做好记录，保持作业场所的清洁。

(6)正确使用、妥善保管各种劳动防护用品、器具和防护器材、消防器材。

(7)严禁违章作业，劝阻和制止他人违章作业，对违章指挥有权拒绝执行，并及时向上级领导报告。

2. 车间管理安全规则

(1)车间应保持整齐清洁。

(2)车间内的通道、安全门进出应保持畅通。

(3)工具、材料等应分类存放，并按规定安置。

(4)车间内保持通风良好、光线充足。

(5)安全警示图标醒目到位，各类防护器具存放可靠，方便取用。

(6)进入车间的人员应配戴安全帽，穿好工作服等防护用品。

3. 设备操作安全规则

(1)严禁为了操作方便而拆下机器的安全装置。

(2)使用机器前应熟读其说明书，并按操作规则正确操作机器。

(3)未经许可或不太熟悉的设备，不得擅自操作使用。

(4)禁止多人同时操作同一台设备，严禁用手摸机器运转着的部分。

(5)定时维护、保养设备。

(6)发现设备故障应做记录，并请专人维修。

(7)如发生事故应立即停机，切断电源，并及时报告，注意保护现场。

(8)严格执行安全操作规程，严禁违规作业。

二、环境保护意识

环境保护是指人类为解决现实的或潜在的环境问题，协调人类与环境的关系，保障社会经济持续发展而采取的各种行动。其内容主要有：

(1)防治由生产引起的环境污染，包括防治工业生产排放的“三废”(废水、废气、废渣)、粉尘、放射性物质以及产生的噪声、振动，恶臭和电磁微波辐射，交通运输活动产生的有害气体、废液、噪声，海上船舶运输排出的污染物，工农业生产和人民生活使用的有毒有害化学品，城镇生活排放的烟尘、污水和垃圾等造成的污染。

(2)防止由开发建设活动引起的环境破坏,包括防止由大型水利工程、铁路、公路干线、大型港口码头、机场和大型工业项目等工程建设对环境造成的污染和破坏;农垦和围湖造田活动,海上油田、海岸带和沼泽地的开发,森林和矿产资源的开发对环境的破坏和污染;新工业区、新城镇的设置和建设等对环境的破坏、污染和影响。

为保证企业的健康和可持续发展,文明生产和环境管理的主要措施有:

(1)严格劳动纪律和工艺纪律,遵守操作规程和安全规程。

(2)做好厂区的绿化、美化和净化工作,严格做好“三废”(废水、废气、废渣)处理工作,消除污染源。

(3)机器设备、工具、仪器、仪表等运转正常,保养良好,工位器具齐备。

(4)保护良好的生产秩序,坚持安全生产,建立健全的管理制度,安全设施齐备,消除事故隐患。

(5)统筹规划,协调发展,在制定发展生产规划的同时必须制定相应的环境保护措施与办法。

(6)加强教育,坚持科学发展和可持续发展的生产管理观念。

思考与练习

1. 机械产品的生产过程分为哪几个阶段?包括哪些主要组成部分?
2. 机械加工常见的工种有哪几类?
3. 为什么要制定各项安全规章制度?在生产车间应遵守哪些规章制度?
4. 机械制造企业如何做好环境保护工作?

第二章　机械制造基础知识

学习目标

1. 了解切削加工的分类。
2. 熟悉切削运动和切削用量。
3. 了解刀具材料和刀具几何形状、角度。
4. 熟悉机械制造常用量具。
5. 了解夹具的构成、功能和分类。

在现代机械制造中，除少数零件采用精密铸造、精密锻造、粉末冶金加工和工程塑料注塑或压制成型等方法直接获得外，绝大多数零件都要通过切削加工获得，以保证零件的加工精度和表面质量要求。因此，切削加工在机械制造中占有十分重要的地位。

切削加工是利用切削工具（刀具）从工件上切除多余材料，以获得符合尺寸、形状和位置精度以及表面粗糙度要求的加工方法。

切削加工分为钳加工和机械加工两部分。

钳加工大多是用手工方法并经常要在台虎钳上对工件进行操作的加工方法。钳加工的主要内容有划线、錾削、锯割、锉削、刮削、研磨，以及钻孔、扩孔、铰孔和攻丝、套丝等。目前，采用机械方法不太适宜或不能解决的某些工件，常用钳加工来完成。钳加工的主要任务是加工零件和装配，还担负着机械设备的维护和修理，因此它的任务是多方面的，技术性很强。

机械加工是通过人操作机床进行的切削加工，使用机床进行切削加工，除了要有一定切削性能的切削工具外，还要有机械设备提供工件与切削工具间所必需的相对运动，这种相对运动应与工件各种表面的形成规律和几何特征相适应。

本章主要介绍在各种切削加工方法中与加工质量和生产率相关的一些共性问题：切削运动、切削用量、刀具等。

第一节　切削运动和切削用量

一、切削运动

切削运动是切削时工件与刀具间的相对运动。切削运动包括主运动和进给运动，如图2-1所示。

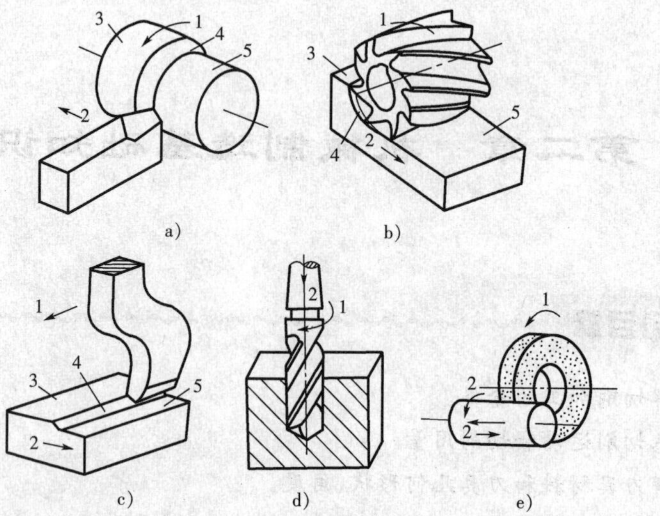

图 2-1 切削运动和工件形成的三个表面

a)车削 b)铣削 c)刨削 d)钻削 e)磨削

1—主运动 2—进给运动 3—待加工表面 4—过渡表面 5—已加工表面

1. 主运动

主运动切除工件表面多余材料所需要的最基本的运动。如车削时工件的旋转运动，钻削和铣削时刀具的旋转运动，刨削时工件与刀具的相对往复运动等，都属于主运动。

在切削运动中，通常主运动的运动速度(线速度)较高，所消耗的功率也较大。

2. 进给运动

进给运动是使工件被切削层材料相继投入切削，以逐渐加工出完整表面所需要的运动。如车削外圆时车刀的纵向移动，钻孔时钻头的轴向移动，铣削平面时工件的纵向移动，牛头刨床刨削平面时工件的横向间歇移动等都属于进给运动。

在切削过程中，工件上会形成如图 2-1 所示三个表面。即待加工表面：工件上等待切除一层材料的表面；已加工表面：工件上经刀具切削后产生的表面；过渡表面：工件上由切削刃正在切削的那部分表面。

二、切削用量

切削用量是在切削加工过程中切削速度、进给量和切削深度的总称。如图 2-2 所示为车削外圆时的切削用量示意图。

1. 切削速度 v_c

切削加工时刀具切削刃上的某一选定点相对于工件的主运动的瞬时速度(线速度)，单位是 m/min 或 m/s。通常选定点为线速度最大的点。例如车削外圆时的切削速度为

$$v_c=\pi\frac{dn}{1000}\qquad(\text{m/min})$$

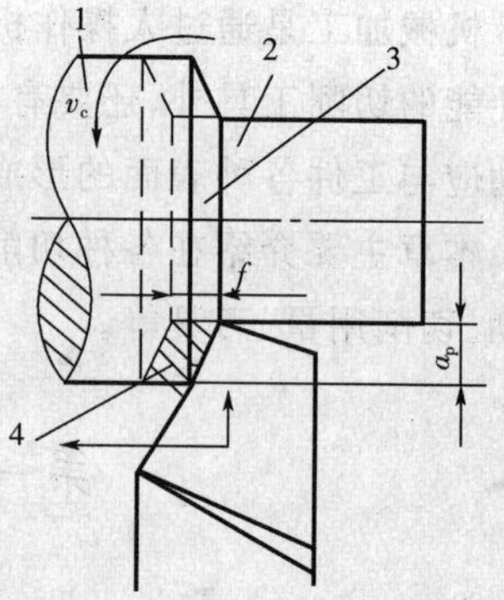

图 2-2 车外圆时的切削用量

1—待加工表面 2—已加工表面

3—过渡表面 4—切削横截面

或

$$v_c=\pi\frac{dn}{60\times1000}\qquad(m/s)$$

式中：d——工件待加工表面直径，mm；

n——工件转速，r/min。

2. 进给量 f

刀具在进给运动方向上相对工件的位移量。可以用刀具或工件每转或每行程的位移量来表示和度量。如：车削外圆时进给量为工件每转一圈刀具沿进给方向的相对位移，单位是mm/r；刨削时的进给量指工件或刀具每往复一次，刀具或工件沿进给方向的相对位移，单位是mm/str（毫米/每往复行程）。

3. 切削深度 a_p

工件已加工表面与待加工表面的垂直距离，单位是mm。例如车削外圆时其待加工表面与已加工表面半径之差即为切削深度。

进给量 f 与切削深度 a_p 之乘积即为切削横截面的面积 A_D，即

$$A_D=fa_p\qquad(mm^2)$$

A_D 的大小对切削抗力和切削温度有直接影响，直接关系到生产率和加工质量的高低。

第二节 金属切削刀具

刀具由刀头（切削部分）和刀体（夹持部分）组成。刀头和刀体可采用同一种材料做成一体，也可以用不同材料分别制造，然后用焊接法或机械夹持法将二者连接成一体。

一、刀具切削部分材料

1. 刀具材料应具备的性能

（1）高的硬度 刀具材料的硬度必须高于工件材料的硬度。刀具材料的常温硬度，一般要求在HRC60以上。

（2）高的耐磨性 耐磨性表示刀具抵抗磨损的能力。一般刀具材料的硬度越高，耐磨性越好。

（3）足够的强度和韧性 刀具材料承受切削力、冲击力和振动，而不致于产生崩刃和折断的能力。

（4）高的耐热性（热稳定性） 耐热性是指刀具材料在高温下保持硬度、耐磨性、强度和韧性的能力。

（5）良好的工艺性能 即刀具材料应具有良好的锻造性能、热处理性能、焊接性能和磨削加工性能等。

2. 几种常见的刀具材料

（1）优质碳素工具钢 硬度较高，耐磨性好，含碳量一般在0.7%以上。淬火后有较高的硬度（HRC60～HRC64），容易刃磨锋利。但热硬性较差，一般用于制造切削速度低（8～10m/min）、尺寸较小的刀具。其常用牌号有T10A、T12A等。

(2)合金工具钢　热硬性、韧性较碳素工具钢要好，高温硬度、耐磨性较低，切削速度约在 8～10m/min 之间，但价格低廉，常用来制造形状复杂的低速刀具，如铰刀、丝锥和板牙等。其常用牌号有 9SiCr、CrWMn 等。

(3)高速工具钢　高温硬度、耐磨性都比合金工具钢好，热处理后的硬度可达 HRC63～HRC66，切削速度可达 30m/min 左右，适宜于制造成形车刀、铣刀、钻头和拉刀等。其常用牌号有 W18Cr4V、W6Mo5Cr4V2 等。

(4)硬质合金　耐磨性好，耐热性高，常温硬度达 HRA89～HRA92.5，切削速度可比高速工具钢高 4～7 倍，但其抗弯强度和冲击韧性相对高速工具钢较差，因此承受冲击和振动的能力较差。常用于高速切削。

二、刀具几何形状

刀具的种类很多，形状各不相同，但各种形状较为复杂的刀具都可看作是以车刀为基本形态演变而成。下面以具有代表性的普通外圆车刀为例，说明刀具切削部分的几何形状。

1. 刀具切削部分的组成(如图 2-3 所示)

(1)前面(前刀面)A_r　切削时刀具上切屑流过的表面。

(2)主后面 A_a　切削时刀具上与工件过渡表面相对的表面。

(3)副后面 A'_a　切削时刀具上与工件已加工表面相对的表面。

(4)主切削刃 S　前面与主后面的相交线，切削时担负主要的切削工作。

(5)副切削刃 S'　前面与副后面的相交线，切削时起辅助切削作用。

(6)刀尖　主切削刃、副切削刃的连接处较小一部分切削刃。为了提高刀尖的强度和耐磨性，常常把刀尖磨成圆弧形或直线形的过渡刃。

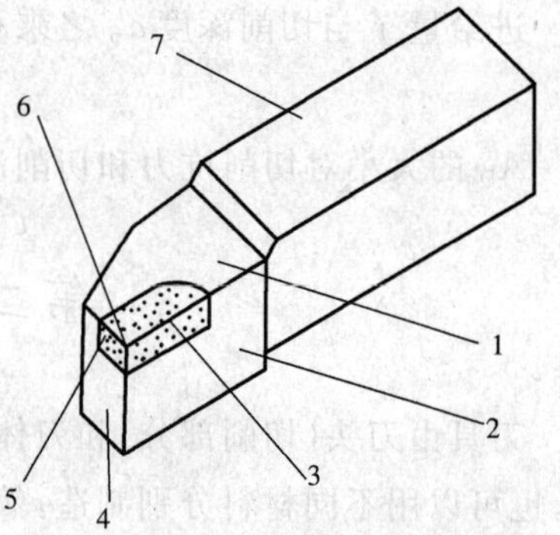

图 2-3　车刀切削部分的组成

1—前面　2—主后面
3—主切削刃　4—副后面
5—副切削刃　6—刀尖　7—刀体

2. 刀具静止参考系

静止参考系是为了测量、刃磨和在图样上标注角度而确定的坐标平面，如图 2-4 所示。

(1)基面 P_r　过切削刃选定点的平面，它平行或垂直于刀具在制造、刃磨及测量时适合于安装或定位的一个平面或轴线，其方位一般要垂直于假定的主运动方向。

(2)假定工作平面 P_f　通过切削刃选定点并垂直于基面的平面，它平行或垂直于刀具在制造、刃磨及测

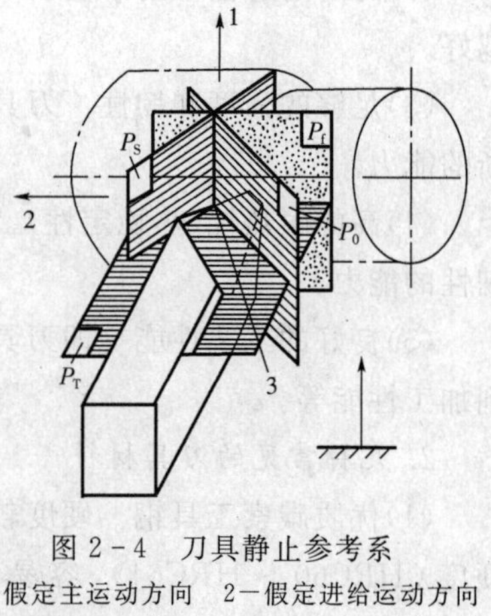

图 2-4　刀具静止参考系

1—假定主运动方向　2—假定进给运动方向
3—切削刃

量时适合于安装或定位的一个平面或轴线，其方位一般要平行于假定的进给方向。

(3)主切削平面 P_s　通过主切削刃选定点与主切削刃相切并垂直于基面的平面。

(4)副切削平面 P'_s　通过副切削刃选定点与副切削刃相切并垂直于基面的平面(图中未画出)。

(5)正交平面 P_o　通过切削刃选定点并同时垂直于基面和切削平面的平面。

3. 刀具主要角度

(1)主偏角 κ_r　主切削平面与假定工作平面间的夹角，在基面中测量。

(2)副偏角 κ'_r　副切削平面与假定工作平面间的夹角，在基面中测量。

(3)前角 γ_o　前面与基面间的夹角，在正交平面中测量。

(4)后角 α_o　后面与切削平面间的夹角，在正交平面中测量。

(5)刃倾角 λ_s　主切削刃与基面间的夹角，在主切削平面中测量。

第三节　机械制造常用量具

为了确保零件和产品的质量符合设计要求，必须使用量具进行测量。测量的实质就是用被测量的参数与一标准量进行比较的过程。

一、量具的类型及长度单位基准

1. 量具的类型

用来测量、检测零件及产品尺寸和形状的工具称为量具。根据不同的测量要求，生产中所使用的量具也不同，按量具的用途和特点不同，常用量具可分为万能量具、专用量具和标准量具三种类型。

(1)万能量具　又称通用量具。这类量具一般有刻度并能在测量范围内测出被测零件和产品的形状及尺寸的具体数值，如钢尺、游标卡尺、百分尺、百分表、万能游标量角器等。

(2)专用量具　专用量具不能测出零件和产品的形状及尺寸的具体数值，而只能判断零件是否合格，如塞尺、直尺、刀口尺、角尺、卡规、塞规等。

(3)标准量具　标准量具只能制成某一固定尺寸，用来校对和调整其他量具，如量块等。

本节只介绍常用量具，如钢尺、游标卡尺、百分尺等。

2. 长度单位基准

GB3100—1982 中规定，长度单位基准为米(m)。常用的长度单位名称和代号见表 2－1。

表 2－1　常用长度单位的名称和代号

单位名称	米	分米	厘米	毫米	微米	纳米
代　　号	m	dm	cm	mm	μm	nm
对基准单位的比	基准单位	10^{-1}m	10^{-2}m	10^{-3}m	10^{-6}m	10^{-9}m

二、钢尺

钢尺一般是用不锈钢片制成的，尺面刻有米制或英制尺寸，常用的是米制钢尺，钢尺主要用于测量尺寸长度。如图 2-5 所示。

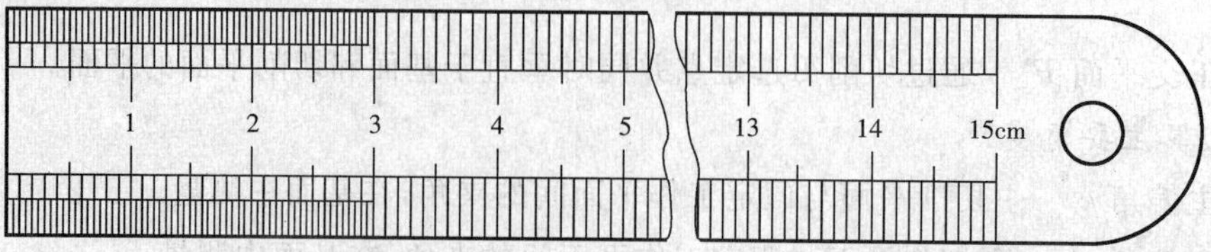

图 2-5　米制钢尺

三、游标卡尺

1. 游标卡尺的结构

游标卡尺的种类很多，如普通游标卡尺、深度游标卡尺、高度游标卡尺、齿轮游标卡尺等，其制造和工作原理是相同的。游标卡尺是一种中等精度量具，可以用来测量工件的外径、内径、长度、宽度、深度和孔距等。

图 2-6 所示是普通游标卡尺的一种结构形式，主要由主尺 1 和副尺 2(又称游标)组成。主尺、副尺上都刻有刻线。松开锁紧螺钉 5，即可推动副尺在主尺上移动并对工件尺寸进行测量。量得尺寸后，拧紧锁紧螺钉使副尺紧固在主尺上，以保证读数准确。下端两爪可用来测量工件的外径、长度尺寸等；上端两爪可用来测量工件的孔径、孔距和槽宽尺寸等；尺后的测深杆可用来测量阶台和沟槽深度尺寸等。

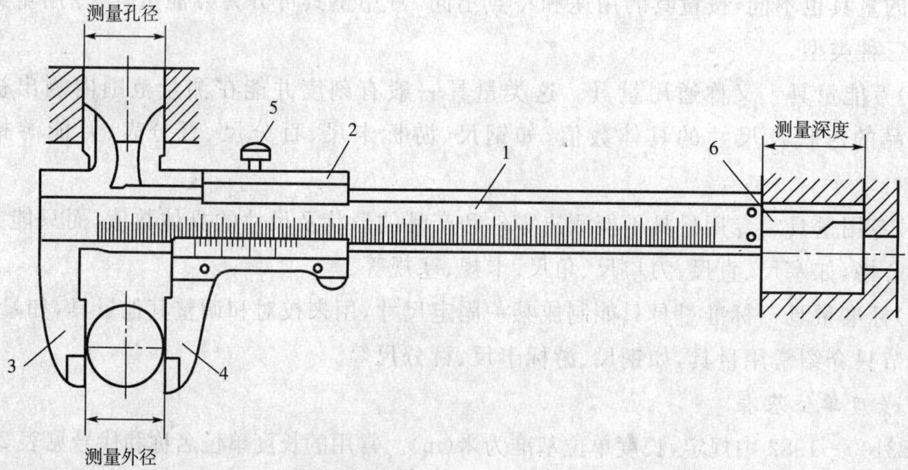

图 2-6　普通游标卡尺

1—主尺　2—副尺　3—固定卡爪　4—活动卡爪　5—锁紧螺钉　6—测深杆

2. 游标卡尺的刻线原理及测量量值的读法

尺身 1 格 = 1mm；游标 1 格 = 0.98mm，共 50 格；尺身、游标每格差 = 1 − 0.98 = 0.02mm。

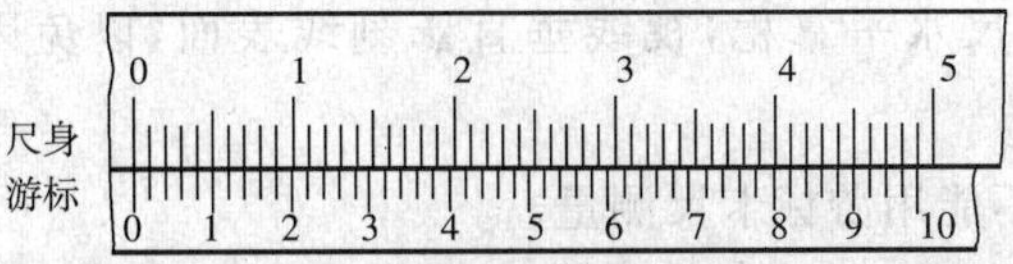

图 2－7　0.02mm 精度的游标卡尺

读数＝游标零线左面尺身的毫米整数＋游标与尺身重合线数×精度值

示例如图 2－8 所示。

(1)读出在游标零线左面尺身上的整数毫米值。

(2)在游标上找出与尺身刻线对齐的那一条刻线，读出尺寸的毫米小数值。

(3)将尺身上读出的整数和游标上读出的小数相加，即得测量值。

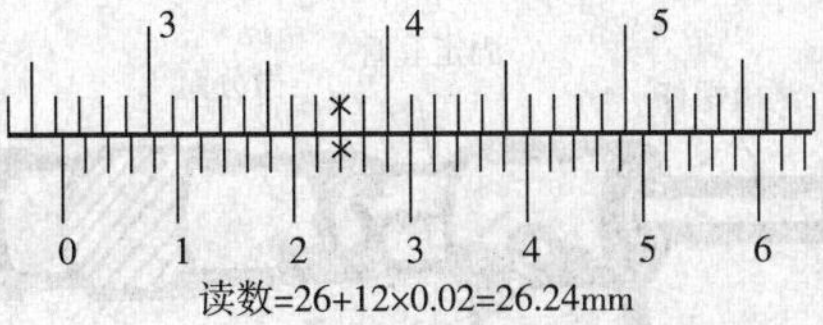

图 2－8　0.02mm 精度的游标卡尺读数示例

3. 游标卡尺的应用

游标卡尺的应用举例如图 2－9 所示。

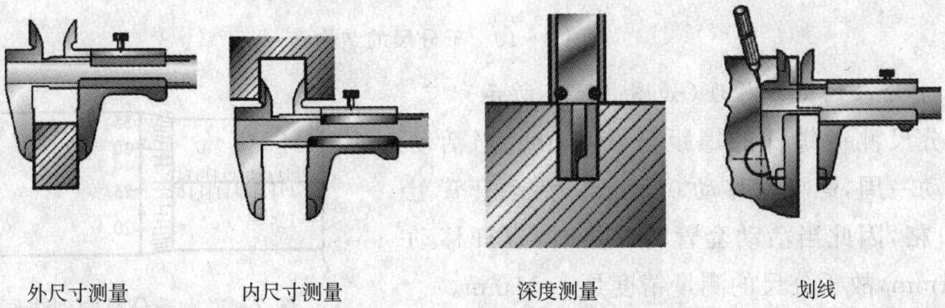

图 2－9　游标卡尺应用举例

4. 游标卡尺使用注意事项

(1)游标卡尺只适用于测量精度为 IT10～IT16 的工件尺寸，因此应按被测工件的尺寸大小和精度要求正确选用。

(2)测量前，应检查校对零位的准确性。擦净量爪两测量面，并将两测量面接触粘合，无透光现象(或有极微的均匀透光)且尺身与游标的零线正好对齐，则游标卡尺零位准确。

(3)用游标卡尺测量时，应将两量爪张开到略大于被测尺寸，将固定量爪的测量面贴靠工件，然后轻轻用力移动游标，使活动量爪的测量面也紧靠工件，以保证测量尺寸的准确性。

(4)测量时，不得用力过大，以防工件变形或游标卡尺卡爪变形和磨损而影响测量的精度。

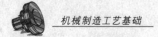

(5)读数时，应把卡尺水平拿稳，视线垂直于刻线表面，以免因视角误差而影响读数精度。

(6)铸件、锻件毛坯不能用游标卡尺测量。

(7)使用完后，应将游标卡尺擦净再平放到专用盒内，以防尺身弯曲变形或生锈。

四、千分尺

千分尺是生产中常用的精密量具之一。它的精度比游标卡尺高而且比较灵敏。因此，对于加工精度要求较高的工件尺寸，要用千分尺来测量。千分尺的规格按范围分有：0～25mm、25～50mm、50～75mm、75～100mm、100～125mm等，使用时按被测工件的尺寸选用。

1. 千分尺的结构(如图2-10所示)

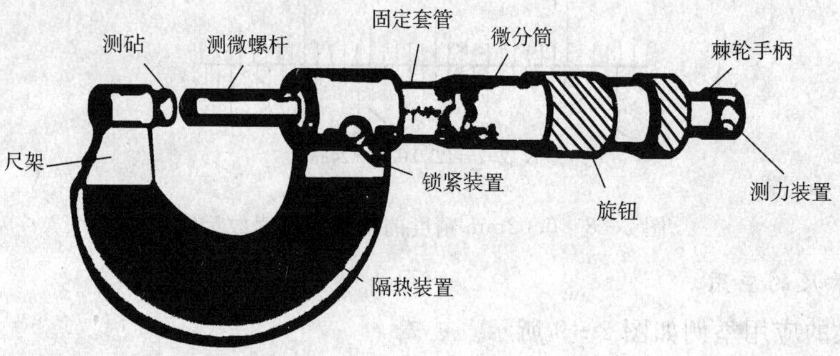

图2-10 千分尺的结构

2. 千分尺的刻线原理(如图2-11所示)

千分尺测微螺杆的螺距是0.5mm。当活动套管转动一周，螺杆就移动0.5mm。活动套管上共刻50格，因此当活动套管转一格时，螺杆移动了0.01mm，故千分尺的测量精度是0.01mm。

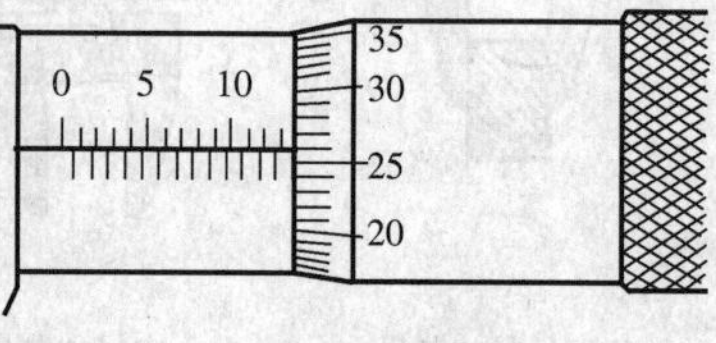

图2-11 千分尺的刻线原理

3. 千分尺的读数方法及示例

读数＝测微螺杆上的副尺所指固定套管上的主尺的读数(应为0.5mm的整数倍)＋主尺基准线所指副尺的格数×0.01。

示例如图2-12所示。

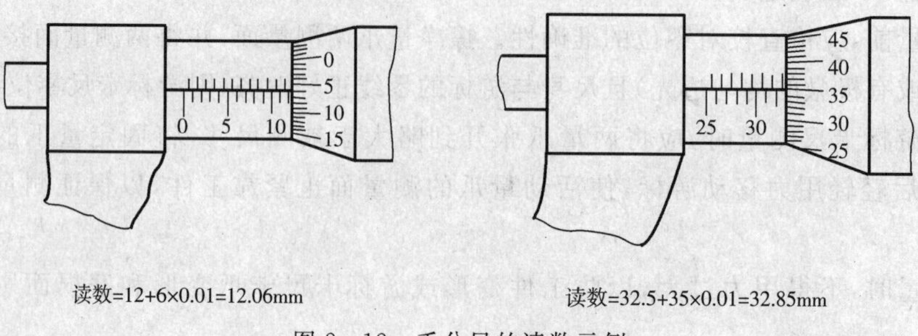

图2-12 千分尺的读数示例

4. 千分尺的使用(如图 2-13 所示)

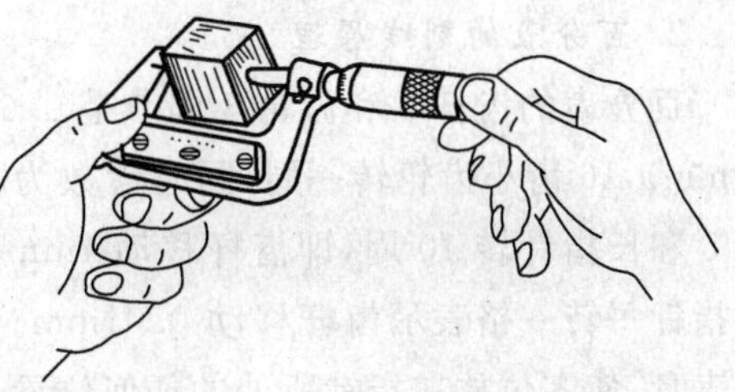

图 2-13　千分尺的使用

用千分尺测量需要练习有目的地用双手进行,一只手握住千分尺,并把砧座贴在零件上,另一只手转动测量头;对大直径的测量,可以通过轻轻移动,使砧座找到最大直径处。

5. 千分尺使用注意事项

(1)千分尺测量面应擦净,使用前应校准尺寸。0～25mm 千分尺校准时应使两测量面接触,看活动套管的零线是否与固定套管基准线对齐。如果没有对齐,应调整后才能使用。其他尺寸的千分尺应用量具盒内的标准样棒来校正。

(2)测量时,应手握尺架,先转动活动套管。当测量面接近工件时,改用转动棘轮,直到棘轮发出“吱吱”声为止。

(3)测量时千分尺应放正,并要注意温度的影响。

(4)测量前不要先卡紧测微螺杆,以免导致测量时螺杆弯曲或磨损,从而影响测量精度。

(5)读数时,要防止在固定套管上多读或少读 0.5mm。

(6)不能用千分尺测量毛坯尺寸或转动着的工件。

(7)千分尺应定期送计量部门进行精度鉴定。

五、百分表

百分表可用来检验机床精度和测量工件的尺寸、形状和位置误差。

1. 百分表的结构

百分表的结构如图 2-14 所示。

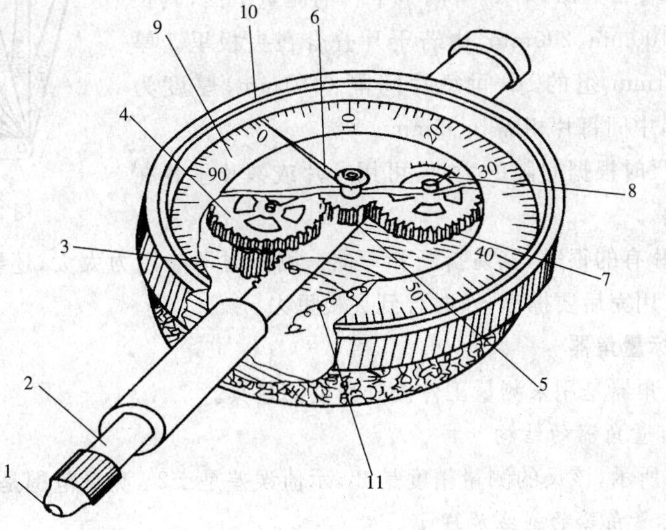

图 2-14　百分表的结构

1—可换触头　2—齿杆　3—齿轮(16 齿)　4—齿轮(100 齿)　5—齿轮(10 齿)
6—长指针　7—齿轮(100 齿)　8—短指针　9—表盘　10—表圈　11—拉簧

2. 百分表的刻线原理

百分表的齿杆 2 和齿轮 3 周节是 0.625mm。当齿杠上升 16 齿时(即上升 0.625×16=10mm),16 齿小齿轮转一周,同时齿数为 100 齿的大齿轮也转一周,就带动齿数为 10 的齿轮 5 和长指针转 10 周,即齿杆移动 1mm 时,长指针转一周。由于表盘上共刻 100 格,所以长指针每转一格表示齿杆移动 0.01mm。长指针转一周,短指针转一格。百分表可通过转动表盘,使零位放在指针所处的任何位置上。

3. 百分表使用注意事项(如图 2-15 所示)

(1)使用前要检查百分表的灵敏情况。

(2)百分表应固定在可靠的表架上。

(3)测量时测杆必须与被测工件表面相垂直。

(4)测量圆柱形工件时,测量杆轴线必须与直径方向一致。

(5)测量时,应轻轻提起测头,然后再把工件移至其下方后缓慢放下测杆,使之与工件接触。

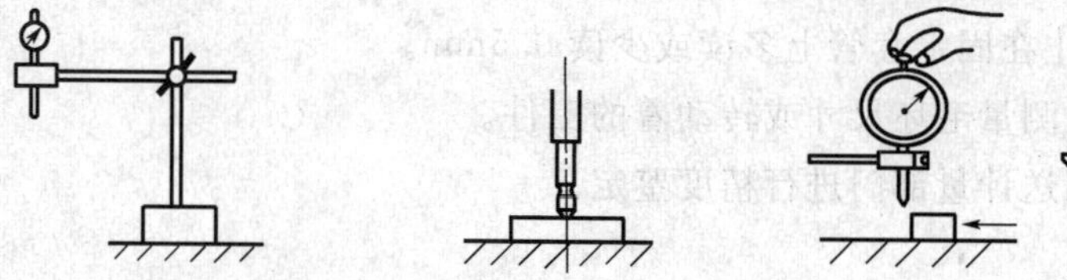

图 2-15　百分表的使用

六、塞尺

(1)塞尺(如图 2-16 所示)有两个平行的测量平面,其长度制成 50mm、100mm、200mm,由若干片叠合在夹板里。厚度为 0.02～0.1mm 组的,中间每片间隔 0.01mm;厚度为 0.1～1mm组的,中间每片相隔 0.05mm。

(2)使用塞尺时根据间隙的大小,可用一片或数片重叠在一起插入间隙内。

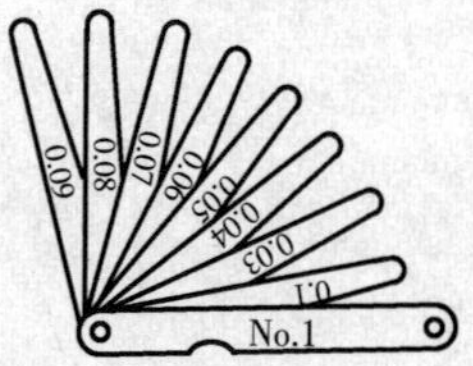

图 2-16　塞尺

(3)塞尺的片有的很薄,容易折断和弯曲。测量时不能用力太大,还要注意不能测量温度较高的工件。用完后要擦净,及时合到夹板里去。

七、万能游标量角器

万能游标量角器是用来测量工件内外角度的量具。

1. 万能游标量角器的结构

如图 2-17 所示,该尺的测量精度是 2′,示值误差是±2′,测量范围是 0°～320°。

2. 万能游标量角器的刻线原理

尺身每格 1°,游标刻线是将尺身上 29°所占的弧长等分为 30 格,即每格所对的角度为 29°/30,因此游标 1 格与尺身 1 格相差 1°－29°/30＝2′,即测量精度为 2′。

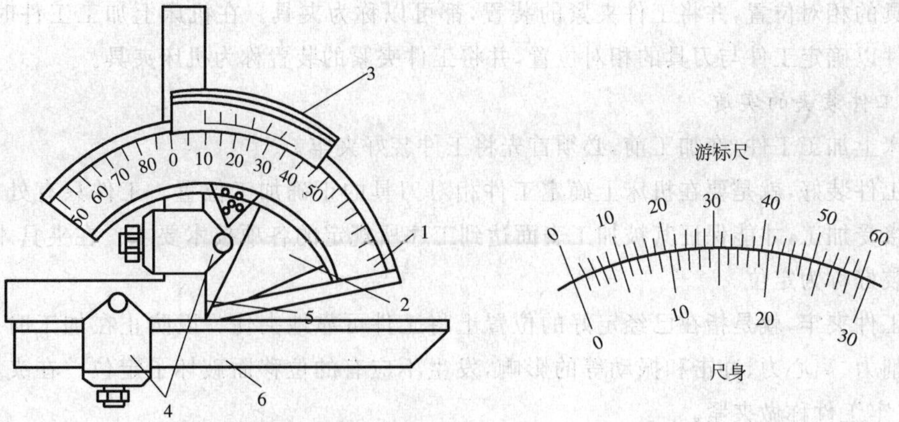

图 2-17　万能游标量角器的结构

1—尺身　2—扇形板　3—游标　4—支架　5—直角尺　6—直尺

3. 万能游标量角器的读数方法

先从尺身上读出游标零线前的整数度，再从游标上读出角度“′”的数值，两者相加就是被测的角度数值（如图 2-18 所示）。

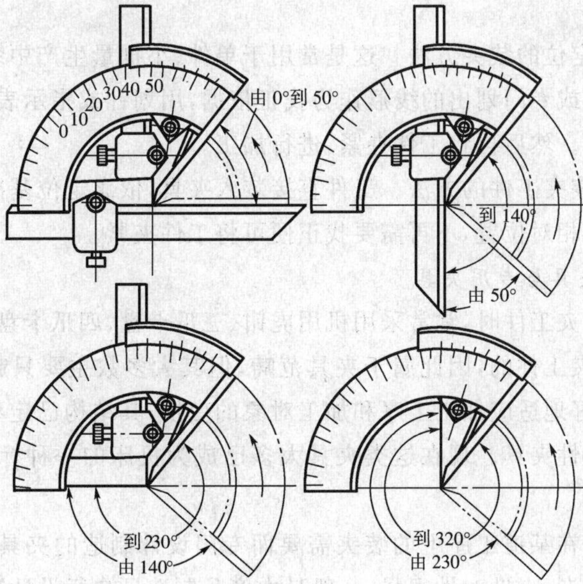

图 2-18　万能游标量角器的使用

第四节　夹具概述

在机械加工过程中，为了使该工序所加工的表面达到图样规定的尺寸精度、几何形状及相互位置精度等技术要求，在加工前，必须正确装夹工件。装夹工件是使工件在加工过程中始终与刀具保持正确加工位置，它包含定位和夹紧两个过程。用来固定加工零件，以确定工件与刀具的相对位置，并将工件夹紧的装置，都可以称为夹具。在机床上加工工件时，用来安装工件以确定工件与刀具的相对位置，并将工件夹紧的装置称为机床夹具。

1. 工件装夹的实质

机床上加工工件，在加工前，必须首先将工件装好夹牢。

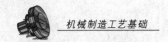

把工件装好，就是要在机床上确定工件相对刀具的正确加工位置。工件只有处在这一位置上接受加工，才能保证其被加工表面达到工序所规定的各项技术要求。在夹具术语中，把工件装好称为定位。

把工件夹牢，就是指在已经定好的位置上将工件可靠地夹住。以防止在加工时工件因受到切削力、离心力、冲击和振动等的影响，发生不应有的位移而破坏了定位。在夹具术语中，把夹牢工件称做夹紧。

由此可见，工件装夹的实质，就是在机床上对工件进行定位和夹紧。装夹工件的目的，则是通过定位和夹紧而使工件在加工过程中始终保持正确的加工位置，以保证达到该工序所规定的加工技术要求。

2. 工件装夹的方法

在机械加工工艺过程中，按实现工件定位的方式来分，常见的工件装夹方法分为以下两类：

(1)按找正方式定位的装夹方法　这是常用于单件、小批量生产中装夹工件的方法。一般以工件的有关表面或专门划出的线痕作为找正依据，用划针或指示表进行找正，以确定工件的正确定位的位置。然后再将工件夹紧，进行加工。

(2)用专用夹具装夹工件的方法　工件直接装入夹具，依靠定位基准与夹具的定位元件相接触而占有正确的相对位置，不再需要找正便可将工件夹紧。

3. 万能通用性夹具与专用夹具

在用找正方式装夹工件时，常常采用机用虎钳、三爪卡盘、四爪卡盘、花盘这一类工艺装备，它们都是用来装夹工件的，因此属于夹具范畴，但其大多数主要只起夹紧作用。这种夹具应用较广，能够较好地适应加工工序和加工对象的变换，其结构已定型，尺寸已系列化，故把它们叫做万能通用性夹具。现在这类夹具大多已成为机床的一种标准附件，由专门的机床附件厂制造、供应。

为某种产品零件在某道工序上的装夹需要而专门设计制造的夹具，称为专用夹具。专用夹具所服务的对象专一，针对性很强，一般是由产品制造厂自行设计制造。

4. 机床夹具的组成

图 2－19 所示为轴套的零件图，其中 ϕ12H9 孔需钻削，并应满足图样要求。

图 2－20 所示是在钻床上钻削该孔时所用夹具，它由以下几部分组成：

(1)定位元件　图 2－20 中工件 2(图中双点划线)通过 ϕ40 内孔以及宽 12 的键槽，安装在夹具的定位心轴 3 和定位销 7 上。钻孔时心轴 3 与钻床主轴垂直，可保证 ϕ12H9 孔中心线对 ϕ40 孔中心线的垂直度，定位销 7 则保证 ϕ12H9 孔的对称度。保证工件在夹具中具有正确加工位置的元件，称为定位元件。

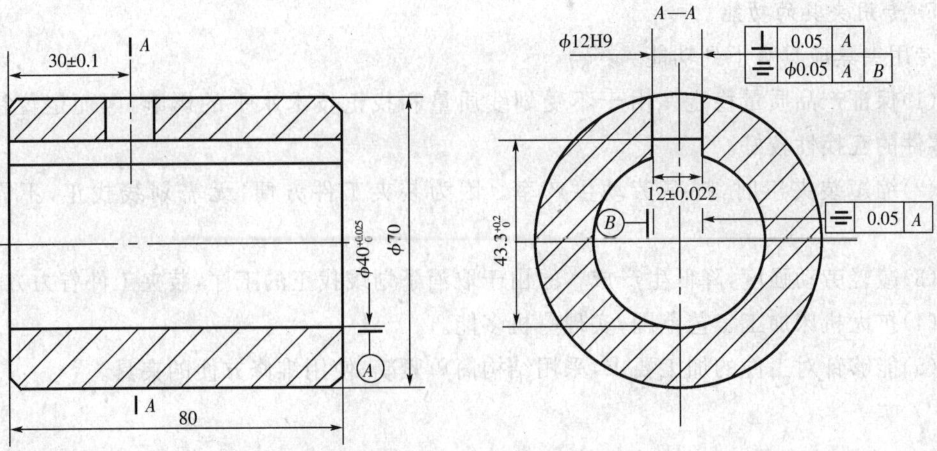

图 2-19　轴套零件图

(2)夹紧装置　图 2-20 中的螺母 4 和开口垫圈 5 用来把工件夹紧在夹具上，以保证工件在加工过程中不产生位移。保证已确定的工件位置在加工过程中不发生变更的装置，称为夹紧装置。

(3)引导元件　图 2-20 中的钻套 1 用来引导钻头到正确位置上钻孔，同时增加钻削时钻头的稳定性，提高加工精度。用来引导刀具并与工件有相对正确的位置的元件，称为引导元件。

(4)夹具体　图 2-20 中的夹具体 6 是组成夹具的基础件，并将上述各元件、装置连成一个整体。

一般机床夹具至少由夹具体、定位元件和夹紧装置三部分组成，引导元件或某些辅助装置，则根据夹具的作用和要求而定。

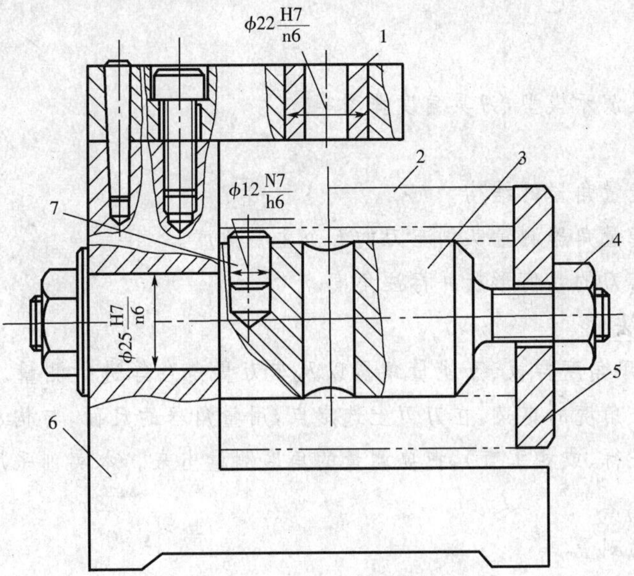

图 2-20　固定式钻床夹具

1—钻套　2—工件　3—定位心轴　4—螺母　5—开口垫圈套　6—夹具体　7—定位销

5. 专用夹具的功能

专用夹具应具有下列功能：

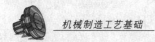

(1)保证产品质量稳定。由于不受划线质量和找正技术水平的影响，因而定位精度较高，零件的互换性较好。

(2)缩短装夹工时，提高劳动生产率。因为装夹工件方便，无需划线找正，不需调整刀具。

(3)减轻劳动强度，降低生产成本。由于取消了划线找正的工序，装夹工件省力方便。

(4)扩大机床加工工艺范围，实现一机多能。

(5)能够针对工件的加工要求，采用结构简单紧凑、使用维修方便的夹具。

实训项目——车刀角度的测量

实训目的

熟悉车刀切削部分的构造要素，掌握车刀五个主要角度的定义。了解万能量角器的结构，学会使用万能量角器。能运用所学的理论和实践知识，设计一把常用的车刀。

实训要求

(1)认识车刀标注角度的参考系及掌握车刀角度的定义。

(2)熟悉多功能量角器的结构，学会使用量角器测量车刀的五个主要角度。

(2)绘制实训车刀的几何形状并标注角度，并标注出测量得到的各标注角度数值。

实训设备

(1)万能量角器。

(2)外圆车刀。

(3)万能角度尺演示模型，刀具角度挂图等。

实训步骤

(1)熟悉多功能量角器的结构。

(2)使用多功能量角器测量实训车刀的五个主要角度。

(3)绘制实训车刀的几何形状并标注角度。

实训原理和方法

车刀角度可以用角度样板、万能量角器以及车刀量角台等进行测量。其测量的基本原理是：按照车刀标注角度的定义，在刀刃上选定点，用量角器的尺面，与构成被测角度的面或线紧密贴合(或相平行、或相垂直)，把要测量的角度测量出来。本实训采用万能量角器来测量车刀标注角度。

1. 主偏角 κ_r 的测量

将万能量角器装成如图 2 - 21 所示的样子，使车刀的左侧面(主刀刃一侧)紧密地贴合在直尺(或换成直角尺)的尺面上，让基尺和主刀刃在基面上的投影相平行，则游标尺零线所指示的角度数值，就是主偏角 κ_r 的数值。

2. 副偏角 κ'_r 的测量

测完主偏角 κ'_r 之后，保持车刀和直尺的相对位置，让基尺和副刀刃在基面上的投影相平行，则游标尺零线所指示的角度数值，就是副偏角 κ'_r 的数值，如图 2－22 所示。

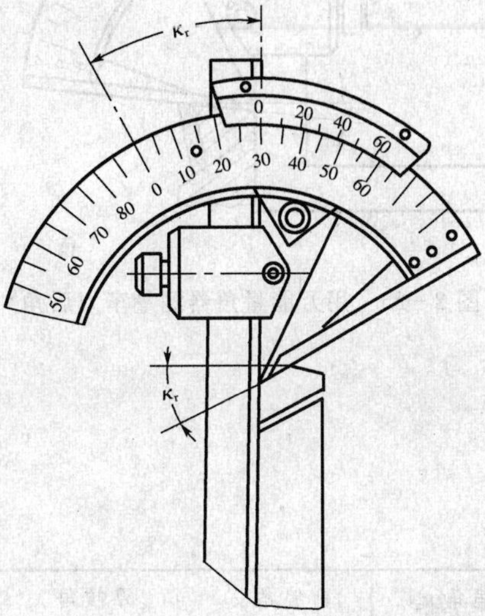

图 2－21　用万能量角器测量车刀主偏角

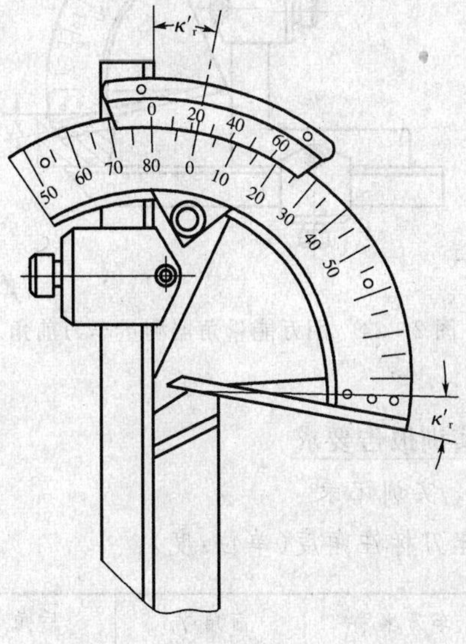

图 2－22　用万能量角器测量车刀副偏角

3. 刃倾角 λ_s 的测量

将万能量角器装成如图 2－23 所示的样子，把车刀底面紧密地贴合在直尺尺面上，调整车刀的位置，使基尺处在切削平面（P_s）内，并和主刀刃紧密贴合，则游标尺零线所指示的角度数值就是刃倾角 λ_s 的数值。

4. 前角 γ_0 的测量

将万能量角器装成如图 2－24 所示的样子，把车刀底面紧密地贴合在直尺尺面上，调整车刀的位置，使基尺处在主剖面（P_0）内，并通过主刀刃上的选定点，和前刀面紧密贴合，则游标尺零线所指示的角度数值，就是主剖面前角 γ_0 的数值。

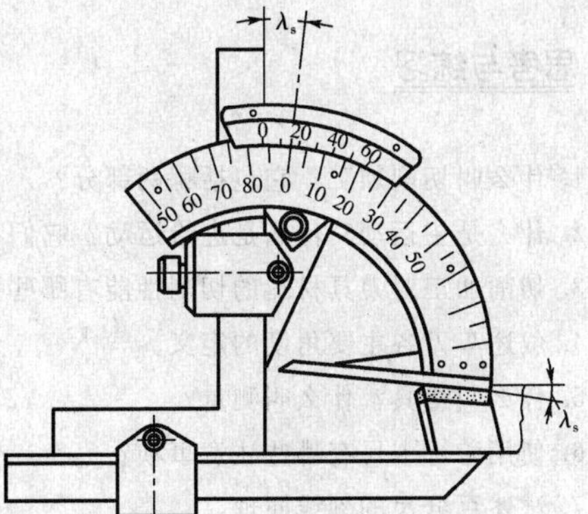

图 2－23　用万能量角器测量车刀刃倾角

5. 后角 α_0 的测量

将万能量角器装成如图 2－25 所示的样子，把车刀底面紧密地贴合在直角尺（或换成直尺）的尺面上，调整车刀的位置，使基尺处在主剖面（P_0）内，并通过主刀刃上的选定点，和主后刀面紧密贴合，则游标尺零线所指示的角度，就是主剖面后角 α_0 的数值。

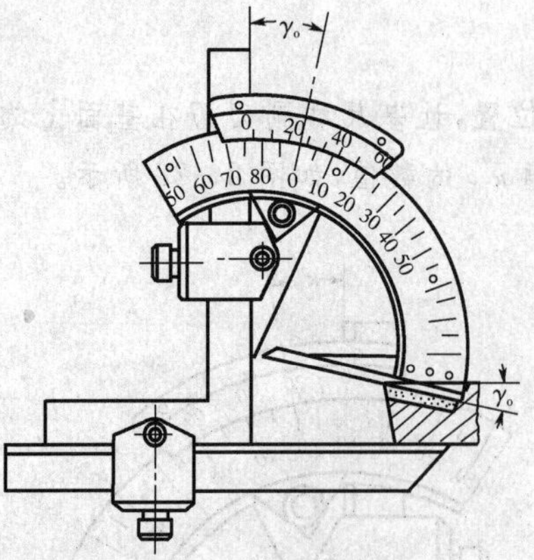

图 2-24　用万能量角器测量车刀前角

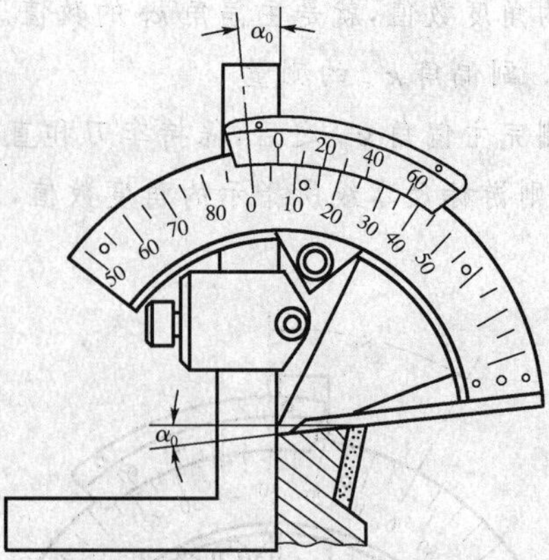

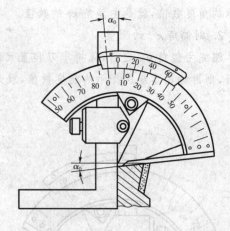

图 2-25　用万能量角器测量车刀后角

实训报告要求

1. 实训记录

车刀标注角度(单位:度):

车刀名称	前角 γ_0	后角 α_0	主偏角 κ_r	副偏角 κ'_r	刃倾角 λ_s
外圆车刀					

2. 绘制车刀标注角度图

思考与练习

1. 什么叫切削加工？它包括哪两部分？
2. 什么是主运动？什么是进给运动？它们有什么区别？
3. 切削加工对刀具材料的切削性能有哪些要求？
4. 叙述车刀各主要角度的定义。
5. 什么叫量具？什么叫测量？
6. 使用游标卡尺有哪些注意事项？
7. 试述百分尺的刻线原理。
8. 使用百分尺应注意哪些问题？
9. 什么是机床夹具？试述机床夹具的组成及各组成部分的作用。
10. 什么是工件在夹具中的定位？定位和夹紧有何区别？

第三章 车 削

学习目标

1. 了解机械厂里常见的设备种类和金属切削加工的概念。
2. 了解车床种类、加工范围及车床的规格型号。
3. 熟悉车床的组成、功用及传动系统。
4. 知道车床的切削运动及切削三要素。
5. 熟悉车刀的组成、种类及安装方法。
6. 了解车床附件及工件的装夹方法。
7. 熟悉车床的操作要点。
8. 熟悉车床的基本车削工作。

第一节 金工车间与金属切削加工

一、认识金工车间

金工车间，顾名思义就是金属切削加工车间（如图 3-1、图 3-2、图 3-3、图 3-4 所示）。金工车间的主要加工任务是利用各种切削工具（如车刀、砂轮、锉刀等）从毛坯上切除多余材料，从而获得符合要求的零件。

图 3-1 金工车间一角

图 3-2 钳工车间

图 3-3　数控车床车间

图 3-4　普通车床车间

二、金工车间机床大家庭

金属切削加工包括钳工加工和机械加工两大类。钳工一般是采用手工工具对毛坯或半成品进行加工，包括锯、锉、錾、刮、攻丝、套扣等。机械加工是在各种切削机床上进行的，包括车削、铣削、刨削、磨削等。金工车间常用的切削机床有：

车床——用于车削圆形零件，如车外圆、端面、打孔、车螺纹等（如图 3-5 所示）。

刨床——用于刨削各种平面、立面零件以及沟、槽等，如牛头刨床和龙门刨床等（如图 3-6所示）。

铣床——用于铣削各种齿轮、槽、面等（如图 3-7 所示）。

钻床——用于钻削各种孔，如台钻、立钻和摇臂钻等（如图 3-8 所示）。

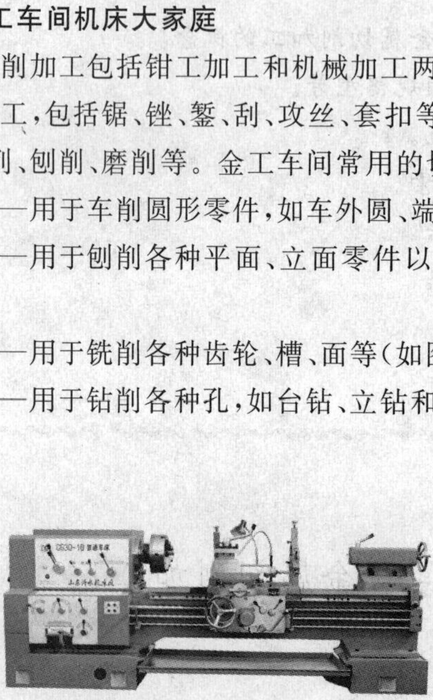

图 3-5　普通车床

图 3-6　牛头刨床

图 3-7　铣床

图 3-8　钻床

磨床——用于磨削各种平面、立面、斜面、内外圆柱面等(如图 3－9 所示)。

锯床——用于钢材下料(如图 3－10 所示)。

镗床——用于镗削各种孔(如图 3－11 所示)。

插床——用于插削各种齿轮和花键轴(如图 3－12 所示)。

剪板机——用于剪切薄型钢板(如图 3－13 所示)。

加工中心——具有多种功能的综合型设备，通过计算机编程完成自动控制，能自动进行车、镗、钻等切削任务(如图 3－14)所示。

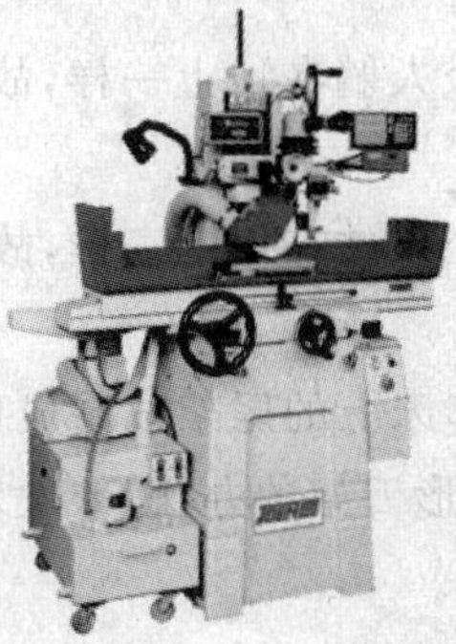

图 3－9 磨床

图 3－10 锯床

图 3－11 镗床

图 3－12 插床

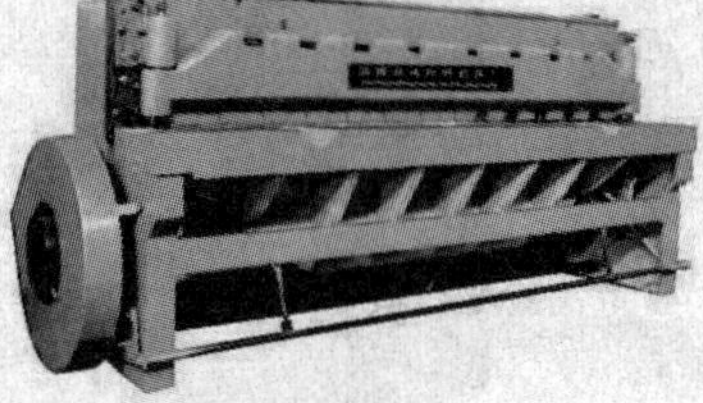

图 3－13 剪板机

图 3－14 加工中心

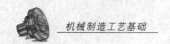

第二节 车 床

在各种各样的机床中，车床是使用最广泛的一种设备，大约占各类切削机床总数的一半左右。车削加工也是切削加工中应用最广的一种方法，在切削加工中占有重要地位。

一、车床的种类

车床的种类很多，应用最多的是卧式车床，除此以外，还有立式车床、转塔车床、多刀车床、自动与半自动车床、数控车床等。

卧式车床——车床床身相对于地面是平行的，像一个人躺在地上一样，故名卧式车床，如图 3-15 所示。

立式车床——车床床身相对于地面是垂直的，像一个人站在地上一样，故名立式车床，如图 3-16 所示。

转塔车床——转塔车床又叫六角车床，它是把普通车床上的尾架改制成可以进行纵向移动的六角形刀架，可以同时安装多把刀具，用回转六角形刀架的办法，依次对工件进行切削加工，有利于节省时间，提高生产效率，如图 3-17 所示。

多刀车床——多刀车床是可以同时安装多把刀具依次进行切削的车床，如图 3-18 所示。

自动与半自动车床——自动与半自动车床是通过各种各样的机构实现车床的自动化和半自动化操作，大大减轻了工人的劳动强度，提高了生产效率，如图 3-19 所示。

数控车床——数控车床是通过计算机编程从而实现车床自动进行切削的车床，是目前发展最快、应用最多的一种车床，如图 3-20 所示。

图 3-15 卧式车床

图 3-16 立式车床

图 3-17 转塔车床

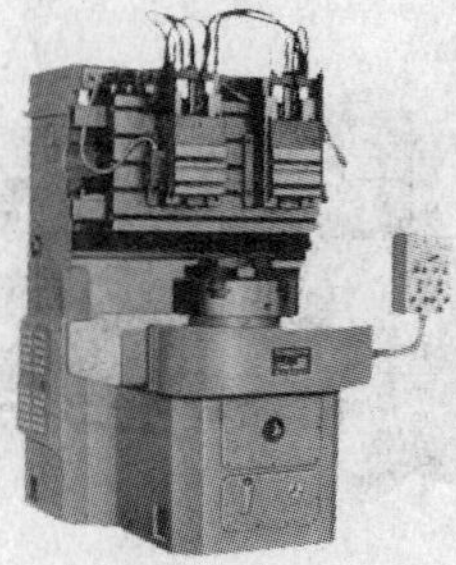

图 3-18 多刀车床

图 3－19 液压自动车床

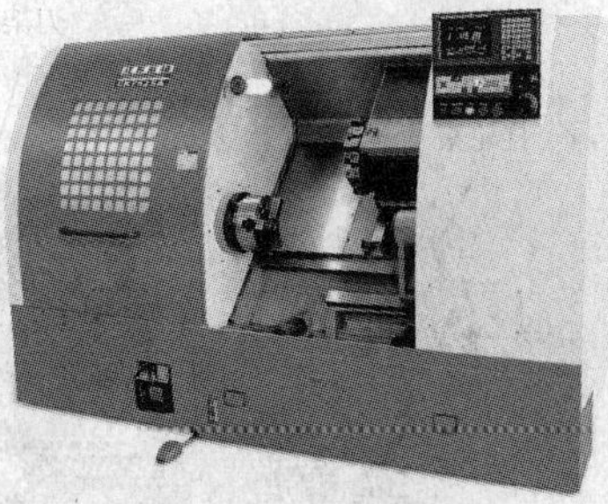

图 3－20 数控车床

二、车床的加工范围

在车床上所使用的刀具主要是车刀，还有钻头、铰刀、丝锥和滚花刀等。车床主要用来加工各种回转表面，如内外圆柱面、内外圆锥面、端面、内外沟槽、内外螺纹、内外成形表面，以及丝杆、钻孔、扩孔、铰孔、镗孔、攻丝、套丝、滚花等，如图 3－21 所示。

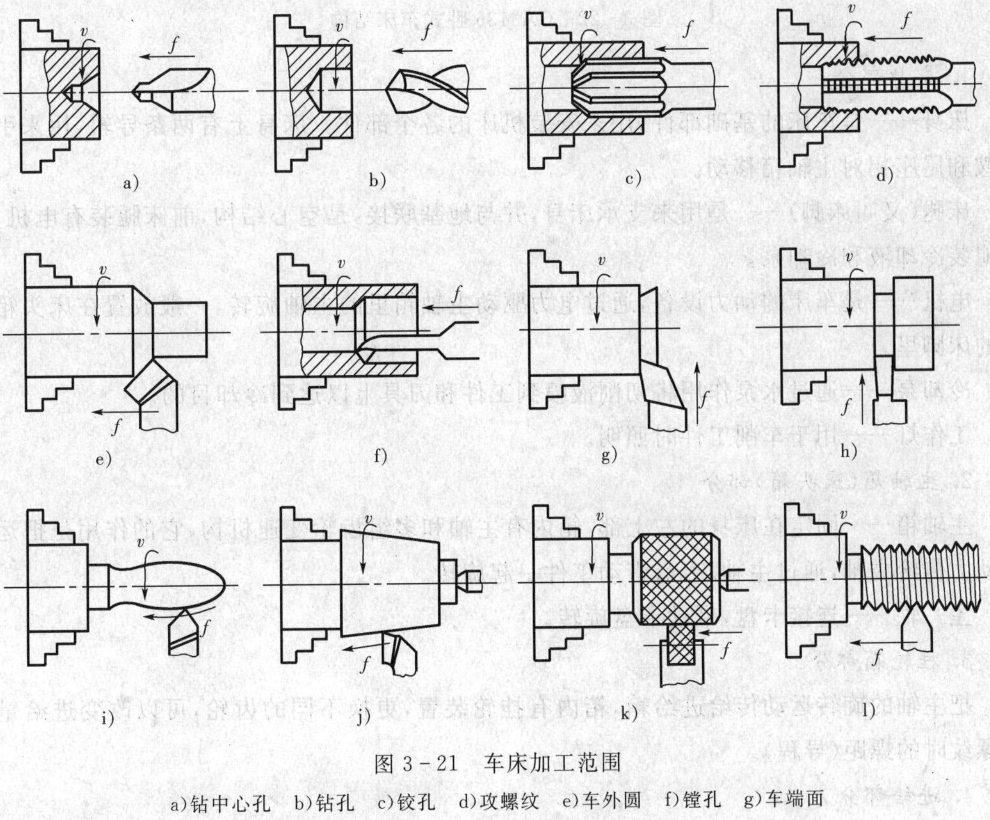

图 3－21 车床加工范围

a)钻中心孔 b)钻孔 c)铰孔 d)攻螺纹 e)车外圆 f)镗孔 g)车端面 h)切槽 i)车成形面 j)车锥面 k)滚花 l)车螺纹

三、卧式车床的组成部分及功用

卧式车床的组成部分有床身、主轴箱、挂轮箱、进给箱、光杠、丝杠、溜板箱、刀架、尾座及床腿(床脚)等，如图 3－22 所示。

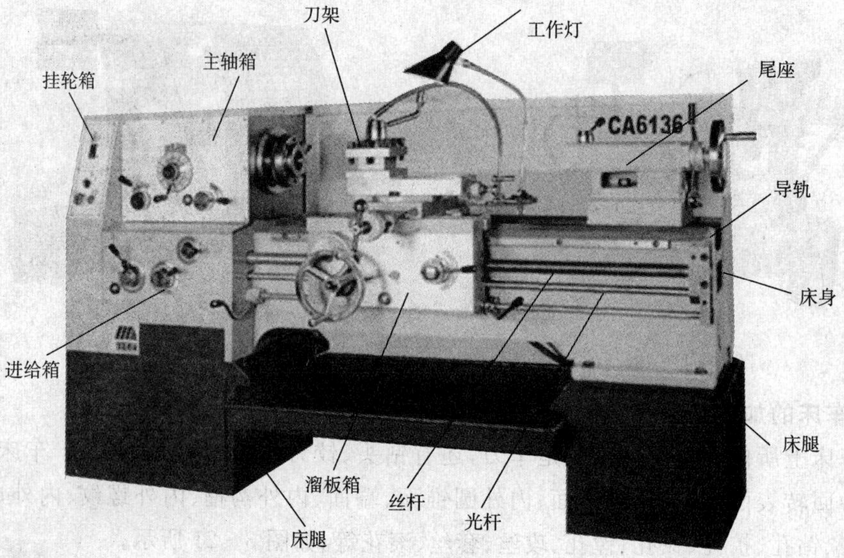

图 3-22 CA3136 卧式车床结构

1. 床身部分

床身——是车床的基础部件，用来安装机床的各个部件。床身上有两条导轨，用来引导床鞍和尾座相对主轴箱移动。

床腿（又叫床脚）——是用来支承床身，并与地基联接，是空心结构，前床腿装有电机，后床腿装冷却液和冷却泵。

电机——是车床的动力设备，通过电力驱动主轴箱里的主轴旋转，一般放置在床头箱下面的床脚里。

冷却泵——通过水泵作用将切削液喷到工件和刀具上以达到冷却目的。

工作灯——用于车削工件时照明。

2. 主轴箱（床头箱）部分

主轴箱——固定在床身的左上部，箱内有主轴和多组齿轮变速机构，它的作用是把运动和动力传给主轴，通过主轴、卡盘带动工件一起旋转。

主 轴——连接卡盘，带动卡盘旋转。

3. 挂轮箱部分

把主轴的旋转运动传给进给箱，箱内有挂轮装置，更换不同的齿轮，可以改变进给量或车螺纹时的螺距（导程）。

4. 进给部分

进给箱（走刀箱）——内有变速机构，作用是把主轴的动力传给光杆和丝杆，变换手柄，可以控制进给量和车削螺纹的螺距。

光杆——自动走刀用。

丝杆——车削螺纹用。

5. 拖板部分

溜板箱——溜板箱是车床进给运动的操纵箱。它可将光杠传来的旋转运动变为车刀需要的纵向或横向的直线运动，也可操纵对开螺母使刀架由丝杠直接带动车削螺纹。

大拖板（床鞍）——可作纵向运动，实现刀具的进给。

中拖板（中滑板）——可作横向运动，实现刀具的进给。

小拖板（小滑板）——可以作纵向运动或任意角度的回转，切削锥面。

刀架——用于装夹刀具。

6. 尾座

尾座安装于床身导轨上。在尾座的套筒内装上顶尖可用来支承工件，也可装上钻头、铰刀在工件上钻孔、铰孔。

四、卧式车床的传动系统

要掌握车床的操作方法，首先要了解车床的传动系统，如图 3-23 所示。

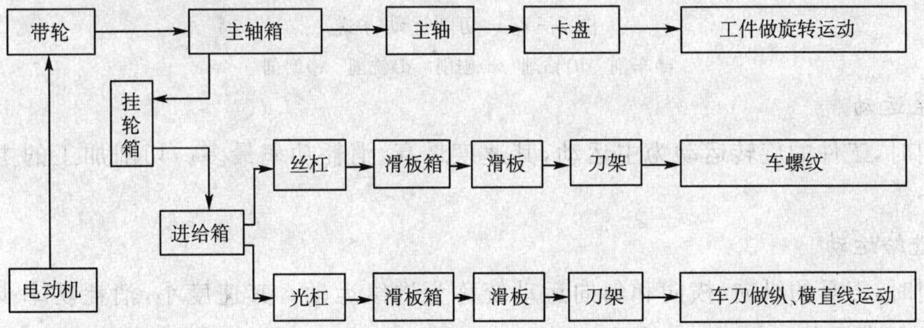

图 3-23 车床的传动系统

五、普通车床的规格型号与技术参数

机床的型号一般用汉语拼音字母和数字，按一定规律组合进行编号，表示机床的类型和规格。如车床，以“che”的第一个字母“C”作为车床代号，其他如钻床代号为“Z”，刨床为“B”，磨床为“M”，铣床为“X”，镗床为“T”，等等。

如卧式车床 CA6136 的字母和数字的含义为：C——类代号，表示车床类；A——结构代号，表示“普通型”；6——组代号，表示落地及卧式车床组；1——系代号，表示卧式车床系（如果是“0”，即表示“落地车床”，“2”表示“马鞍车床”，“3”表示“无丝杆车床”）；36——主参数代号，床身最大回转直径的 1/10；表示可以车削直径 360mm 的工件。

第三节 车床的切削运动和切削三要素

一、车床的切削运动

车床切削运动是由刀具和工件作相对运动而实现的，如图 3-24 所示。按切削运动所起作用可分为主运动和进给运动。

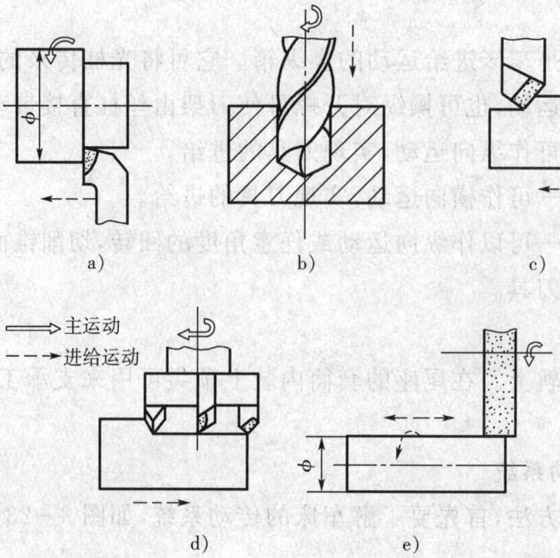

图 3-24　切削运动方式

a)车削　b)钻削　c)刨削　d)铣削　e)磨削

1. 主运动

车削时，工件的旋转运动为主运动，其速度最高，消耗功率最多。切削加工的主运动只能有一个。

2. 进给运动

车削时，刀具的纵向、横向和斜向运动统称为进给运动。其速度小，消耗功率少。进给运动有一个或几个。

二、切削时产生的表面

在切削运动作用下，工件上的切削层不断地被刀具切削并转变为切屑，从而加工出所需要的工作表面。因此，工件在切削过程中形成了三个不断变化着的表面，如图 3-25 所示。

(1)待加工表面——工件上即将被切去切屑的表面。

(2)已加工表面——工件上已切去切屑的表面。

(3)加工表面——工件上正被刀刃切削的表面。

图 3-25　车削时形成的三个表面

三、切削用量

切削用量包括切削速度、进给量和切削深度，俗称切削三要素。它们是切削加工前调整机床运动的依据，并对加工质量、生产率及加工成本都有很大影响。

1. 切削速度 v_c

切削速度是指在单位时间内，工件与刀具沿主运动方向的最大线速度。

车削时的切削速度由下式计算

$$v_c=\frac{\pi \cdot d \cdot n}{1000}$$

式中：v_c——切削速度，m/s 或 m/min；

d——工件待加工表面的最大直径，mm；

n——工件每分钟的转数，r/min。

由计算公式可知，切削速度与工件直径和转数的乘积成正比，故不能仅凭转速高就误认为是切削速度高。

切削速度选用原则：粗车时，为提高生产率，在保证取大的切削深度和进给量的情况下，一般选用中等或中等偏低的切削速度，如取 50～70m/min（切钢）或 40～60m/min（切铸铁）；精车时，为避免刀刃上出现积屑瘤而破坏已加工表面质量，切削速度取较高（100m/min 以上），一般用硬质合金车刀高速精车时，切削速度取 100～200m/min（切钢）或 60～100m/min（切铸铁）。

2. 进给量 f

进给量，又称走刀量，是指工件转一转，车刀所移动的距离，其单位为 mm/r。

进给量选用原则：粗加工时可选取适当大的进给量，一般取 0.15～0.4mm/r；精加工时，采用较小的进给量可使已加工表面的残留面积减少，有利于提高表面质量，一般取 0.05～0.2mm/r。

3. 切削深度 a_p

切削深度是指待加工表面与已加工表面之间的垂直距离，又称背吃刀量，单位为 mm。

切削深度选用原则：粗加工应优先选用较大的切削深度，一般可取 2～4mm；精加工时，选择较小的切削深度对提高表面质量有利，但过小又使工件上原来凸凹不平的表面可能没有完全切除掉而达不到满意的效果，一般取 0.3～0.5mm（高速精车）或 0.05～0.10mm（低速精车）。

第四节 车刀及其安装

车刀是形状最简单的单刃刀具，其他各种复杂刀具都可以看作是车刀的组合和演变，有关车刀角度的定义，均适用于其他刀具。

一、车刀的组成

车刀是由刀头（切削部分）和刀杆（夹持部分，又叫刀体）所组成。车刀的切削部分是由三面、二刃、一尖所组成，即三面二线一点（如图 3-26 所示）。

前刀面：切削时，切屑流出所经过的表面。

主后刀面：切削时，与工件加工表面相对的表面。

副后刀面：切削时，与工件已加工表面相对的表面。

主切削刃：前刀面与主后刀面的交线。它可以是直线或曲线，担负着主要的切削工作。

副切削刃:前刀面与副后刀面的交线。一般只担负少量的切削工作。

刀尖:主切削刃与副切削刃的相交部分。为了强化刀尖,常磨成圆弧形或成一小段直线称过渡刃(如图 3-26 所示)。

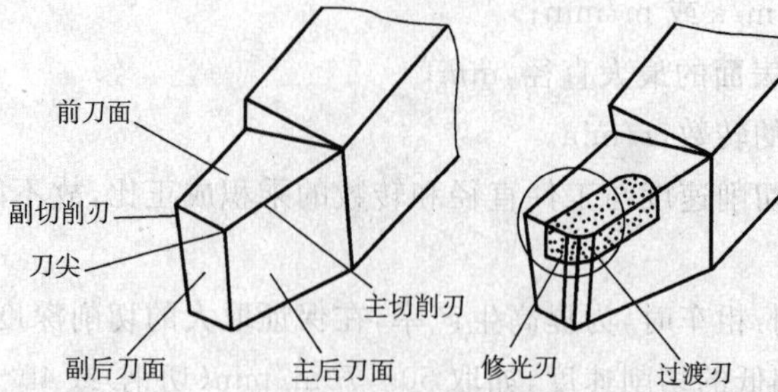

图 3-26 车刀结构图

二、车刀的种类和用途

在车削过程中,由于零件的形状、大小和加工要求不同,采用的车刀也不相同。车刀的种类很多,用途各异,现介绍几种常用车刀(如图 3-27 所示)。

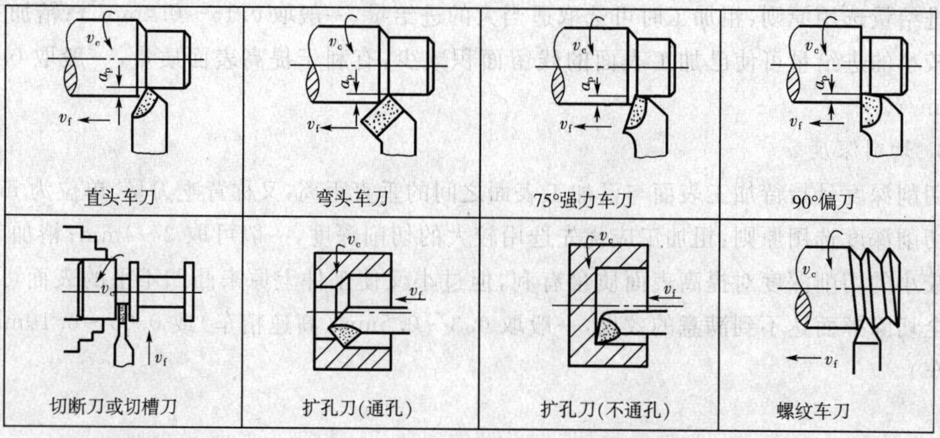

图 3-27 常用车刀的种类和用途

1. 直头车刀

主偏角与副偏角基本对称,一般在 45°左右,前角可在 5°~30°之间选用,后角一般为 6°~12°。

2. 45°弯头车刀

主要用于车削不带台阶的光轴,它可以车外圆、端面和倒角,使用比较方便,刀头和刀尖部分强度高。

3. 75°强力车刀

主偏角为 75°,适用于粗车加工余量大、表面粗糙、有硬皮或形状不规则的零件,它能承受较大的冲击力,刀头强度高,耐用度高。

4. 偏刀

偏刀的主偏角为 90°,用来车削工件的端面和台阶,有时也用来车外圆,特别是用来车削细长工件的外圆,可以避免把工件顶弯。偏刀分为左偏刀和右偏刀两种,常用的是右偏刀,它的刀刃向左。

5. 切断刀或切槽刀

切断刀的刀头较长,其刀刃亦狭长,这是为了减少工件材料消耗和切断时能切到中心的缘故。因此,切断刀的刀头长度必须大于工件的半径。

切槽刀与切断刀基本相似,只不过其形状应与槽间一致。

6. 扩孔刀

扩孔刀又称镗孔刀,用来加工内孔。它可以分为通孔刀和不通孔刀两种。通孔刀的主偏角小于 90°,不通孔刀的主偏角应大于 90°,刀尖在刀杆的最前端,为了使内孔底面车平,刀尖与刀杆外端距离应小于内孔的半径。

7. 螺纹车刀

螺纹按牙型有三角形、方形和梯形等,相应使用三角形螺纹车刀、方形螺纹车刀和梯形螺纹车刀等。采用三角形螺纹车刀车削公制螺纹时,其刀尖角必须为 60°,前角取 0°。

三、车刀的安装

车削前必须把选好的车刀正确安装在方刀架上,车刀安装的好坏,对操作顺利与加工质量都有很大关系。安装车刀时应注意下列几点(如图 3-28 所示)。

(1)车刀刀尖应与工件轴线等高。如果车刀装得太高,则车刀的主后面会与工件产生强烈的磨擦;如果装得太低,切削就不顺利,甚至工件会被抬起来,使工件从卡盘上掉下来,或把车刀折断。为了使车刀对准工件轴线,可按床尾架顶尖的高低进行调整。

(2)车刀不能伸出太长。因刀伸得太长,切削起来容易发生振动,使车出来的工件表面粗糙,甚至会把车刀折断。但也不宜伸出太短,太短会使车削不方便,容易发生刀架与卡盘碰撞。一般伸出长度不超过刀杆高度的 1.5 倍。

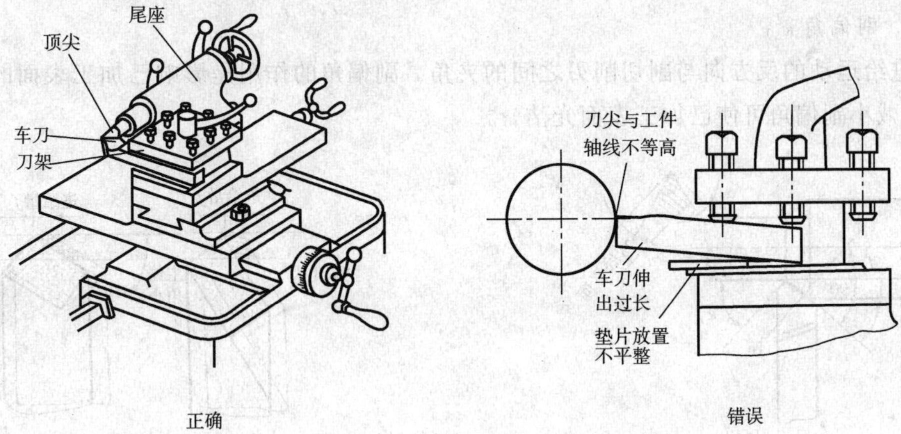

图 3-28 车刀的安装

(3)每把车刀安装在刀架上时，不可能刚好对准工件轴线，一般会低，因此可用一些厚薄不同的垫片来调整车刀的高低。垫片必须平整，其宽度应与刀杆一样，长度应与刀杆被夹持部分一样，同时应尽可能用少数垫片来代替多数薄垫片的使用，将刀的高低位置调整合适，垫片用得过多会造成车刀在车削时接触刚度变差而影响加工质量。

(4)车刀刀杆应与车床主轴轴线垂直。

(5)车刀位置装正后，应交替拧紧刀架螺丝。

四、车刀角度

车刀的主要角度有前角 γ_0、主后角 α_0、主偏角 κ_0、副偏角 κ'_0 和刃倾角 λ_s，如图 3－29、图 3－30所示。

1. 前角 γ_0

主剖面中测量的前刀面与水平面(基面)之间的夹角，表示前刀面的倾斜程度。增大前角，可使刀刃锋利、切削力降低。但前角过大会使刀刃强度降低。加工硬度较小的工件(钢件等塑性材料)，一般选取较大值(10°～20°)；加工硬度大的工件(灰口铸铁等脆性材料)，一般选取较小值(5°～15°)。精加工时，可取较大的前角，粗加工应取较小的前角。

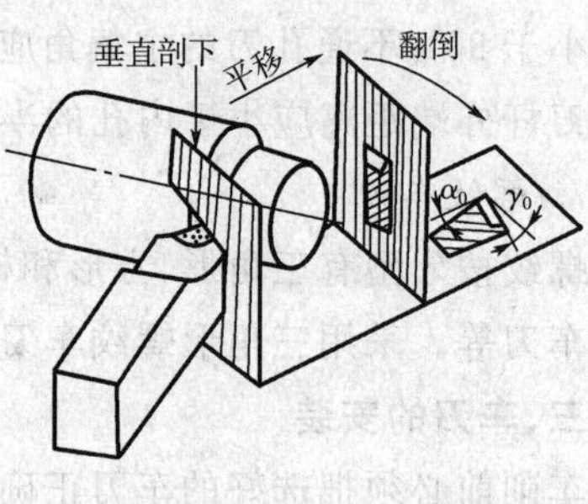

图 3－29　前角与后角

2. 主后角 α_0

包含主切削刃的铅垂面与主后刀面之间的夹角，表示主后刀面的倾斜程度。其作用是减少主后刀面与工件之间的磨擦。选择原则：一般后角可取 6°～8°，粗加工取较小值，精加工取较大值。

3. 主偏角 κ_0

进给方向与主切削刃之间的夹角。车刀常用的主偏角有 45°、60°、75°、90°几种。主偏角越小，则切削刃工作长度越长，散热条件越好，但切深抗力越大(如图 3－31 所示)。工件粗大、刚性好时，可取较小值。车细长轴时，为了减少径向力而引起工件弯曲变形，宜选取较大值。

4. 副偏角 κ'_0

进给运动的反方向与副切削刃之间的夹角。副偏角的作用是影响已加工表面的表面粗糙度，减小副偏角可使已加工表面光洁。

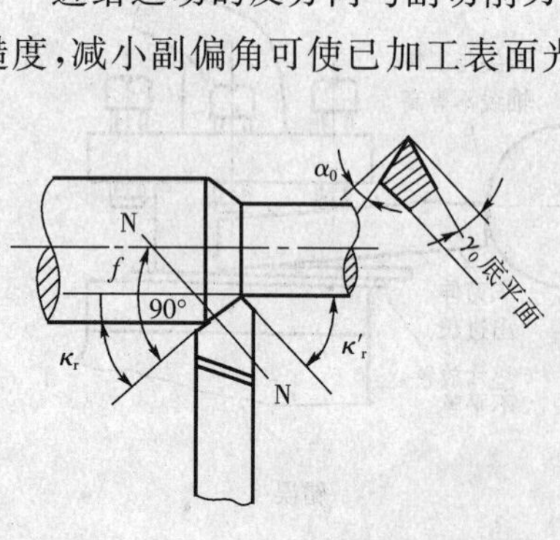

图 3－30　车刀的主偏角与副偏角

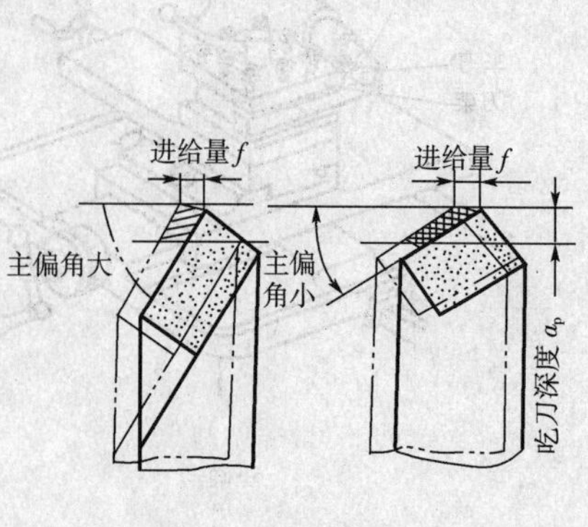

图 3－31　主偏角改变时，对主刀刃工作长度的影响

5. 刃倾角 λ_s

主切削刃与水平面之间的夹角。刀尖为切削刃最高点时为正值，反之为负值。刃倾角的主要作用是影响主切削刃的强度和控制切屑流出的方向(如图 3-32 所示)。一般在+5°～-5°之间选择。粗加工时，常取负值，虽切屑流向已加工表面，但无妨，且保证了主切削刃的强度好。精加工常取正值，使切屑流向待加工表面，从而不会划伤已加工表面的质量。

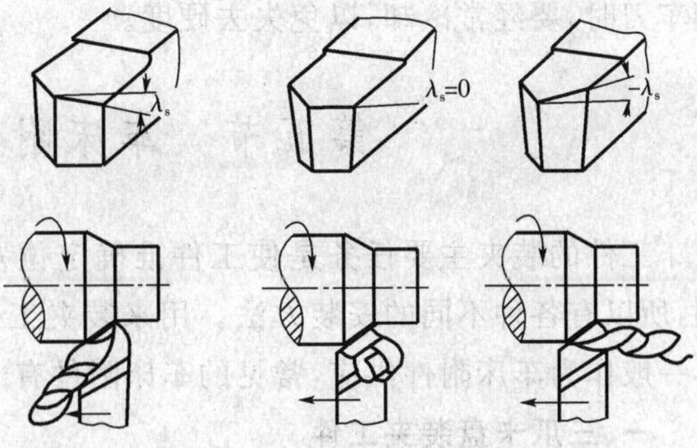

a) b) c)

图 3-32 刃倾角对切屑流向的影响

五、车刀的刃磨

车工操作的一个基本功是刀具的刃磨，就象磨切菜刀一样，刀磨得快，菜也切得快；车刀磨得好，切削的质量就高。无论硬质合金车刀或高速钢车刀，在使用之前都要根据切削条件所选择的合理切削角度进行刃磨，一把用钝了的车刀，为恢复原有的几何形状和角度，也必须重新刃磨。

1. 磨刀步骤(如图 3-33 所示)

(1)磨前刀面　把前角和刃倾角磨正确。

(2)磨主后刀面　把主偏角和主后角磨正确。

(3)磨副后刀面　把副偏角和副后角磨正确。

(4)磨刀尖圆弧　圆弧半径约 0.5mm～2mm 左右。

(5)研磨刀刃　车刀在砂轮上磨好以后，再用油石加些机油研磨车刀的前面及后面，使刀刃锐利和光洁。这样可延长车刀的使用寿命。车刀用钝程度不大时，也可用油石在刀架上修磨。硬质合金车刀可用碳化硅油石修磨。

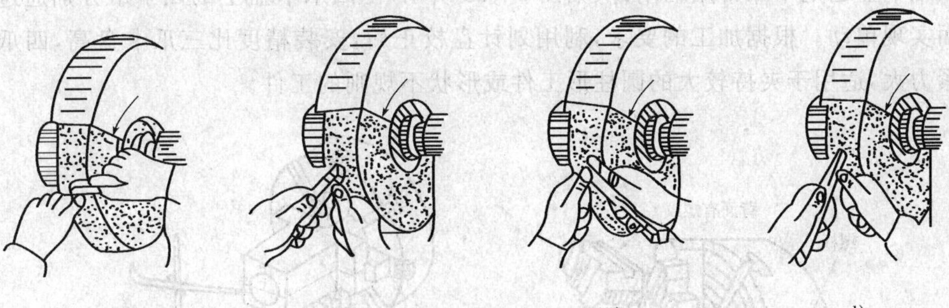
a) b) c) d)

图 3-33 刃磨外圆车刀的一般步骤

a)磨前刀面 b)磨主后刀面 c)磨副后刀面 d)磨刀尖圆弧

2. 磨刀注意事项

(1)磨刀时，人应站在砂轮的侧前方，双手握稳车刀，用力要均匀。

(2)刃磨时，将车刀左右移动着磨，否则会使砂轮产生凹槽。

(3)磨硬质合金车刀时，不可把刀头放入水中，以免刀片突然受冷收缩而碎裂。磨高速钢车刀时，要经常冷却，以免失去硬度。

第五节　车床附件及工件的装夹

工件的装夹主要任务是使工件准确定位及夹持牢固。由于各种工件的形状和大小不同，所以有各种不同的安装方法。用来装夹工件和引导刀具的装置称为车床夹具。车床夹具一般作为车床附件供应，常见的车床附件有卡盘、顶尖、中心架、跟刀架、花盘等。

一、三爪卡盘装夹工件

三爪卡盘是车床最常用的附件(如图 3-34 所示)。三爪卡盘上的三爪是同时动作的，可以达到自动定心兼夹紧的目的。其装夹工作方便，但定心精度不高(爪遭磨损所致)，工件上同轴度要求较高的表面，应尽可能在一次装夹中车出。传递的扭矩也不大，故三爪卡盘适于夹持圆柱形、六角形等中小工件。当安装直径较大的工件时，可使用"反爪"。

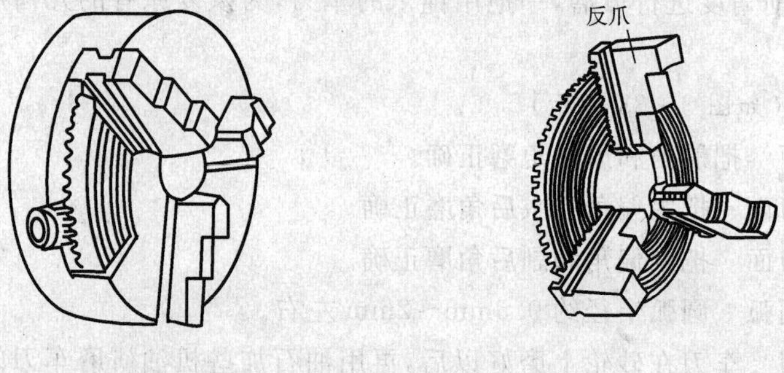

图 3-34　三爪卡盘

二、四爪卡盘装夹工件

四爪卡盘也是车床常用的附件(如图 3-35 所示)。四爪卡盘上的四个爪分别通过转动螺杆而实现单动。根据加工的要求，利用划针盘校正后，安装精度比三爪卡盘高，四爪卡盘的夹紧力大，适用于夹持较大的圆柱形工件或形状不规则的工件。

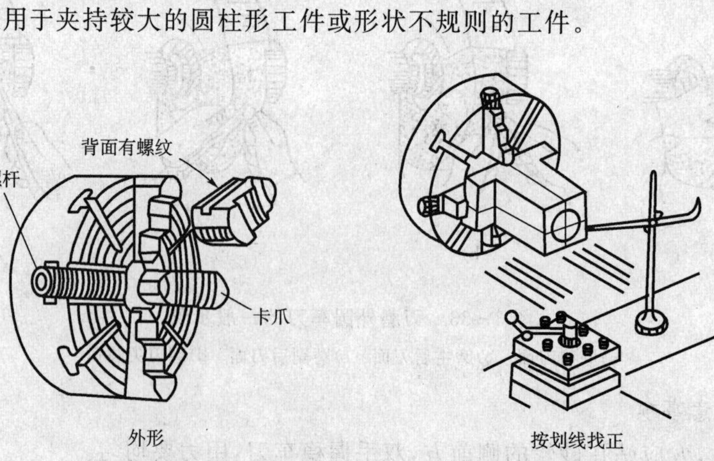

图 3-35　四爪卡盘装夹工件的方法

三、顶尖装夹工件

常用的顶尖有死顶尖和活顶尖两种，如图 3－36 所示。

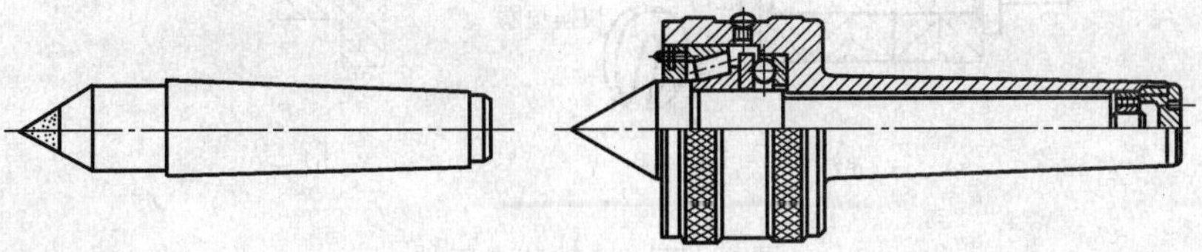

a) b)

图 3－36 顶尖

a)死顶尖 b)活顶尖

较长或加工工序较多的轴类工件，为保证工件同轴度要求，常采用两顶尖的装夹方法，如图 3－37a 所示。工件支承在前后两顶尖间，由卡箍、拨盘带动旋转。前顶尖装在主轴锥孔内，与主轴一起旋转；后顶尖装在尾架锥孔内固定不转。有时亦可用三爪卡盘代替拨盘(如图 3－37b 所示)，此时前顶尖用一段钢棒车成，夹在三爪卡盘上，卡盘的卡爪通过鸡心夹头带动工件旋转。

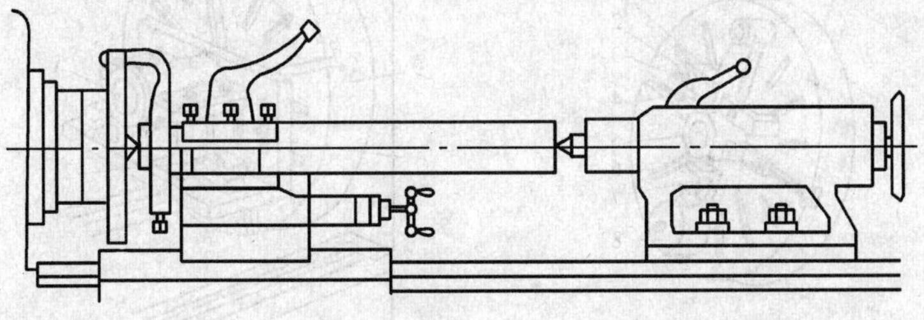

a)

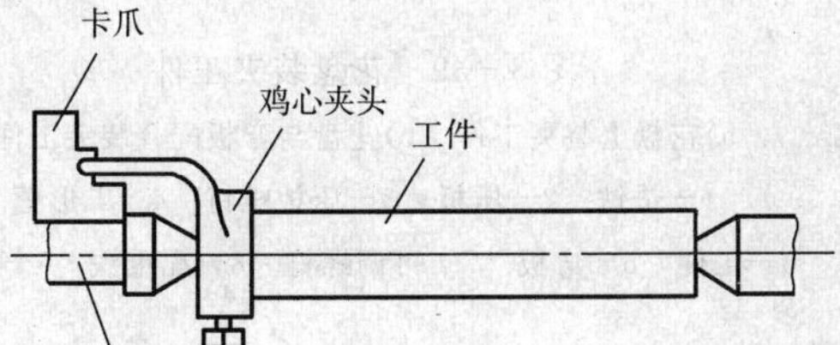

b)

图 3－37 两顶尖安装工件

a)用拨盘两顶尖安装工件 b)用三爪卡盘代替拨盘安装工件

四、心轴装夹工件

精加工盘套类零件时，如孔与外圆的同轴度以及孔与端面的垂直度要求较高时，工件需在心轴上装夹进行加工(如图 3－38 所示)。这时应先加工孔，然后以孔定位安装在心轴上，再一起安装在两顶尖上进行外圆和端面的加工。

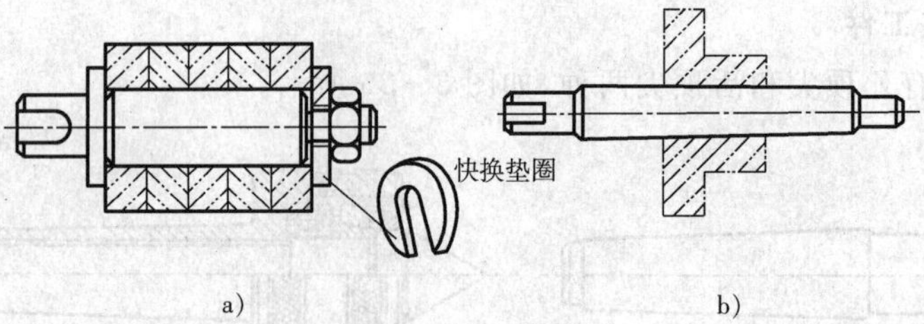

图 3-38　心轴装夹工件

a)圆柱心轴装夹工件　b)圆锥心轴装夹工件

五、花盘装夹工件

在车削形状不规则或形状复杂的工件时，三爪卡盘、四爪卡盘或顶尖都无法装夹，必须用花盘进行装夹(如图 3-39 所示)。花盘工作面上有许多长短不等的径向导槽，使用时配以角铁、压块、螺栓、螺母、垫块和平衡铁等，可将工件装夹在盘面上。安装时，按工件的划线痕进行找正，同时要注意重心的平衡，以防止旋转时产生振动。

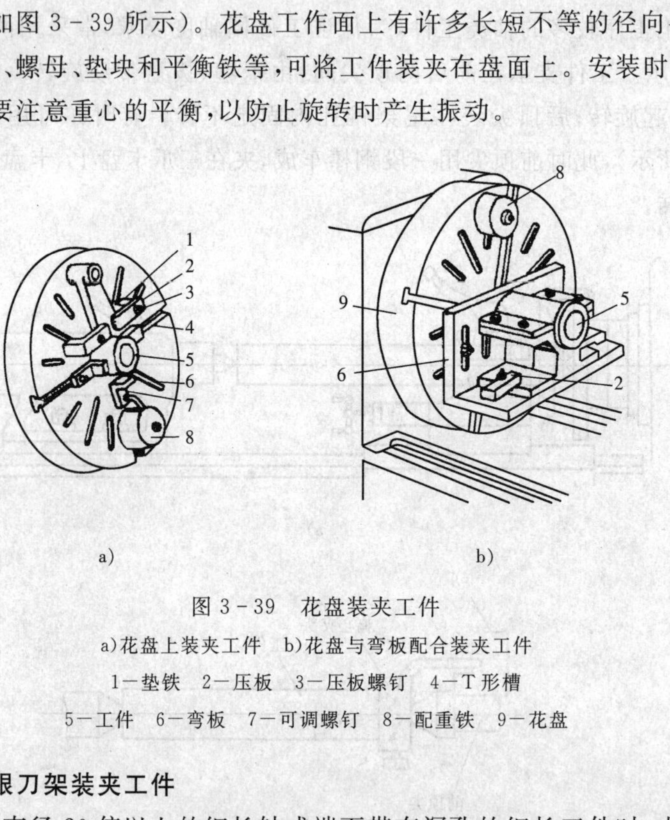

图 3-39　花盘装夹工件

a)花盘上装夹工件　b)花盘与弯板配合装夹工件

1—垫铁　2—压板　3—压板螺钉　4—T 形槽

5—工件　6—弯板　7—可调螺钉　8—配重铁　9—花盘

六、中心架和跟刀架装夹工件

当车削长度为直径 20 倍以上的细长轴或端面带有深孔的细长工件时，由于工件本身的刚性很差，受切削力的作用往往容易产生弯曲变形和振动，容易把工件车成两头细中间粗的腰鼓形。为防止上述现象发生，需要附加辅助支承，即中心架或跟刀架。

中心架主要用于加工有台阶或需要调头车削的细长轴，以及端面和内孔(钻中心孔)。中心架固定在床身导轨上的，车削前调整其三个爪与工件轻轻接触，并加上润滑油(如图 3-40所示)。

对不适宜调头车削的细长轴，不能用中心架支承，而要用跟刀架支承进行车削，以增加工件的刚性，如图 3-41 所示。跟刀架固定在床鞍上，一般有两个支承爪，它可以跟随车刀移动，抵消径向切削力，提高车削细长轴的形状精度和减小表面粗糙度。如图 3-42a 所示为两爪跟刀架，此时车刀给工件的切削抗力使工件贴在跟刀架的两个支承爪上，但由于工件本身的重力以及偶然的弯曲，车削时工件会瞬时离开和接触支承爪，因而产生振动。比较理想的中心架是三爪中心架，如图 3-42b 所示。此时，由三爪和车刀抵住工件，使之上下、左右都不能移动，车削时工件就比较稳定，不易产生振动。

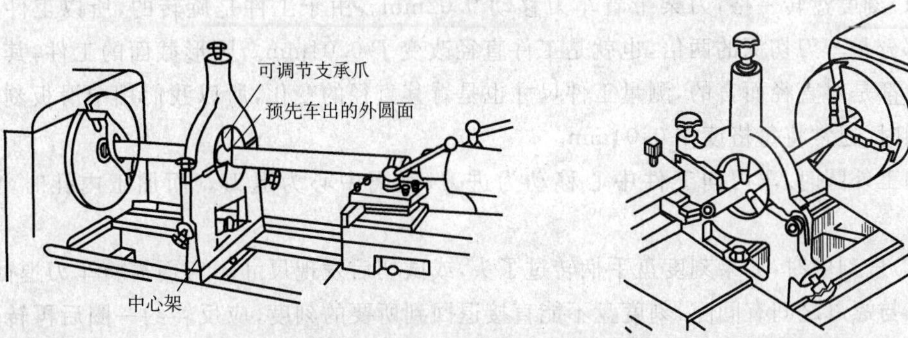

图 3-40 用中心架车削外圆、内孔及端面

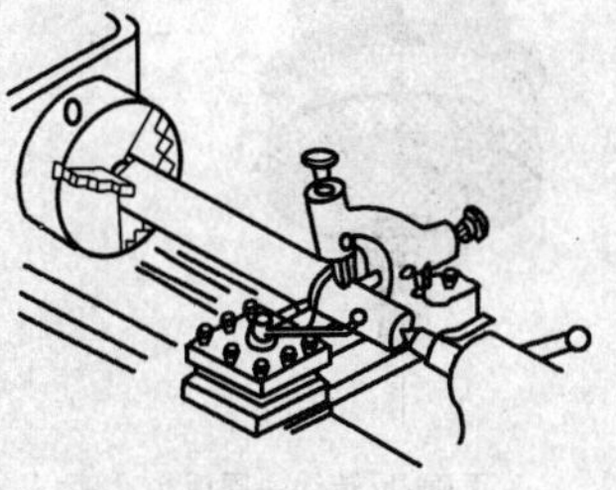

图 3-41 用跟刀架车削工件

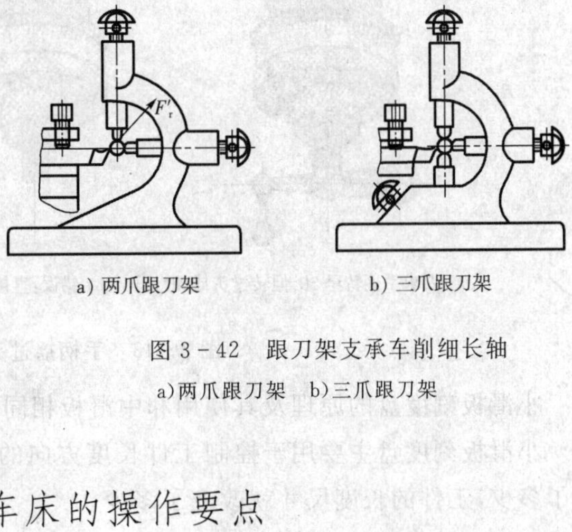

图 3-42 跟刀架支承车削细长轴

a)两爪跟刀架 b)三爪跟刀架

第六节 车床的操作要点

机床的型号不同，具体操作也不完全相同，但基本的操作要点是相同的。

一、刻度盘及刻度盘手柄的使用

在车削工件时，要准确、迅速地掌握切削深度，必须熟练地使用中滑板和小滑板的刻度盘。

中滑板刻度盘安装在中滑板丝杠上。当摇动中滑板手柄带动刻度盘转一周时，中滑板丝杠也转了一周。这时，固定在中滑板上与丝杠配合的螺母沿丝杠轴线方向移动了一个螺距。因此，安装在中滑板上的刀架也移动了一个螺距。所以中滑板移动的距离可根据刻度盘上的格数来计算：

$$\text{刻度盘每转一格中滑板移动的距离}=\frac{\text{丝杠螺矩}}{\text{刻度盘格数}}\quad \text{mm}$$

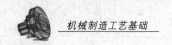

例如，C6136车床中滑板丝杠螺距4mm，中滑板的刻度盘等分为200格，故每转1格中滑板移动的距离为4÷200＝0.02mm。

使用中滑板刻度盘控制切削深度时应注意的事项：

(1)刻度盘转一格，刀架带着车刀移动0.02mm。由于工件是旋转的，所以工件上被切下的部分是车刀切深的两倍，也就是工件直径改变了0.04mm。圆形截面的工件，其圆周加工余量都是对直径而言的，测量工件尺寸也是看其直径的变化，所以我们用中滑板刻度盘进刀切削时，通常将每格读作0.04mm。

加工外圆时，车刀向工件中心移动为进刀，远离中心为退刀。而加工内孔时，则刚好相反。

(2)进刻度时，如果刻度盘手柄转过了头，或试切后发现尺寸不对而需将车刀退回时，由于丝杠与螺母之间有间隙，刻度盘不能直接退回到所要的刻度，应反转约一圈后再转至所需位置。例如，要求手柄转至刻度30，但摇过头成40。错误的方法是直接退到30，正确的方法是反转约一圈后再转至所需位置30。如图3-43所示。

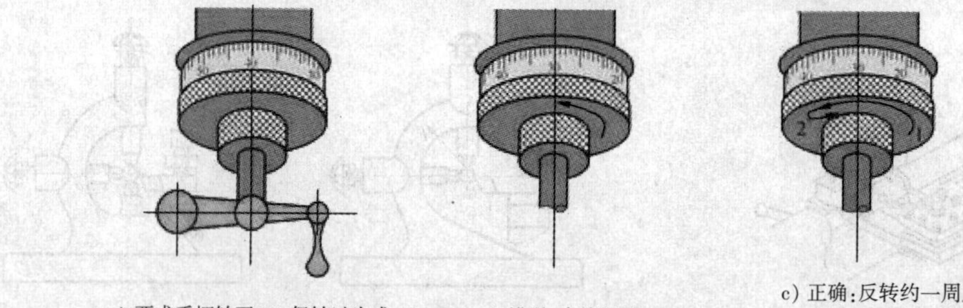

a) 要求手柄转至30，但转过头成40　　b) 错误：直接退至30　　c) 正确：反转约一周后再转至所需位置30

图3-43　手柄摇过头的纠正方法

小滑板刻度盘的原理及其使用和中滑板相同。

小滑板刻度盘主要用于控制工件长度方向的尺寸。与加工圆柱面不同的是：小刀架移动了多少，工件的长度尺寸就改变了多少。

二、粗车和精车

工件在车床上安装以后，要根据工件的加工余量决定走刀次数和每次走刀的切深。

粗车的目的是尽快地从工件上切去大部分加工余量，使工件接近最后的形状和尺寸。粗车要给精车留有合适的加工余量(0.5mm～1mm的加工余量)，而精度和表面质量要求都很低。在生产中，加大切削深度对提高生产率最有利，而对车刀的寿命影响又最小。因此，粗车时要优先选用较大的切削深度，其次根据可能，适当加大进给量，最后确定切削速度。切削速度一般采用中等或中等偏低的数值。粗车的切削用量推荐为：切削深度 a_p 取2～4mm；进给量取0.15mm～0.4mm/r；至于切削速度 v，硬质合金车刀切钢可取50～70m/min，切铸铁可取40～60m/min。

粗车注意事项：

(1)粗车铸件时，因工件表面有硬皮，如切削深度很小，刀尖反而容易被硬皮碰坏或磨损。因此，第一刀切深应大于硬皮厚度。

(2)选择切削用量时，还要看工件安装是否牢靠。若工件夹持的部分长度较短或表面凹凸不平时，切削用量也不宜过大。

精车是切去余下少量的金属层以获得零件所求的精度和表面粗糙度，因此切削深度较小，约 0.1～0.2mm。生产实践证明，较高或较低的切削速度都可以获得较小的表面粗糙度。为了提高工件表面粗糙度，用于精车的车刀的前、后刀面应采用油石加机油磨光，有时刀尖磨成一个小圆弧。

三、试切的方法与步骤

半精车和精车时，为了准确地定切削深度，保证工件加工的尺寸精度，只靠刻度盘来进刀是不行的。因为刻度盘和丝杠都有误差，往往不能满足半精车和精车的要求，这就需采用试切的方法。试切的方法与步骤如图 3-44 所示。

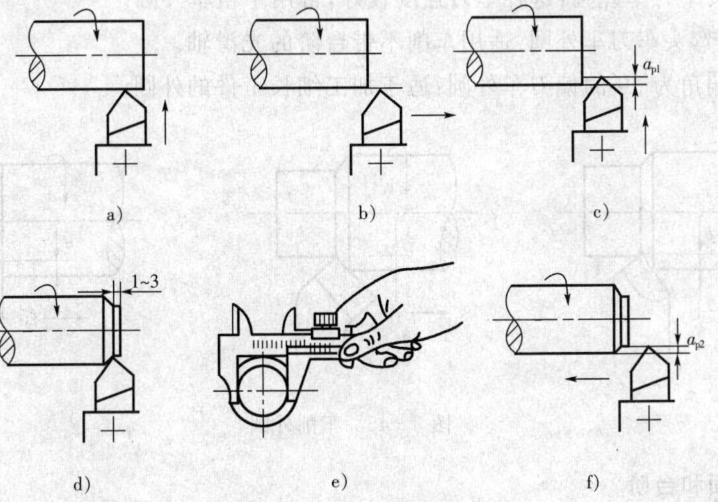

图 3-44 试切的步骤

a)开车对刀，使车刀和工件表面轻微接触 b)向右退出车刀 c)按要求横向进给 a_{p1}

d)试切 1～3mm e)向右退出、停车、测量 f)调整切深至 a_{p2}后，自动进给车外圆

其中 a～e 项是试切的一个循环。如果尺寸合格了，就按这个步骤将整个表面加工完毕；如果尺寸还大，就要自第 f 项重新进行试切，直到尺寸合格才能继续车下去。

四、车床安全操作规程

(1)开车前：①检查机床各手柄是否处于正常位置；②传动带、齿轮安全罩是否装好；③进行加油润滑。

(2)安装工件：①工件要夹正，夹牢；②工件安装、拆卸完毕随手取下卡盘扳手；③安装、拆卸大工件时，应该用木板保护床面。

(3)安装刀具：①刀具要垫好、放正、夹牢；②装卸刀具时和切削加工时，切记先锁紧放刀架；③装好工件和刀具后，进行极限位置检查。

(4)开车后：①不能改变主轴转速；②不能度量工件尺寸；③不能用手触摸旋转着的工件，不能用手触摸切屑；④切削时要戴好防护眼镜；⑤切削时要精力集中，不许离开机床。

(5)下班时：①擦净机床、清理场地、关闭电源；②擦拭机床时要防止刀尖、切屑等物划伤手，并防止溜板箱、刀架、卡盘、尾架等相碰撞。

(6)若发生事故：①立即停车，关闭电源；②保护好现场；③及时向有关人员汇报，以便分析原因，总结经验教训。

第七节　基本车削工作

一、车外圆

在车削加工中，外圆车削是一个基础，几乎绝大部分的工件都少不了外圆车削这道工序。车外圆时常见的方法有下列几种(如图 3-45 所示)。

(1)用直头车刀车外圆：这种车刀强度较好，常用于粗车外圆。

(2)用 45°弯头车刀车外圆：适用车削不带台阶的光滑轴。

(3)用主偏角为 90°的偏刀车外圆：适于加工细长工件的外圆。

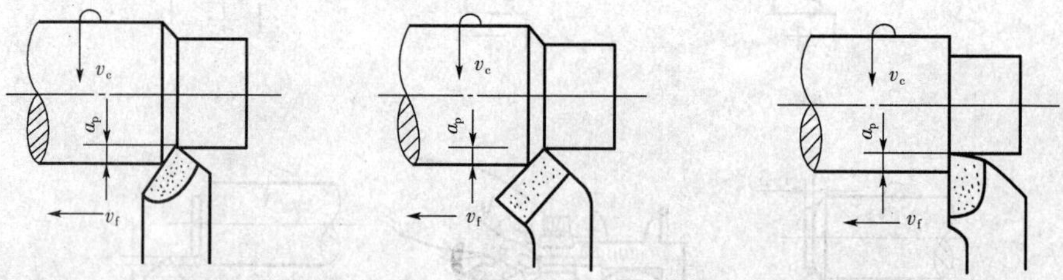

图 3-45　车削外圆

二、车端面和台阶

圆柱体两端的平面叫做端面。由直径不同的两个圆柱体相连接的部分叫做台阶。

1. 车端面

车端面常用的刀具有偏刀和弯头车刀两种。

(1)用右偏刀车端面时(如图 3-46a 所示)，如果是由外向里进刀，则是利用副刀刃在进行切削的，故切削不顺利，表面也车不细，车刀嵌在中间，使切削力向里，因此车刀容易扎入工件而形成凹面；用左偏刀由外向中心车端面(如图 3-46b 所示)，主切削刃切削，切削条件有所改善。用右偏刀由中心向外车削端面时(如图 3-46c 所示)，由于是利用主切削刃在进行切削，所以切削顺利，也不易产生凹面。

(2)用弯头刀车端面(如图 3-46d 所示)，以主切削刃进行切削则很顺利，如果再提高转速也可车出粗糙度较小的表面。弯头车刀的刀尖角等于 90°，刀尖强度要比偏刀大，不仅用于车端面，还可车外圆和倒角等。

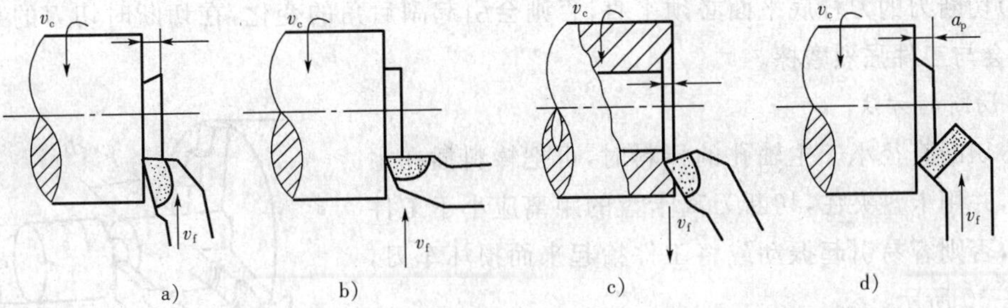

图 3－46　车削端面

2. 车台阶

(1)低台阶车削方法　较低的台阶面可用偏刀在车外圆时一次走刀同时车出，车刀的主切削刃要垂直于工件的轴线(如图 3－47 所示)，可用角尺对刀或以车好的端面来对刀，使主切削刃和端面贴平。

(2)高台阶车削方法　车削高于 5mm 台阶的工件，因肩部过宽，车削时会引起振动。

因此高台阶工件可先用外圆车刀把台阶车成大致形状，然后将偏刀的主切削刃装成与工件端面有 5°左右的间隙，分层进行切削(如图 3－48 所示)，但最后一刀必须用横走刀完成，否则会使车出的台阶偏斜。

为使台阶长度符合要求，可用刀尖预先刻出线痕，以此作为加工界限。

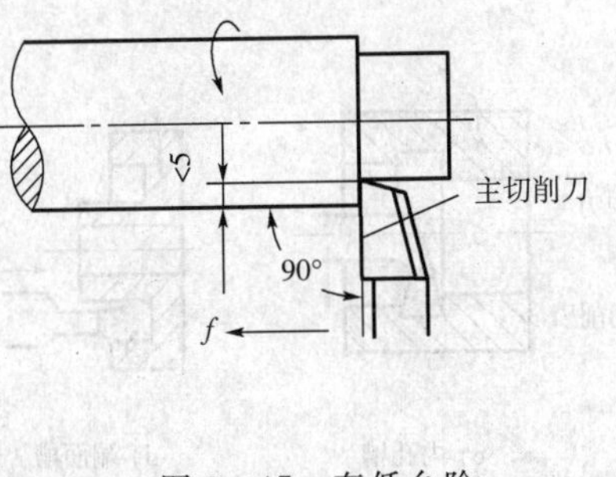

图 3－47　车低台阶

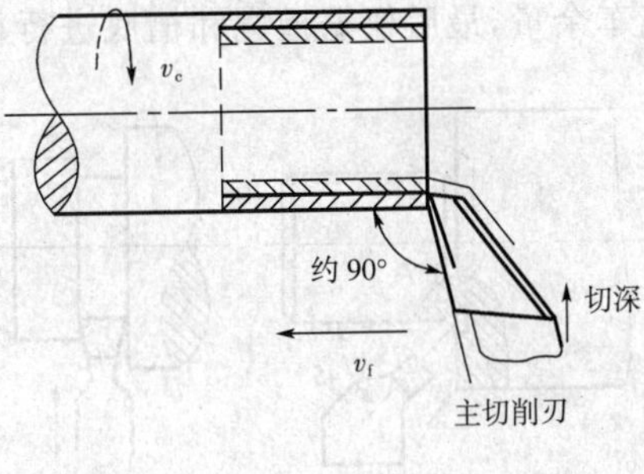

图 3－48　车高台阶

三、切断和车外沟槽

在车削加工中，经常需要把很长的原材料切成一段一段的毛坯，然后再进行加工，也有一些工件在车好以后，再从原材料上切下来，这种加工方法叫切断。

有时工件为了车螺纹或磨削时退刀的需要，要在靠近阶台处车出各种不同的沟槽。

1. 切断刀的安装

(1)刀尖必须与工件轴线等高，否则不仅不能把工件切下来，而且很容易使切断刀折断(如图 3－49 所示)。

(2)切断刀和切槽刀必须与工件轴线垂直，否则车刀的副切削刃与工件两侧面产生磨擦。

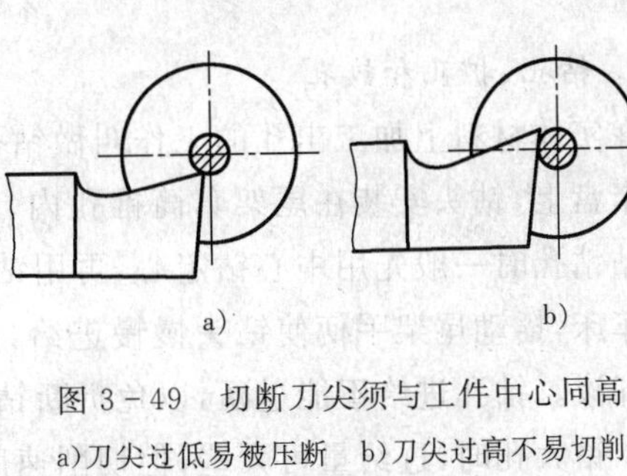

图 3－49　切断刀尖须与工件中心同高

a)刀尖过低易被压断　b)刀尖过高不易切削

(3)切断刀的刀杆底平面必须平直,否则会引起副后角的变化,在切断时切刀的某一副后刀面会与工件强烈磨擦。

2. 切断的方法

(1)切断直径小于主轴孔的棒料时,可把棒料插在主轴孔中,并用卡盘夹住,切断刀离卡盘的距离应小于工件的直径,否则容易引起振动或将工件抬起来而损坏车刀,如图 3-50 所示。

(2)切断两顶尖装夹或一夹一顶的工件时,不可将工件完全切断。

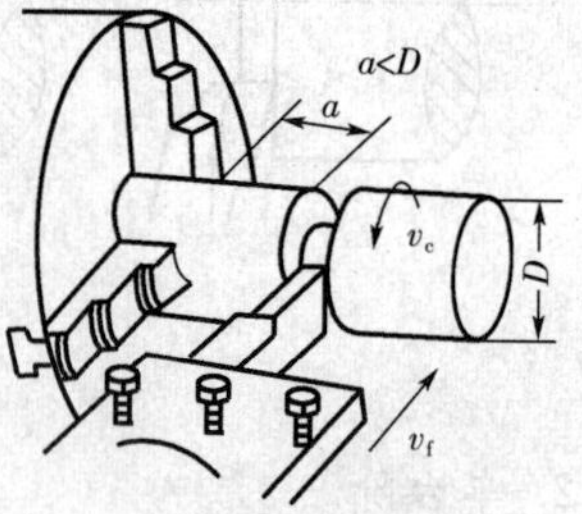

图 3-50 切断

3. 切断时应注意的事项

(1)切断刀本身的强度很差,很容易折断,所以操作时要特别小心。

(2)应采用较低的切削速度,较小的进给量。

(3)快切断时还必须放慢进给速度。

4. 车外沟槽的方法

(1)车削宽度不大的沟槽,可用刀头宽度等于槽宽的切槽刀一刀车出,如图 3-51 所示。

(2)在车削较宽的沟槽时,应先用外圆车刀的刀尖在工件上刻两条线,把沟槽的宽度和位置确定下来,然后用切槽刀在两条线之间进行粗车,但这时必须在槽的两侧面和槽的底部留下精车余量,最后根据槽宽和槽底进行精车。

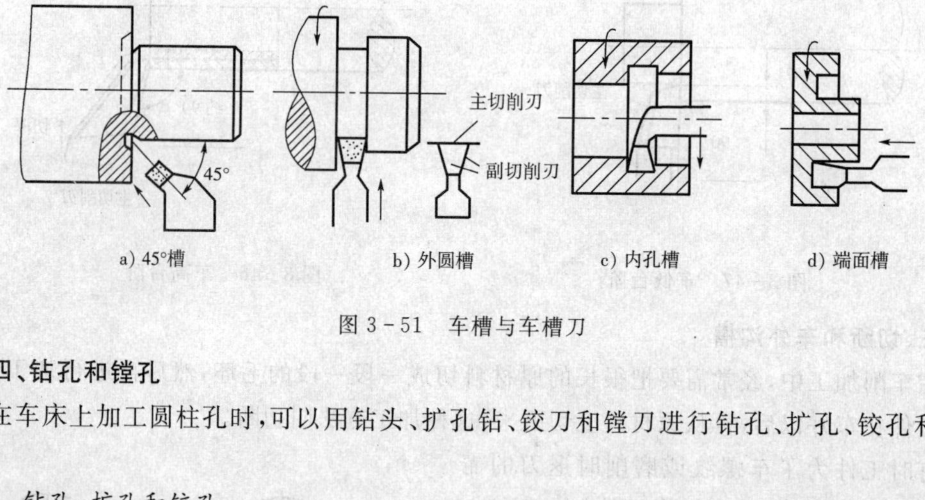

图 3-51 车槽与车槽刀

四、钻孔和镗孔

在车床上加工圆柱孔时,可以用钻头、扩孔钻、铰刀和镗刀进行钻孔、扩孔、铰孔和镗孔工作。

1. 钻孔、扩孔和铰孔

在实体材料上加工出孔的工作叫做钻孔。在车床上钻孔(如图 3-52 所示)要把工件装夹在卡盘上,钻头安装在尾架套筒锥孔内。钻孔前先车平端面,并钻出一个中心凹坑(用小麻花钻钻孔时一般先用中心钻定心,再用钻头钻孔),调整好尾架位置并紧固于床身上,然后开动车床,摇动尾架手柄使钻头慢慢进给,注意经常退出钻头,排出切屑。钻钢料要不断注入冷却液。钻孔进给不能过猛,以免折断钻头,一般钻头越小,进给量也越小,但切削速度可加大。钻大孔时,进给量可大些,但切削速度应放慢。当孔将钻穿时,因横刃不参加切削,应减小进给量，否则容易损坏钻头。孔钻通后应把钻头退出后再停车。钻孔的精度较低、表面粗糙，多用于对孔的粗加工。

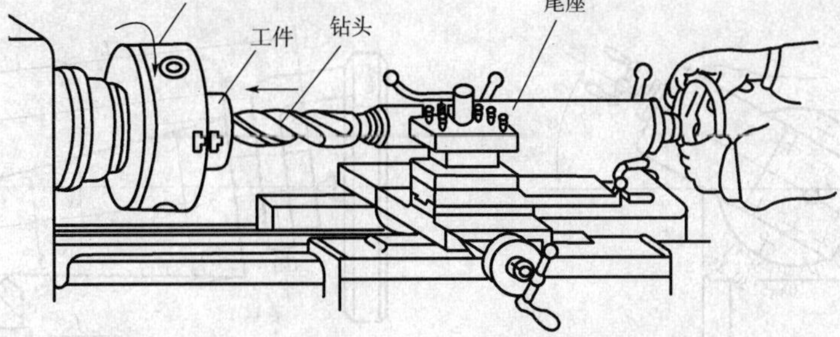

图 3-52 在车床上钻孔

扩孔常用于铰孔前或磨孔前的预加工，常使用扩孔钻作为钻孔后的预精加工。

为了提高孔的精度和降低表面粗糙度，常用铰刀对钻孔或扩孔后的工件再进行精加工。

在车床上加工直径较小、而精度和表面粗糙度要求较高的孔，通常采用钻、扩、铰的加工工艺来进行。

2. 镗孔

镗孔是对钻出、铸出或锻出的孔的进一步加工（如图 3-53 所示），以达到图纸上精度等技术要求。在车床上镗孔要比车外圆困难，因镗杆直径比外圆车刀细得多，而且伸出很长，因此往往因刀杆刚性不足而引起振动，所以切削深度和进给量都要比车外圆时小些，切削速度也要小 10%～20%。镗不通孔时，由于排屑困难，所以进给量应更小些。

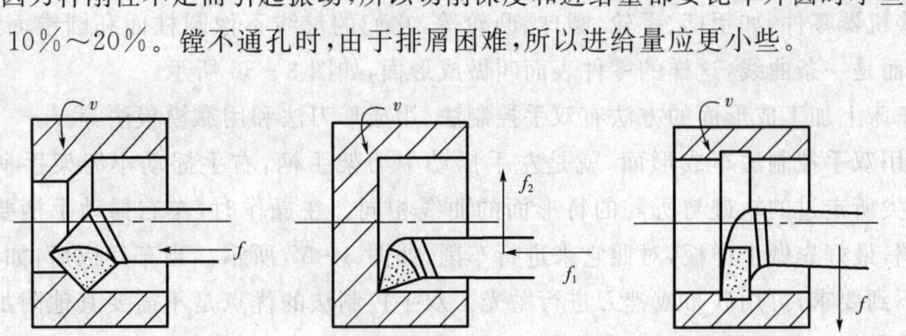

图 3-53 镗孔

a)镗通孔 b)镗盲孔 c)切内槽

镗孔刀尽可能选择粗壮的刀杆，刀杆装在刀架上时伸出的长度只要略大于孔的深度即可，这样可减少因刀杆太细而引起的振动。装刀时，刀杆中心线必须与进给方向平行，刀尖应对准中心，精镗或镗小孔时可略为装高一些。另外，在镗孔时一定要注意，手柄转动方向与车外圆时相反。

五、车圆锥面

圆锥面具有配合紧密、定位准确、装卸方便等优点，并且即使发生磨损，仍能保持精密地定心和配合作用，因此圆锥面应用广泛。

圆锥分为外圆锥(圆锥体)和内圆锥(圆锥孔)两种。

圆锥面的车削方法有很多种,如转动小刀架车圆锥(如图 3-54 所示)、偏移尾座法(如图 3-55 所示)、利用靠模法和样板刀法等,现仅介绍转动小刀架车圆锥。

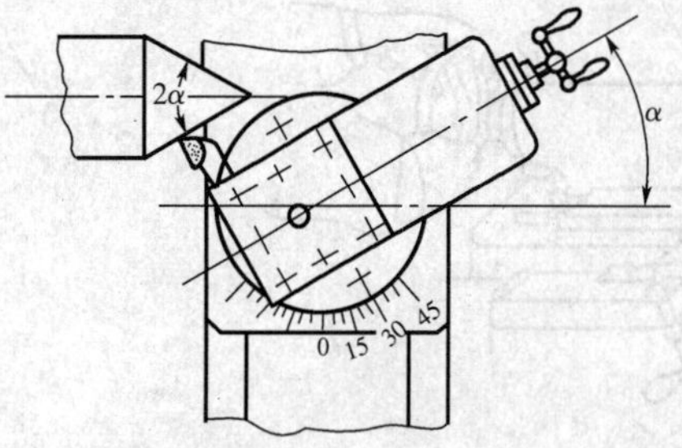

图 3-54　转动小刀架车锥面

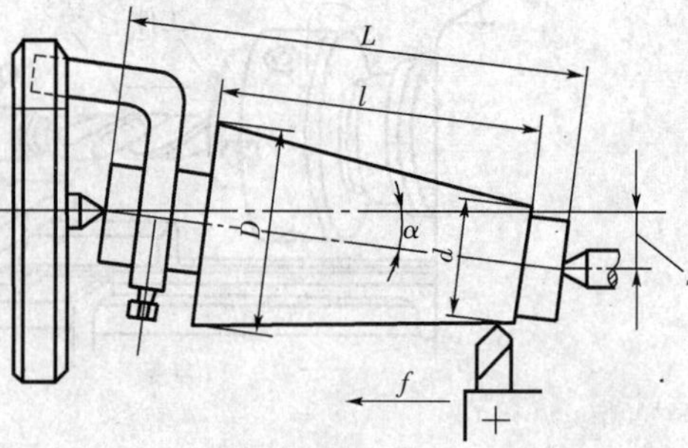

图 3-55　偏移尾座车锥面

车削长度较短和锥度较大的圆锥体和圆锥孔时常采用转动小刀架,这种方法操作简单,能保证一定的加工精度,所以应用广泛。车床上小刀架转动的角度就是斜角 α。将小拖板转盘上的螺母松开,与基准零线对齐,然后固定转盘上的螺母,摇动小刀架手柄开始车削,使车刀沿着锥面母线移动,即可车出所需要的圆锥面。这种方法的优点是能车出完整锥体和圆锥孔,能车角度很大的工件,但只能用手动进刀,劳动强度较大,表面粗糙度也难以控制,且由于受小刀架行程限制,因此只能加工锥面不长的工件。

六、车成形面

有些机器零件,如手柄、手轮、圆球、凸轮等,它们的母线不像圆柱面和圆锥面那样是一条直线,而是一条曲线,这样的零件表面叫做成形面,如图 3-56 所示。

在车床上加工成形面的方法有双手控制法、用成形刀法和用靠模板法等。

(1)用双手控制法车成形面,就是左手摇动中刀架手柄,右手摇动小刀架手柄,两手配合,使刀尖所走过的轨迹与所需的特形面的曲线相同。在操作时,左右摇动手柄要熟练,配合要协调,最好先做个样板,对照它来进行车削,如图 3-57 所示。当车好以后,如果表面粗糙度达不到要求,可用砂布或锉刀进行抛光。双手控制法的优点是不需要其他附加设备,缺点是不容易将工件车得很光整,需要较高的操作技术,生产率也很低。

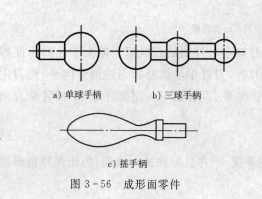

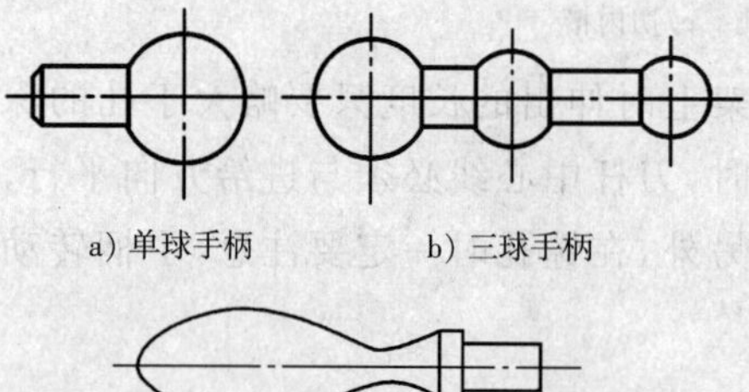

a) 单球手柄　b) 三球手柄

c) 摇手柄

图 3-56　成形面零件

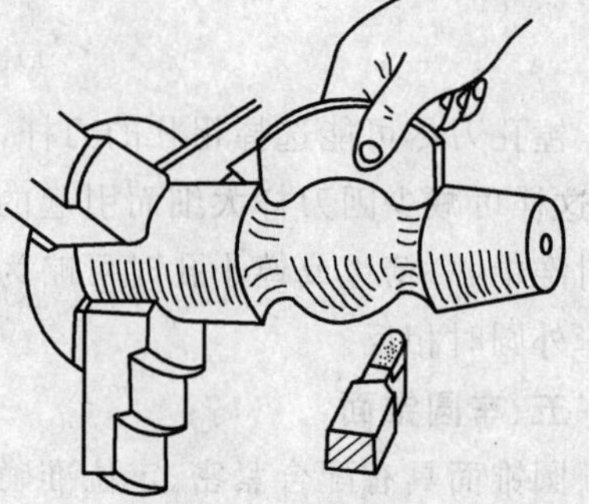

图 3-57　用圆头刀车削成形面

(2)用成形刀车成形面,如图 3－58 所示。要求刀刃形状与工件表面吻合,装刀时刃口要与工件轴线等高。由于车刀和工件接触面积大,容易引起振动,因此需要采用小切削量,只作横向进给,且要有良好润滑条件。此法操作方便,生产率高,且能获得精确的表面形状。但刀具制造、刃磨较困难,因此只在成批生产较短成形面的零件时采用。

(3)用靠模车成形面,如图 3－59 所示。车削成形面的原理和靠模车削圆锥面相同。加工时,只要把滑板换成滚柱,把锥度靠模板换成带有所需曲线的靠模板即可。此法加工工件尺寸不受限制,可采用机动进给,生产效率高,加工精度高,广泛用于成批量生产中。

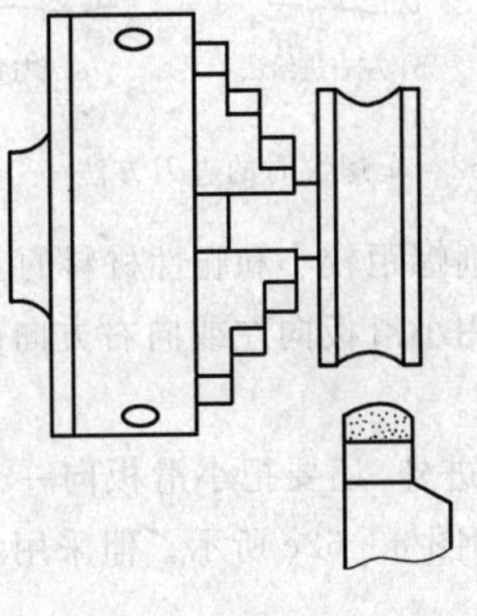

图 3－58 用成形车刀车成形面

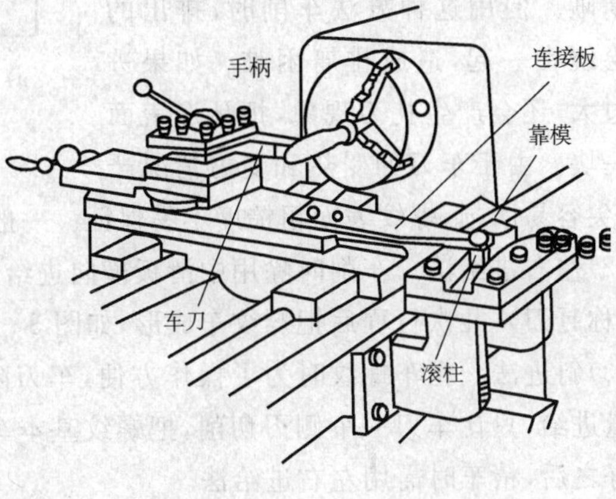

图 3－59 用靠模车成形面

七、车螺纹

螺纹的加工方法很多种,在专业生产中,广泛采用滚丝、轧丝及搓丝等一系列先进工艺,但在一般机械厂,尤其在机修工作中,通常采用车削方法加工。

现介绍三角形螺纹的车削。

1. 螺纹车刀的角度和安装

螺纹车刀的刀尖角直接决定螺纹的牙形角,对公制螺纹,其牙形角为 60°。螺纹车刀的前角对牙形角影响较大(如图 3－60 所示),前角越大,牙形角的误差也就越大。精度要求较高的螺纹,常取前角为零度。粗车螺纹时为改善切削条件,可取正前角的螺纹车刀。

安装螺纹车刀时,应使刀尖与工件轴线等高,否则会影响螺纹的截面形状,并且刀尖的平分线要与工件轴线垂直。如果车刀装得左右歪斜,车出来的牙形就会偏左或偏右。为了使车刀安装正确,可采用样板对刀(如图 3－61 所示)。

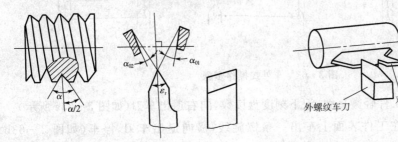

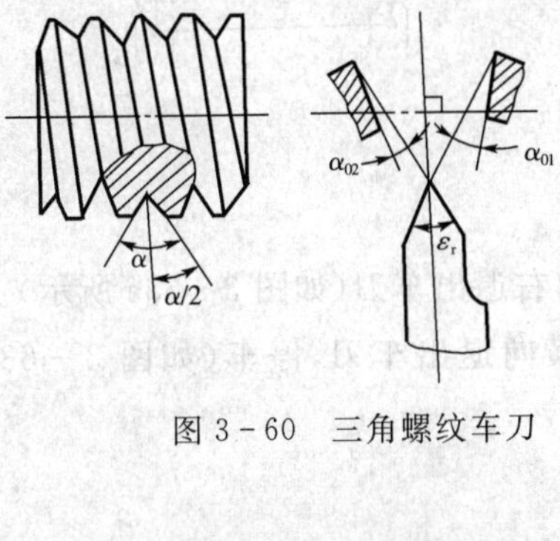

图 3－60 三角螺纹车刀

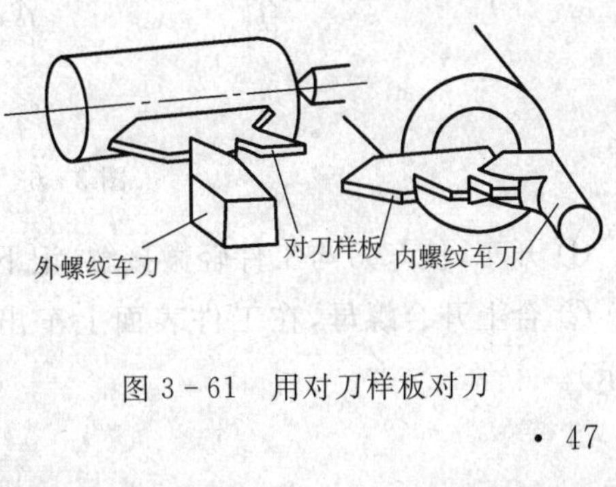

图 3－61 用对刀样板对刀

2. 螺纹的车削方法

三角形螺纹的车削根据进刀方式的不同,分为直进法、左右进给法和斜进法三种,如图 3-62 所示。

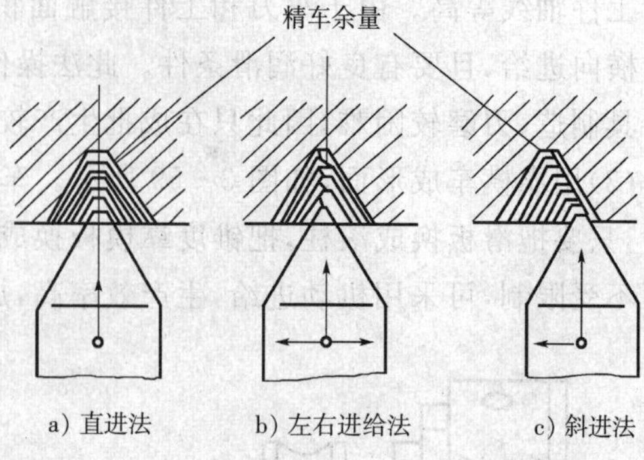

图 3-62 车螺纹时的进刀方法

(1)直进法 车削时只用中滑板横向进给,经几次行程即可把螺纹车成形,如图 3-62a 所示。这种方法操作简单,能保证牙形清晰。但用这种方法车削时,排出的切屑会绕在一起,造成排屑困难。如果进给量过大,还会产生扎刀现象,把牙形表面去掉一块。由于车刀的受热和受力情况严重,刀尖容易磨损,螺纹表面粗糙度不易保证。一般用在车削螺距较小和脆性材料的工件。

(2)左右进给法 车削时除用中滑板横向进给外,还要用小滑板向左或向右方向微量进给(俗称赶刀),几次行程后把螺纹车成形,如图 3-62b 所示。

(3)斜进法 粗车螺纹时为了操作方便,车刀除横向直进外,还要把小滑板向一个方向作微量进给,只让车刀一个侧刃切削,把螺纹基本车成形,如图 3-62c 所示。但采用斜进法粗车好之后,精车时需用左右进给法。

车削三角形螺纹时,第一次进给量一定要小,让车刀在工件表面划出一条很浅的螺旋线,只有测量螺距正确后才能继续车削,否则要重新调整螺距。低速车削三角形螺纹的进刀次数及计算方法可参阅螺纹加工手册。

车外螺纹操作步骤如图 3-63 所示。

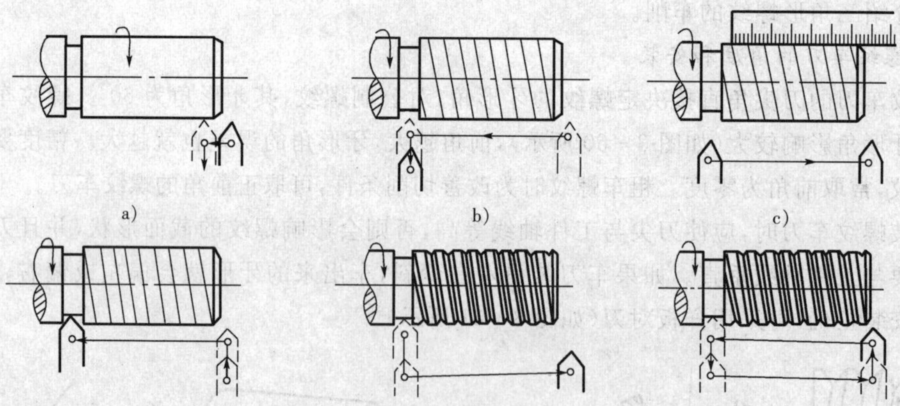

图 3-63 车外螺操作步骤

① 开车,使车刀与工件轻微接触,记下刻度盘读数,向右退出车刀(如图 3-63a 所示)。

② 合上开合螺母,在工件表面上车出一条螺旋线,横向退出车刀,停车(如图 3-63b 所示)。

③ 开反车使车刀退到工件右端，停车，用钢直尺检查螺距是否正确(如图 3－63c 所示)。

④ 利用刻度盘调整切削深度，开车切削(如图 3－64d 所示)。

⑤ 车刀将至行程终了时，应做好退刀停车准备，先快速退出车刀，开反车退回刀架(如图 3－63e 所示)。

⑥ 再次横向切入，继续切削，其切削过程的路线如图 3－63f 所示。

在车削时，有时出现乱扣。所谓乱扣就是在第二刀时不是在第一刀的螺纹槽内。为了避免乱扣，可用丝杆螺距除以工件螺距，若比值为整数倍时，就不会乱扣；若不为整数，就会乱扣。因此在加工前应首先通过计算确定是否乱扣，另外如中途需拆下刀具刃磨，磨好后应重新对刀。对刀必须在合上开合螺母使刀架移到工件的中间停车进行，此时移动刀架使车刀切削刃与螺纹槽相吻合，且工件与主轴的相对位置不能改变。

螺纹车削的特点是刀架纵向移动比较快，因此操作时既要胆大心细，又要思想集中，动作迅速协调。

八、滚花

有些机器零件或工具，为了便于握持和外形美观，往往在工件表面上滚出各种不同的花纹，这种工艺叫滚花。这些花纹一般是在车床上用滚花刀滚压而成的。如图 3－64 所示，花纹有直纹和网纹两种，滚花刀相应有直纹滚花刀和网纹滚花刀两种。

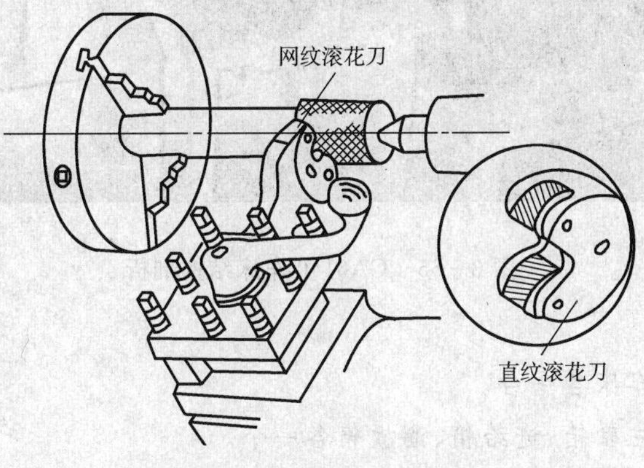

图 3－64 在车床上滚花

滚花时，先将工件直径车到比需要的尺寸略小 0.5mm 左右，表面粗糙度较粗。车床转速要低一些(一般为 200～300r/min)。然后将滚花刀装在刀架上，使滚花刀轮的表面与工件表面平行接触，滚花刀对着工件轴线开动车床，使工件转动。当滚花刀刚接触工件时，要用较大的压力，使工件表面刻出较深的花纹，否则会把花纹滚乱。这样来回滚压几次，直到花纹滚凸出为止。在滚花过程中，应经常清除滚花刀上的铁屑，以保证滚花质量。此外由于滚花时压力大，所以工件和滚花刀必须装夹牢固，工件不可以伸出太长，如果工件太长，就要用后顶尖顶紧。

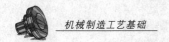

实训项目——车床结构剖析

实训目的

(1)认识车床的主要组成部件。

(2)熟悉车床的构造、性能和用途。

(3)熟悉车床各传动的传动联系。

实训方法

利用CA6140普通车床现场讲解机床的主要结构部件、传动系统及主要技术性能。主要方法是打开主轴箱、溜板箱、小刀架以及尾座,对实物进行观察,并让同学们自己动手拆卸一些部件及组装部件。

图3-65　CA6140车床结构剖析

实训设备及工具

(1)CA6140普通车床各一台。

(2)CA6140车床主轴箱、进给箱、溜板箱各一个。

(3)活动扳手、内六角扳手、螺丝刀等。

实训内容

(1)床身:指导教师结合CA6140普通车床为例,现场简要介绍机床的用途、布局、各操纵手柄的作用及操作方法、标牌的含义。然后开车,空载运转演示,观察机床各部件的运动。

(2)主轴箱:打开主轴箱盖,分析各挡转速的传动路线及传动件的构造。

① 弄懂主轴箱各操纵手柄的作用。

② 了解主传动系统的传动路线,主轴的正转、停止、反转、高转速、低转速是如何调整实现的。

③ 观察弄懂双向式多片摩擦离合器的结构原理及调整方法。

④ 看清花键轴、轴上轴承和固定齿轮、滑移齿轮的构造,看清操纵滑移齿轮的机构及其方法。

⑤ 观察主轴前轴承、中轴承、后轴承，轴上齿轮离合器的构造，了解前后轴承的作用及其间隙调整方法。

⑥ 了解主轴箱中各传动件的润滑油流经路径是怎样的。

(3)挂轮架：了解挂轮架的构造，用途和更换挂轮方法。

(4)进给箱：观察基本组操纵机构，螺纹种类移换机构，以及光杠、丝杠传动操纵机构。

(5)溜板箱：纵向、横向机动进给机构，丝杠、光杠进给互锁机构，开合螺母机构，横向楔铁间隙的调整方法。

(6)刀架：刀架总体是由床鞍、横刀架、转盘、小刀架及方刀架五部分构成，观察各部件结构，分析其工作原理。

(7)尾架：观察尾架的结构，尾架套筒的夹紧方法。尾架套筒与机床主轴中心线同轴度的调整方法。

实训步骤

(1)实训指导人员结合现场情况介绍机床用途、布局，各个手柄的作用及其操作方法。然后开车，进行空转运行，以观察机床各部件的运行情况。

(2)停车后，结合现场情况，经指导人员同意，对照实训内容，详细了解各个环节。

(3)对一些典型结构，在现场画下草图，以加深印象。

实训注意事项

(1)实训前预习有关内容，初步了解机床结构。

(2)要认真细致地观察，积极思考，不得大声喧哗，保持现场的安静。

(3)切忌盲目拆装，拆装前要仔细观察零部件的结构及位置，考虑好合理的拆装顺序。

(4)爱护工具及设备，拆下的零件要妥善地按一定顺序放好，以免丢失、损坏，以便于装配。

(5)拆装时要注意安全，互相配合。

(6)实训结束后应按原样装好机床的部件，点齐工具并交还指导老师后方可离开。

思考与练习

1. 普通车床有哪些主要组成部分？
2. 画图表示车床的传动路线。
3. 车削运动的切削三要素是什么？
4. 什么是车刀的“三面”、“两刃”、“一刀尖”？
5. 车刀安装应该注意哪些事项？
6. 车床上安装工件的方法有哪些？各适用于加工哪些种类的零件？
7. 粗车和精车的目的是什么？刀具角度和切削用量的选择有什么不同？
8. 车床安全操作要注意哪些事项？
9. 车床的光杠和丝杠作用是什么？为什么不能用丝杠带动刀架车外圆？
10. 卧式车床能加工哪些表面？分别用什么车刀？

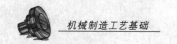

第四章 铣 削

学习目标

1. 了解铣削的加工范围。
2. 熟悉铣刀的名称、特性、功用。
3. 了解铣床的种类、主要部件、加工内容。
4. 知道分度头的结构、传动系统。
5. 了解铣削的方法、综合应用。

第一节 概 述

一、铣削工件

如图 4－1 所示，对称 V 形槽，其夹角等于 90°，尽量保证两条 V 形槽的角平分线在一直线上。

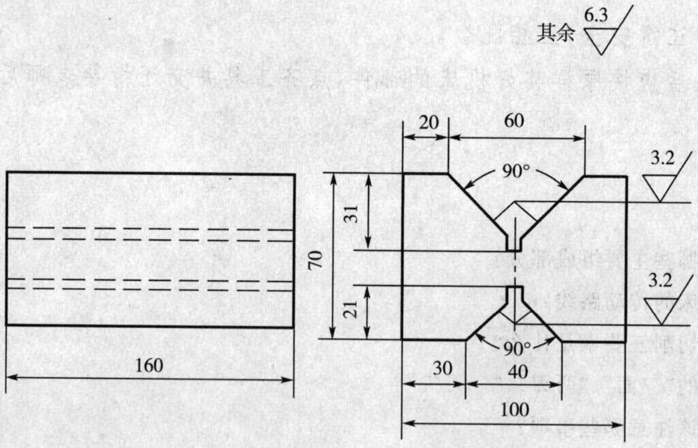

图 4－1 对称 V 形槽

铣削方法如图 4－2 所示，当一条 V 形槽的一边铣削好后，把虎钳松开，将工件回转 180°并装夹好，接着铣 V 形槽的另一边。

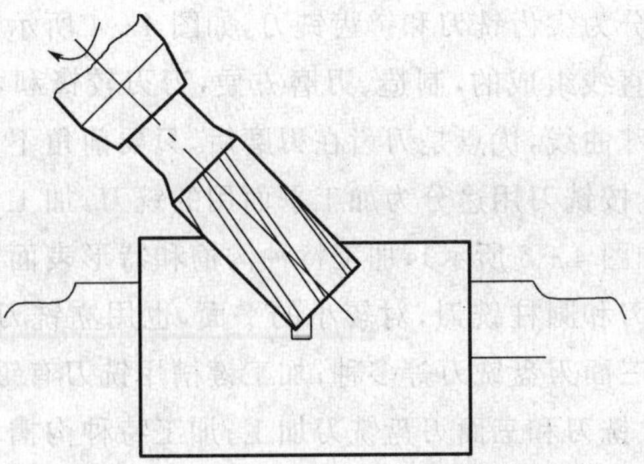

图 4-2 用立铣刀加工对称 V 形槽

二、基本概念

用铣刀对工件表面进行切削加工的方法称为铣削。铣床的运动有主运动和进给运动，铣刀旋转作主运动，工件或铣刀作进给运动。在铣床上可以铣削平面、沟槽(如 T 形槽、燕尾槽等)、螺旋槽、成形面、花键轴、齿轮，在铣床上还可以进行切断等工作，如图 4-3 所示。

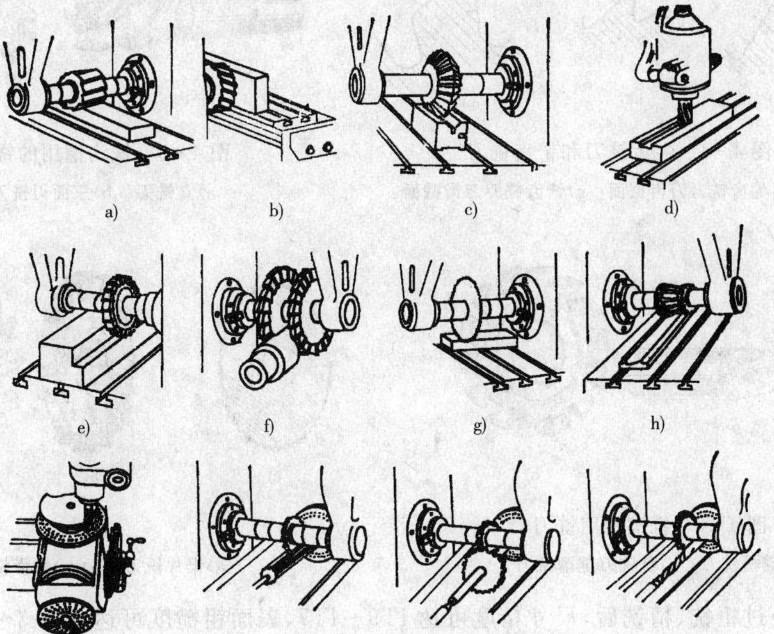

图 4-3 铣床的加工内容

a)铣平面 b)端铣刀铣平面 c)铣 V 形槽 d)铣沟槽 e)铣阶台 f)组合铣刀铣两侧面 g)切断 h)铣特形面 i)铣凸轮 j)铣花键轴 k)铣齿轮 l)铣螺旋槽

铣刀的种类很多，按铣刀切削部分的材料分为高速钢铣刀和硬质合金铣刀，高速钢铣刀分通用高速钢铣刀和特殊高速钢铣刀。通用高速钢铣刀是指加工一般金属材料用的铣刀，特殊高速钢铣刀是指加工耐热钢、不锈钢、高温合金、超高强度钢等难加工材料的铣刀；硬质合金铣刀允许的切削速度比高速钢铣刀要高得多，但抗弯强度比高速钢铣刀低，冲击韧性差。按铣刀刀齿的构造分为尖齿铣刀和铲齿铣刀，如图 4-4 所示。尖齿铣刀的刀齿截面上的齿背是由一条或几条直线组成的，制造、刃磨方便，刀刃较锋利，生产中常用尖齿铣刀；铲齿铣刀的齿背是一条特殊曲线，优点是刀齿在刃磨后，只要前角不变，齿形也不变，缺点是制造费用大，切削性能差。按铣刀用途分为加工平面用的铣刀，加工沟槽用铣刀（如图 4-5 所示），加工键槽用铣刀（如图 4-6 所示），加工特种沟槽和特形表面用的铣刀，切断用的铣刀。加工平面一般都用端铣刀和圆柱铣刀，对较小的平面，也用立铣刀和三面刃铣刀加工；加工沟槽用铣刀有立铣刀和三面刃盘铣刀等多种；加工键槽用铣刀有键槽铣刀和盘形槽铣刀等，尺寸大的键槽，也可用立铣刀和三面刃盘铣刀加工；加工特种沟槽和特性表面用的铣刀有 T 型槽铣刀、角度铣刀和半圆形铣刀等。切断用铣刀用于切断工件，也可用作开窄槽。按铣刀结构分类，可分为整体铣刀、镶齿铣刀、机械夹固式铣刀。整体铣刀的铣刀齿和铣刀体是一整体；镶齿铣刀是为了节省贵重材料，用好的材料做刀齿，较差的材料做刀体，然后镶合而成；机械夹固式铣刀与镶齿铣刀一样，可节省刀具材料，如图 4-7 所示。

a)　b)　c)

图 4-4　尖齿铣刀和铲齿铣刀

a)、b)尖齿铣刀刀齿截面　c)铲齿铣刀刀齿截面

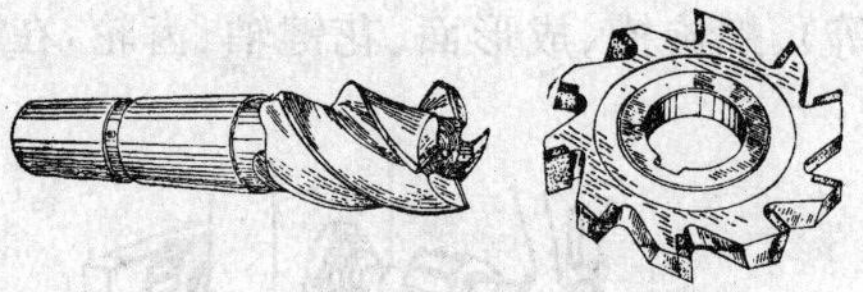

a)　b)

图 4-5　铣沟槽用的铣刀

a)立铣刀　b)三面刃铣刀

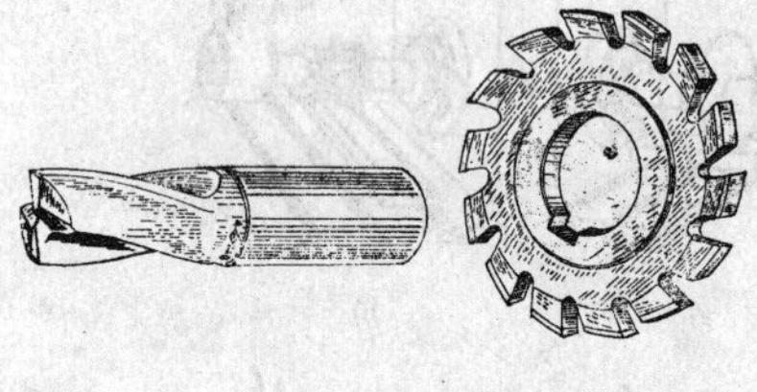

a)　b)

图 4-6　铣键槽用铣刀

a)键槽铣刀　b)盘铣刀键槽铣刀

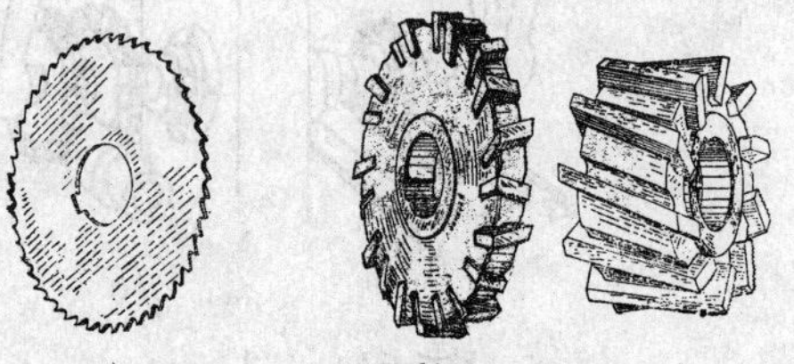

a)　b)　c)

图 4-7

a)锯片铣刀　b)、c)镶齿铣刀

工件经过粗铣、精铣后，尺寸精度可达 IT9～IT7，表面粗糙度可达 $R_a 6.3 \sim R_a 1.6 \mu m$。

第二节　铣床及铣床附件

一、铣床

因为铣床的工作范围非常广，所以铣床的类型也很多。主要有卧式升降台铣床、立式升降台铣床，龙门铣床、仿型铣床和万能工具铣床等。

1. X6132 型卧式铣床

图 4-8 所示为 X6132 型卧式升降台铣床的外形，其主要部件及功用如下：

(1)床身　床身是铣床的基础件,用来安装和支撑其他部件。床身正面有垂直导轨,床身顶部有燕尾导轨,床身内部装有主轴部件、变速传动装置以及变速操纵机构。

(2)主轴　主轴是一根空心轴,前端有锥度为 7∶24 的圆锥,用来安装铣刀心轴。主轴同铣刀一起回转实现主运动。

(3)铣刀心轴　用以安装铣刀。

(4)横梁　沿床身顶面燕尾导轨移动,按要求调节其伸出长度,其上可安装托架。

(5)纵向工作台　用以安装需用的夹具和工件,可作纵向移动,带动工作台上的工件实现纵向进给运动。

(6)横向工作台　位于升降台水平导轨上,可带动纵向工作台横向移动,实现横向进给运动。

2. 立式升降台铣床

图 4-9 所示为立式升降台铣床的外形。它的主轴与工作台的台面垂直,安装主轴那部分称为铣头。铣头有两种形式:一种是铣头与床身成一整体;另一种是铣头与床身分开的,这种形式的铣头可以顺时针或逆时针转动一个任意角度,即主轴与工作台可倾斜成一个所需要的角度。

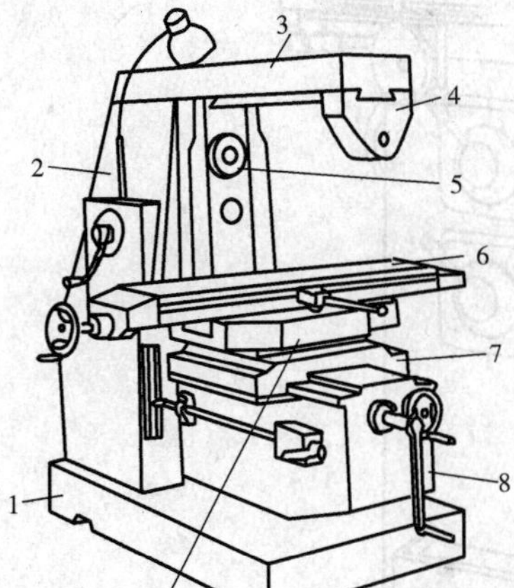

图 4-8　X6132 型万能卧式升降台铣床外形

1—底座　2—床身　3—悬梁　4—刀杆支架　5—主轴

6—工作台　7—床鞍　8—升降台　9—回转盘

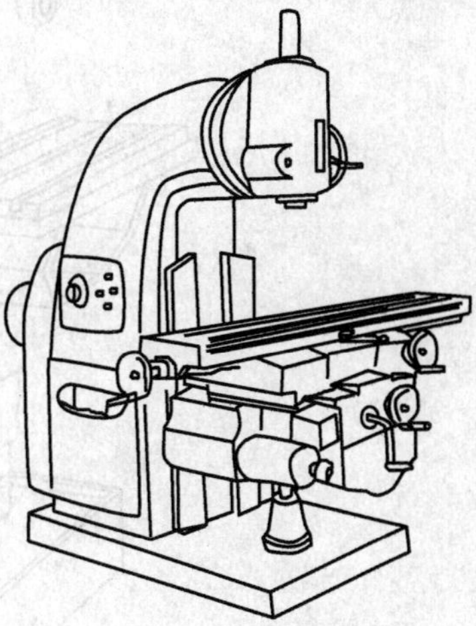

图 4-9　立式升降台铣床

3. 龙门铣床

图 4-10 所示为一台四轴龙门铣床的外形。它有四个铣头,可安装四把铣刀同时铣削工件的几个表面。龙门铣床的工作台只能作纵向运动,而横向和上下运动都是由铣头来实现的,龙门铣床适宜加工大型工件。

4. 万能工具铣床

图 4-11 所示为万能工具铣床的外形,用于加工工具、刀具及各种模具。

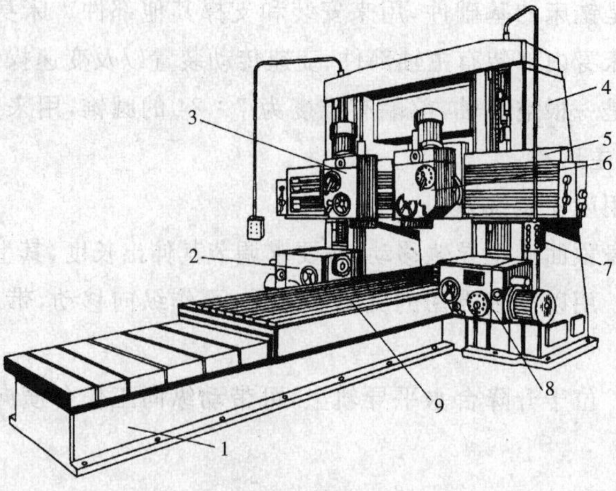

图 4-10　龙门铣床

1—床身　2、8—侧铣头　3、6—立铣头　4—立柱　5—横梁　7—操纵箱　9—工作台

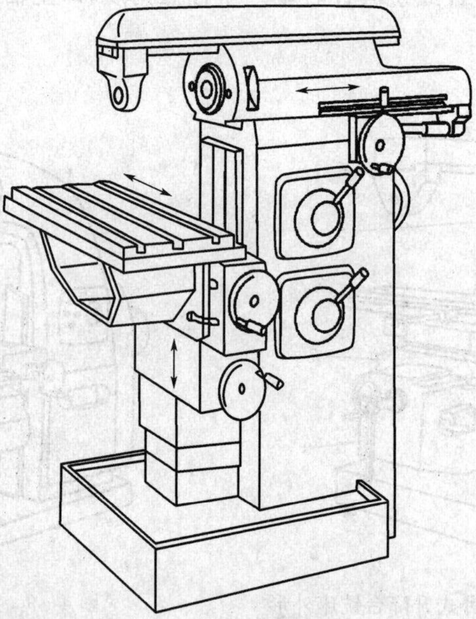

图 4-11　万能工具铣床

二、铣床附件

铣床附件主要有万能分度头、机用虎钳、回转工作台等。

1. 万能分度头

分度头是铣床的主要附件(如图 4-12 所示)，利用分度头完成分度工作，铣削花键轴、离合器、齿轮、多边形、链轮等，通常铣床上使用的分度头是万能分度头。

分度头的型号有 FW63、FW80、FW100、FW160、FW200、FW250 等。

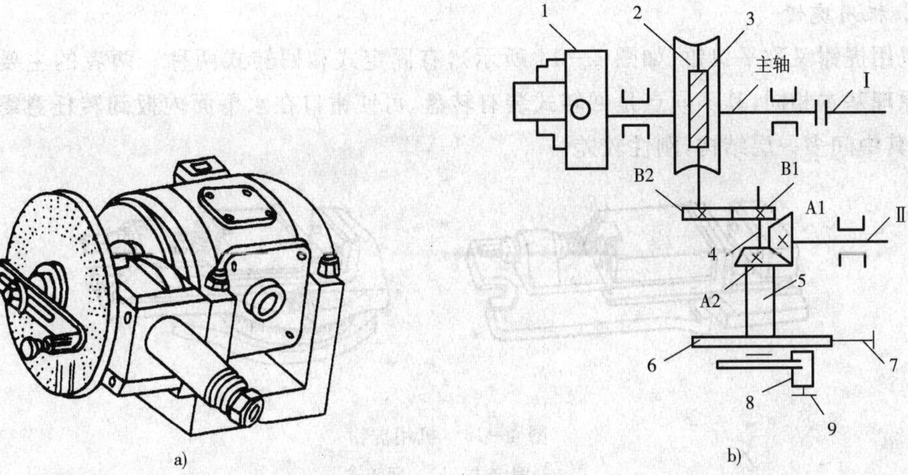

图 4-12 分度头

a)分度头外 b)分度头传动系统

万能分度头的传动系统，如图 4-12b 所示。分度头主轴空心的两端均为莫式 4 号锥度，分度前应先将分度盘 6 固定；再调整手柄插销 9，使它对准所选分度盘的孔圈。分度时拔出手柄插销，转动手柄 8；根据所需要分度的位置，将插销重新插入分度盘中。分度盘的孔数见表 4-1。

表 4-1 分度盘的孔数

分度头形式	分度盘孔数
带一块分度盘	正面：24、25、28、30、34、37、38、39、41、42、43 反面：46、47、49、51、52、54、57、58、59、62、66
带两块分度盘	第一块：正面：24、25、28、30、34、37 反面：38、39、41、42、43 第二块：正面：46、47、49、51、53、54 反面：57、58、59、62、66

利用分度头和尾座夹持较长的工件，如图 4-13 所示。在尾座上有一后顶针，和分度头上三爪一起夹持工件，转动尾座手轮，后顶针就可以进行进退，以便装卸工件。

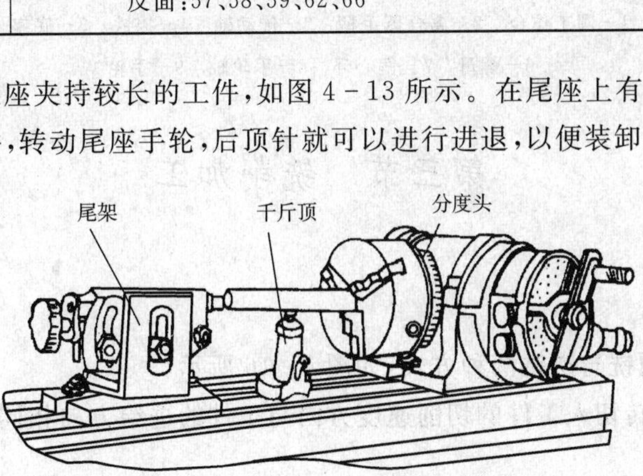

图 4-13 工件在分度头上的安装

2. 机用虎钳

机用虎钳又称平口钳(如图 4－14 所示),有固定式和回转式两种。两者的主要结构和工作原理基本相同,其不同点是回转式装有转盘,可使钳口在水平面内扳到转任意需要的位置上,其中间多一层结构,刚性较差。

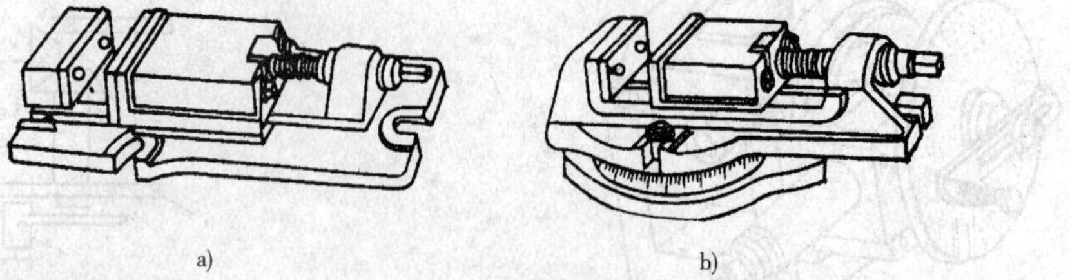

图 4－14　机用虎钳

a)固定式　b)　回转式

3. 回转工作台

回转工作台分手动进给和机用进给两种,如图 4－15 所示。根据直径可分为 500mm、400mm、300mm 和 200mm 等规格。

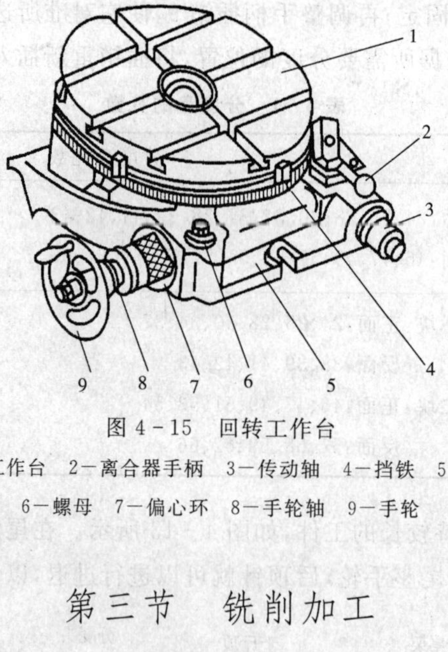

图 4－15　回转工作台

1—圆工作台　2—离合器手柄　3—传动轴　4—挡铁　5—底座

6—螺母　7—偏心环　8—手轮轴　9—手轮

第三节　铣削加工

一、铣削方式

1. 周铣法

周铣法铣削有顺铣与逆铣两种方式,如图 4－16 所示。

铣削时,铣刀旋转切入工件的切削速度方向与工件的进给方向相同称为顺铣,相反则为逆铣。

顺铣时,切削厚度从最大开始逐渐减小,工件加工质量较好;逆铣时,切削厚度从零开始逐渐增大，工件加工质量、刀具耐用度有所降低。

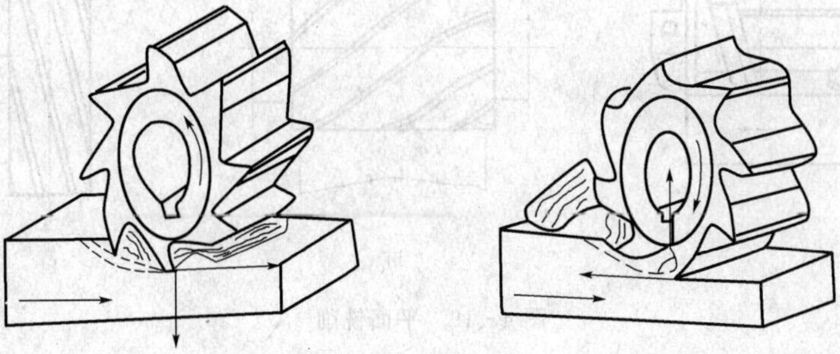

图 4－16 顺铣和逆铣

a)顺铣 b)逆铣

2. 端铣法

端铣时，根据端铣刀相对于安装位置的不同，可分为对称铣削和不对称铣削，如图 4－17、图 4－18 所示。

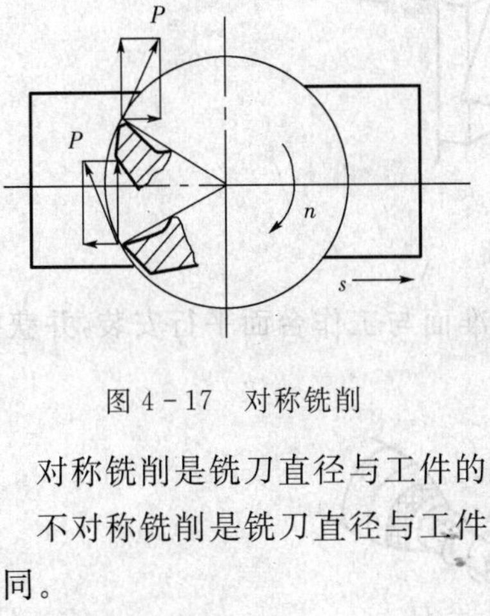

图 4－17 对称铣削

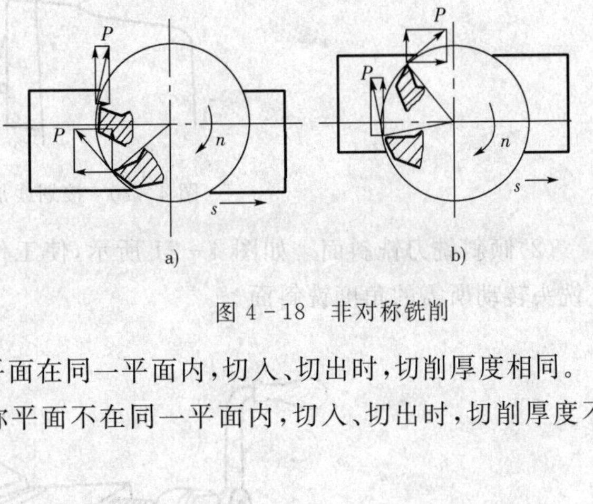

图 4－18 非对称铣削

对称铣削是铣刀直径与工件的对称平面在同一平面内，切入、切出时，切削厚度相同。

不对称铣削是铣刀直径与工件的对称平面不在同一平面内，切入、切出时，切削厚度不相同。

二、铣削方法

1. 平面铣削

用铣刀加工工件的平面称铣平面。

(1)用端铣刀铣平面 如图 4－19a 所示，用端铣刀可以在卧式铣床和立式铣床上铣平面，铣削方法平稳，加工质量较好。

(2)螺旋齿圆柱铣刀铣削平面 如图 4－19b 所示，这种铣削方法比较平稳。

(3)用立铣刀铣平面 如图 4－19c 所示，在立式铣床上用立铣刀铣侧面，铣出的平面与工作台台面垂直。

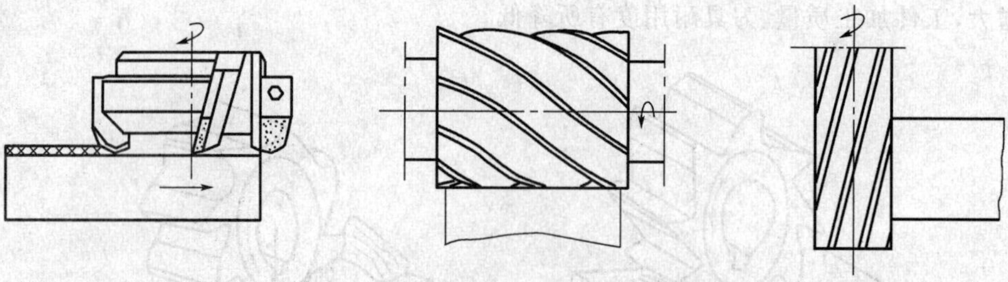

a)　　　　b)　　　　c)

图 4-19　平面铣削

2. 斜面铣削

所谓斜面就是指零件上与基准面成倾斜的平面。

(1)倾斜工件铣平面　如图 4-20 所示,按照图样要求划出斜面加工线,在划好线后,工件倾斜所需的角度用虎钳装夹,进行铣削。

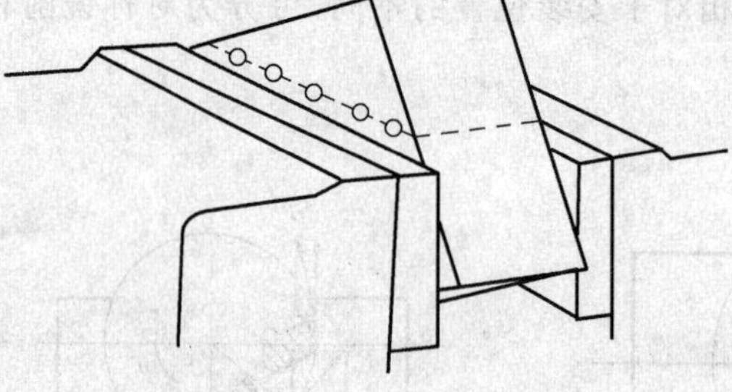

图 4-20　按划线加工斜面

(2)倾斜铣刀铣斜面　如图 4-21 所示,使工件的基准面与工作台面平行安装,并获得立铣头转动所需的角度铣斜面。

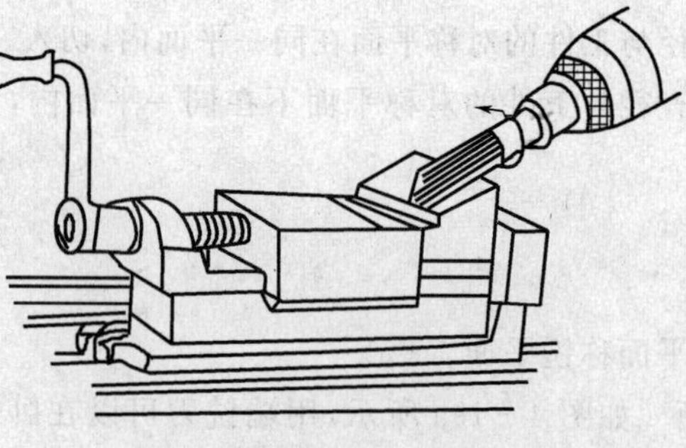

图 4-21　用立铣刀铣斜面

(3)用角度铣刀铣斜面　如图 4-22 所示,切削刃与轴线倾斜成某一角度的铣刀称角度铣刀,根据工件的角度选择相应的角度铣刀。

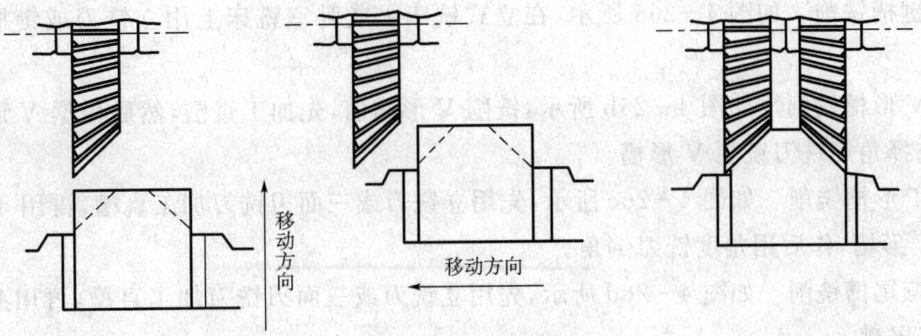

图 4-22　铣斜面

3. 阶台铣削

阶台是由两个相互垂直的平面构成，阶台铣削常用铣刀的不同部位一次铣成，通常有以下几种方法：

(1)用三面刃铣刀铣阶台　如图 4-23 所示，三面刃盘铣刀的圆柱面刀刃起主要的切削作用，而两侧面的刀刃是起修光表面的作用。三面刃铣刀的直径和齿槽尺寸都比较大，容屑槽大，便于排屑和冷却。需要时采用组合三面刃铣刀铣阶台。

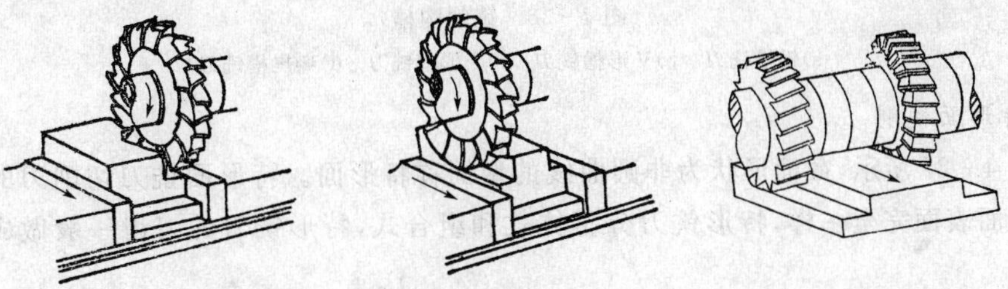

图 4-23　铣阶台

(2)用端铣刀铣阶台　如图 4-24 所示，端铣刀刀轴刚性好，铣削平稳，加工质量高。

(3)用立铣刀铣阶台　如图 4-25 所示，适用于加工垂直平面大于水平平面的阶台。铣削深度与进给量不宜过大。

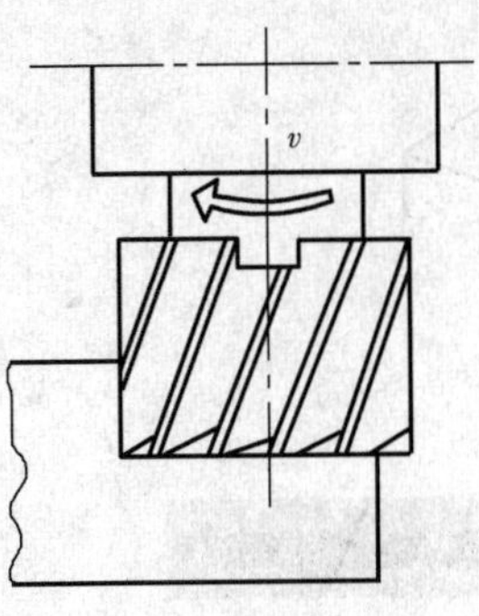

图 4-24　端铣刀铣阶台

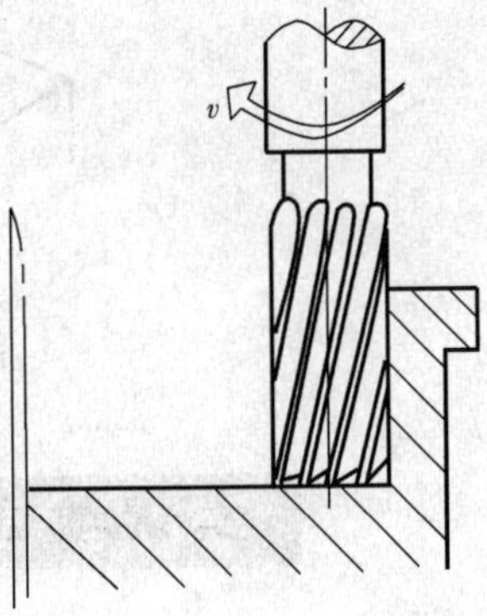

图 4-25　用立铣刀铣阶台

4. 沟槽铣削

常见的沟槽有键槽、V 形槽、T 形槽、燕尾槽等。

(1)键槽铣削　如图 4－26a 所示,在立式铣床上或卧室铣床上用立铣刀或键槽铣刀铣削。

(2)V 形槽铣削　如图 4－26b 所示,铣削 V 形槽前,先加工直槽,然后根据 V 形槽的两侧角度选择角度铣刀铣削 V 形槽。

(3)T 形槽铣削　如图 4－26c 所示,先用立铣刀或三面刃铣刀加工直槽,再用 T 形槽铣刀加工 T 形槽,作后用角度铣刀倒角。

(4)燕尾槽铣削　如图 4－26d 所示,先用立铣刀或三面刃铣刀加工直槽,再用燕尾槽铣刀铣削燕尾槽。

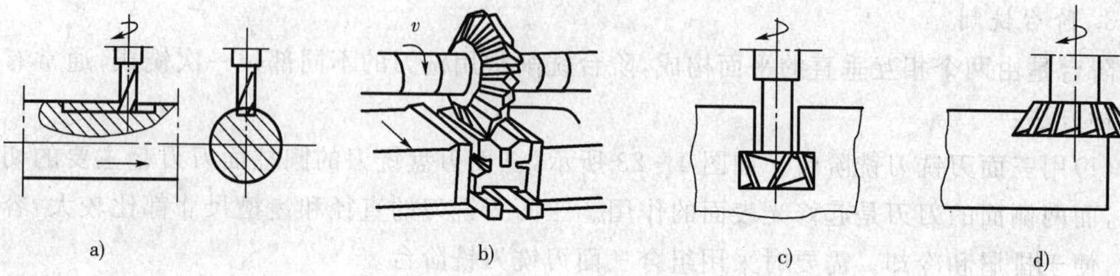

图 4－26　铣削沟槽

a)键槽铣刀　b)V 形槽铣刀　c)T 形槽铣刀　d)燕尾槽铣刀

5. 特形面铣削

如图 4－27 所示,截面形状为非圆曲线的型面称特形面。特形面铣刀切削刃的形状与工件特形面表面完全一样,特形铣刀分整体式和组合式,特形铣刀的刀齿一般做成铲背齿形。

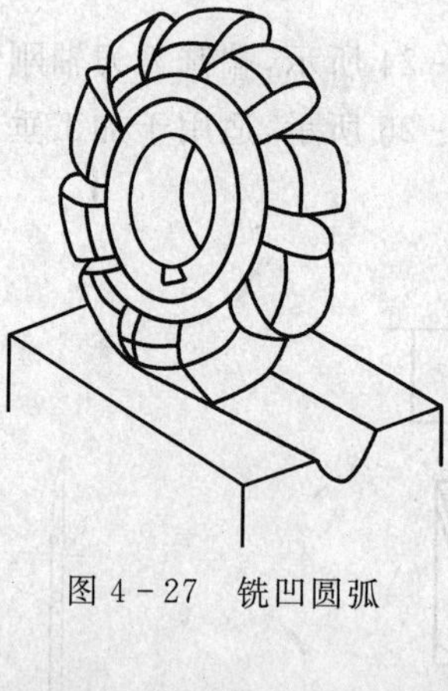

图 4－27　铣凹圆弧

实训项目——铣削技能训练

一、铣削花键轴

零件工艺分析

键轴是机械传动中广泛应用的零件,如机床、汽车、拖拉机中的变速机构。花键轴的齿廓形状有矩形、渐开线形、三角形等。图 4－28 所示为矩形花键，定心方式为外径定心。外径定心的特点是外径、键宽和键侧对称性精度要求较高。该花键轴在卧式铣床上用一把三面刃铣刀进行铣削。

铣削步骤

(1)工件的装夹和校正。用分度头装夹，校正工件的径向跳动和工件与工作台的平行度。

(2)对刀。三面刃铣刀的侧刀刃铣削花键的侧面，保证花键宽度及键侧的对称度。

(3)铣削完一个齿后，转动分度头，保证花键宽度 10mm。

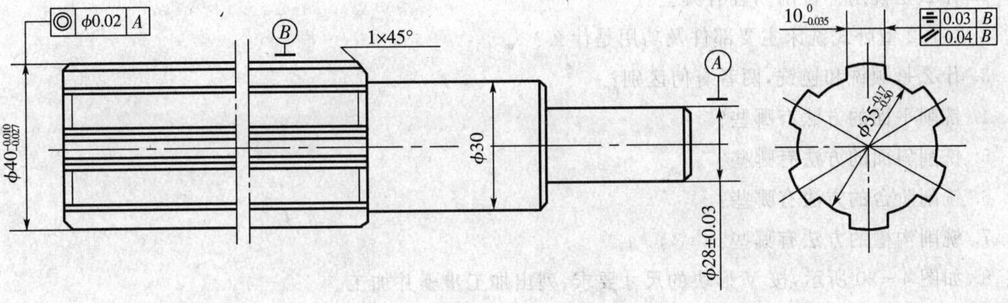

图 4－28 花键轴

二、铣削 V 形槽

如图 4－29 所示为具有 V 形槽的棱柱体零件。

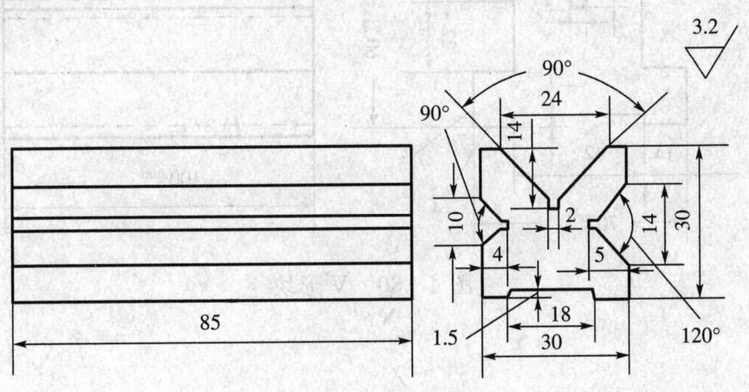

图 4－29 对称 V 形槽

零件工艺分析

选用 90×35×35mm 的长方形为毛坯，V 形槽的对称中心平面与底面垂直。

铣削步骤

(1)以毛坯后侧面为粗基准，铣削底面。

(2)以底面为精基准，铣削后侧面。

(3)以底面和后侧面为基准，铣削顶面至尺寸。

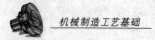

(4)以底面和后侧面为基准,铣削前侧面至尺寸。

(5)用锯片铣刀铣直角沟槽至尺寸。

(6)以底面和后侧面为基准,铣削前侧面V形槽至尺寸,以底面和前侧面为基准,铣削后侧面的V形槽至尺寸,以底面和后侧面为基准,铣削顶面V形槽至尺寸,以后侧面和顶面为基准,铣削底面直角沟槽至尺寸。

(7)以后侧面和底面为基面,铣削左端面,再以后侧面和底面为基准,铣另一端至尺寸。

(8)清除毛刺。

思考与练习

1. 什么是铣削?铣削内容有哪些?
2. X6132 型卧式铣床主要部件及功用是什么?
3. 什么是顺铣和逆铣,两者有何区别?
4. 铣削平面的方法有哪些?
5. 铣削斜面的方法有哪些?
6. 铣削阶台的方法有哪些?
7. 铣削沟槽的方法有哪些?
8. 如图 4-30 所示,按V形块的尺寸要求,列出加工步骤并加工。

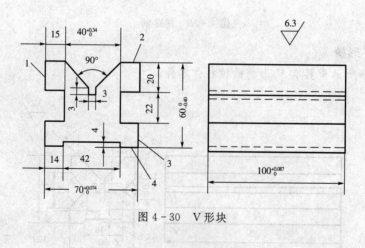

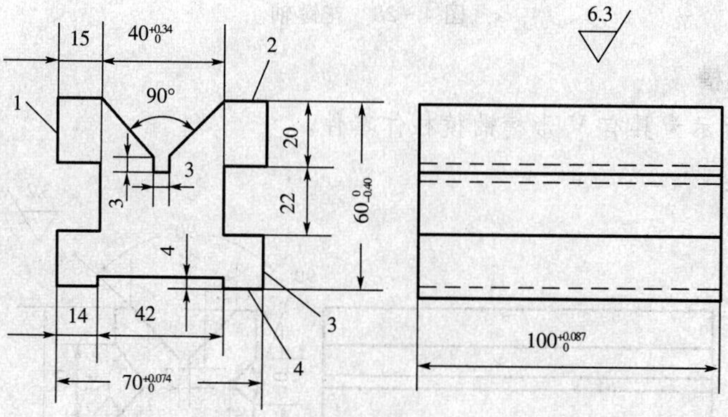

图 4-30　V形块

第五章 磨 削

学习目标

1. 了解磨削的加工范围、加工精度。
2. 知道磨料的名称、特性、功用。
3. 熟悉磨床的种类、主要部件、加工内容。
4. 知道砂轮的平衡、修整。
5. 了解磨削的综合应用。

第一节 概 述

一、磨削工件

如图 5-1 所示垫块的零件图，垫块为平行零件，尺寸精度为±0.01mm，垂直度为 0.01mm，各表面粗糙度为 0.8μm，为达到加工精度，要在磨床上磨削，分粗磨和精磨，两平面互为基准，反复加工，直至达到规定精度。

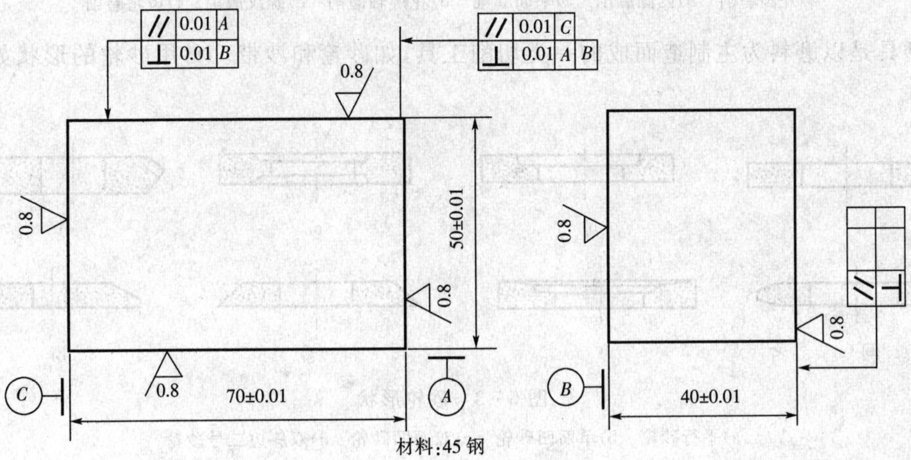

图 5-1 垫块

二、基本概念

磨削是使用磨具以较高的线速度对工件表面进行加工的方法。磨削的主要内容如图 5-2 所示。

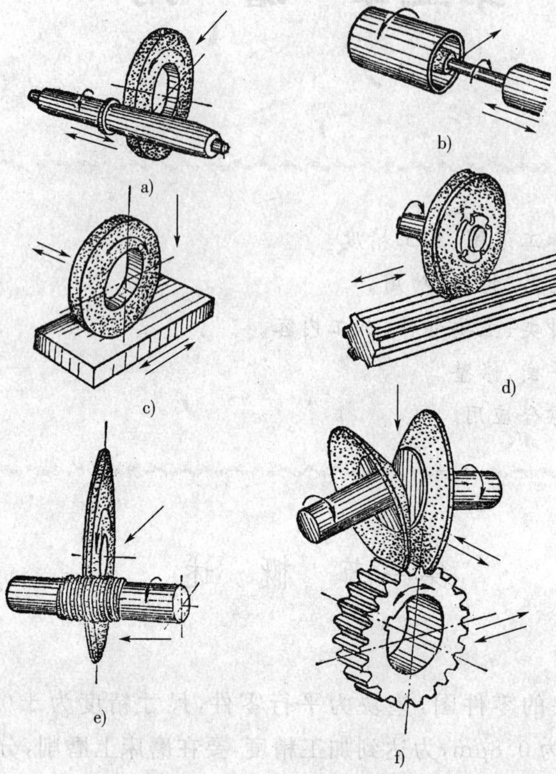

图 5-2 磨削加工方式

a)外圆磨削 b)内圆磨削 c)平面磨削 d)花键轴磨削 e)螺纹磨削 f)齿轮磨削

磨具是以磨料为主制造而成的一类切削工具，如砂轮和沙带。常用砂轮的形状如图 5-3 所示。

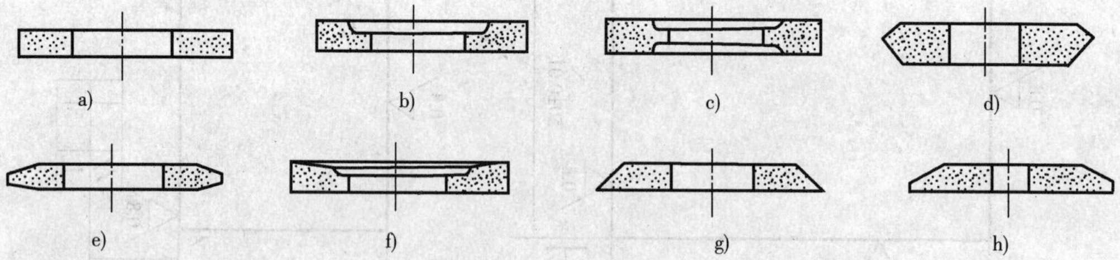

图 5-3 砂轮形状

a)平行砂轮 b)单面凹砂轮 c)双面凹砂轮 d)双斜边二号砂轮
e)双斜边一号砂轮 f)单边凹带锥砂轮 g)单斜边砂轮 h)小角变单斜边砂轮

砂轮是由磨料和结合剂制成的，并且还有许多空隙，起到容屑和散热的作用。磨料是磨具中磨粒的材料，磨削时的磨料分别具有切削、刻划、抛光三种作用，如图 5-4 所示。

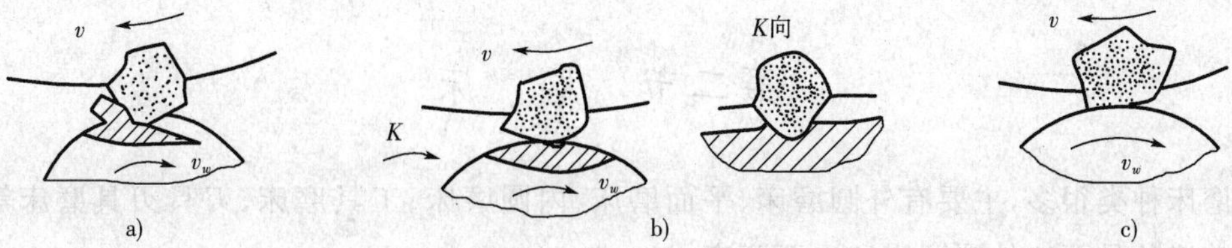

a)　　b)　　c)

图 5-4　砂轮的作用

a)切削　b)刻划　c)抛光

普通砂轮所用的磨料主要有刚玉类和碳化硅类,按照其纯度和添加的元素不同,每一类又可分为不同的品种,如表 5-1 所示。

表 5-1　常用磨料的名称、代号、特性及其应用范围

类别	磨料名称	代号	颜色	特性	应用范围
氧化物(刚玉)类	棕刚玉	A	棕褐色	硬度高,韧性大,价格便宜	磨削碳素钢、合金钢、淬火钢、铸铁
	白刚玉	WA	白色	硬度比棕刚玉高,韧性比棕刚玉差	磨削淬火钢、高速钢、高碳钢及薄壁零件
	铬刚玉	PA	粉红色	韧性比白刚玉高,磨削光洁度好	磨削刀具、量具,各种淬硬钢的精磨
	单晶刚玉	SA	淡黄色	硬度和脆性比白刚玉高	磨削不锈钢、高钒高速钢等强度高、韧性大的材料
碳化物类	黑碳化硅	C	黑色	硬度比白刚玉高,性脆而锋利,导热性和导电性良好	磨削铸铁、黄铜、铝及其他非金属材料
	绿碳化硅	GC	绿色	硬度和脆性比黑碳化硅高,具有良好的导热性和导电性	磨削硬质合金,人造宝石等高硬度的材料
超硬磨料类	人造金刚石	SD	无色透明、淡黄	硬度极高,表面粗糙	粗磨和精磨硬质合金、人造宝石、半导体等高硬度脆性材料
	立方氮化硼	LD	棕黑色	硬度高,化学稳定性好	磨削高硬度、高韧性的难加工材料

磨料的粒度是指砂轮中磨粒尺寸的大小。根据工件加工精度、工件材料的软硬等进行选择。

磨削时,砂轮的回转是主运动。砂轮的径向移动,工件的回转运动,工件的纵向、横向移动等是进给运动。

磨削余量是毛坯经其他工序粗加工、半精加工后留下的并要在磨削工序中切除的余量。确定磨削余量时要考虑零件的形状、尺寸、技术要求等因素。

磨削广泛用于工件的精加工,其经济加工精度为 IT7～IT6,表面粗糙度 R_a 值为 0.8～0.2μm。

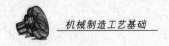

第二节　磨　床

磨床种类很多，主要有外圆磨床、平面磨床、内圆磨床、工具磨床、刀具刃具磨床等。应用最普遍的是万能外圆磨床和平面磨床。

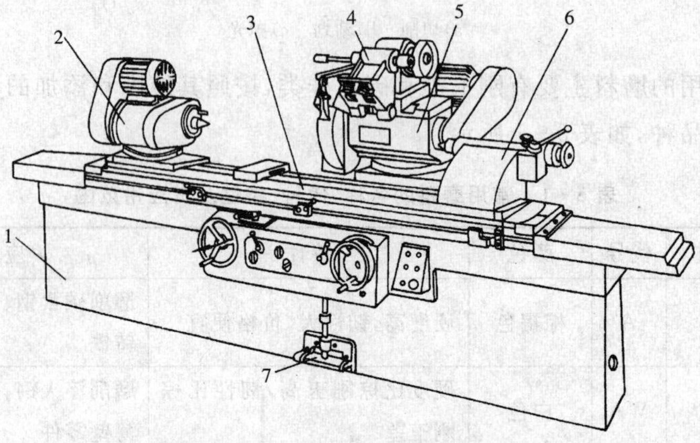

图 5－5　M1432B 万能外圆磨床

1—床身　2—头架　3—工作台　4—内圆装置　5—砂轮架　6—尾座　7—脚踏操纵板

一、M1432B 型万能外圆磨床

M1432B 型万能外圆磨床的外形如图 5－5 所示。主要部件名称和功用如下：

(1)床身　用以支撑磨床其他部件。床身上面有纵向导轨和横向导轨，分别为磨床工作台和砂轮架的移动导向。

(2)头架　头架主轴可与卡盘连接或安装顶尖，用以装夹工件。

(3)工作台　工作台由上、下两层组成，上层可绕下层中心轴在水平面内回转，以便磨削小锥角的长锥体工件。工作台上装有头架与尾座，它们随工作台一起做纵向往复运动。

(4)内圆磨削装置　其上装有内圆磨具，用来磨削内圆。

(5)砂轮架　砂轮架用以支撑砂轮主轴，可沿床身横向导轨移动，实现砂轮的径向进给。砂轮架可在水平面旋转一定角度。

(6)尾座　套筒内安装尾顶尖，用以支撑工件另一端。

二、M7120A 型平面磨床

M7120A 型平面磨床的外形如图 5－6 所示，其主要部件名称和功用如下：

(1)床身　磨床的基础支撑件，在其上装有工作台。

(2)工作台　矩形工作台安装在床身的水平纵向导轨上，有液压传动系统实现纵向直线往复移动，工作台装有电磁吸盘，用于固定、装夹工件或夹具。

(3)磨头　用于装夹砂轮主轴。

(4)立柱　用于安装拖板。

(5)拖板　可沿立柱的垂直导轨移动，实现垂直进给运动。

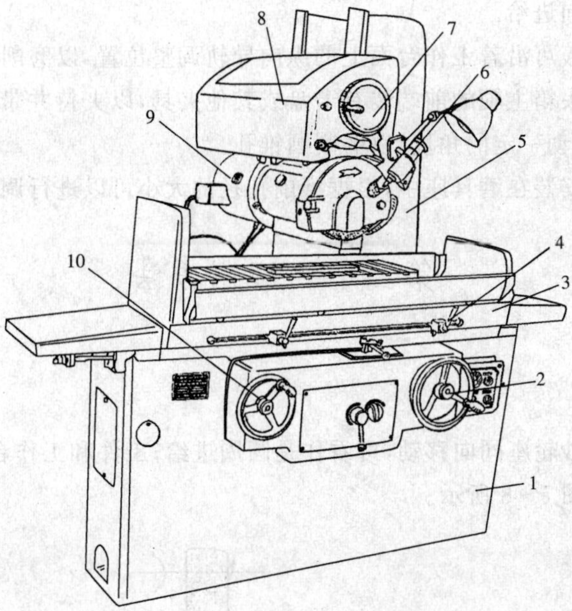

图 5-6 M7120 型平面磨床

1—床身 2、7、10—手轮 3—工作台 4—撞块 5—立柱 6—砂轮修整器 8—拖板 9—磨头

三、M2110 型内圆磨床

M2110 型内圆磨床的外形如图 5-7 所示。主要部件名称和功用如下：

(1)床身 用以支撑磨床的其他部件，磨削时，工作台沿着床身上纵向导轨作直线往复

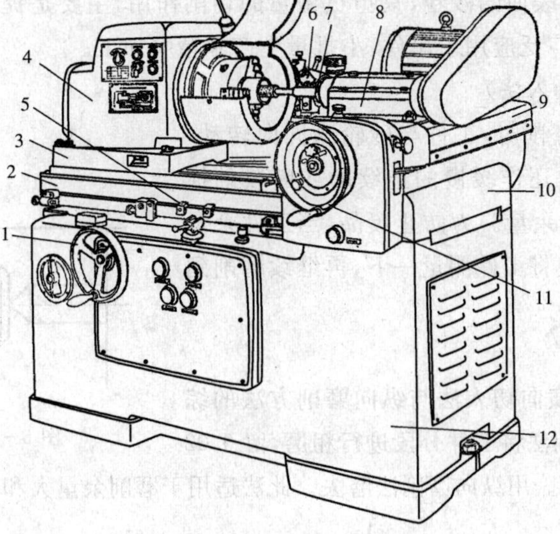

图 5-7 M2110 型内圆磨床

1、11—手轮 2—工作台 3—底板 4—床头箱 5—撞块 6—砂轮修整器 7—内圆磨头 8—磨具座 9—横拖板 10—桥板 12—床身

运动,使工件实现纵向进给。

(2)工作台　底板可沿着工作台面上的纵向导轨调整位置,以磨削各种不同的工件。

(3)床头箱　床头箱主轴的前端装有卡盘或其他夹具,以夹持并带动工件旋转。床头箱在水平方向绕底板转动一定的角度,以磨削圆锥孔。

(4)内圆磨头　安装在磨具座中,根据磨削孔径的大小可以进行调换。

第三节　磨削方法

一、磨外圆

1. 纵向磨削法

磨削时,工件与砂轮座同向移动,可看作是圆周进给;工件和工作台一起作纵向运动,可看作是纵向进给,如图 5-8 所示。

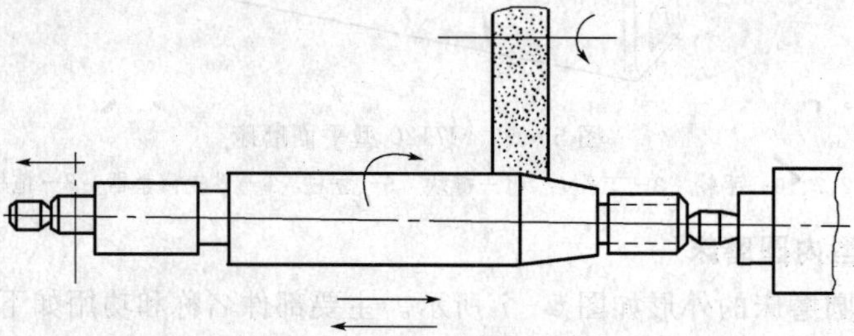

图 5-8　纵向磨削法

纵向磨削法时,砂轮整个宽度工作情况不同,处于纵向进给的一端尖角担负着主要的切削作用,砂轮整个圆周表面的沙粒,只担负微量的切削作用,主要是提高已被切削过的表面光洁度。纵向磨削法广泛应用于单件、小批量生产和精磨加工。

2. 横向磨削法(切入法)

如图 5-9 所示 磨削时,工件与砂轮座同向转动,而砂轮除高速旋转外,还作缓慢的连续的或断续的横向切入,直到磨去全部余量。为防止废品,当工件余量还剩下 0.05mm 时,应将工件测量一下,再继续磨削到尺寸。

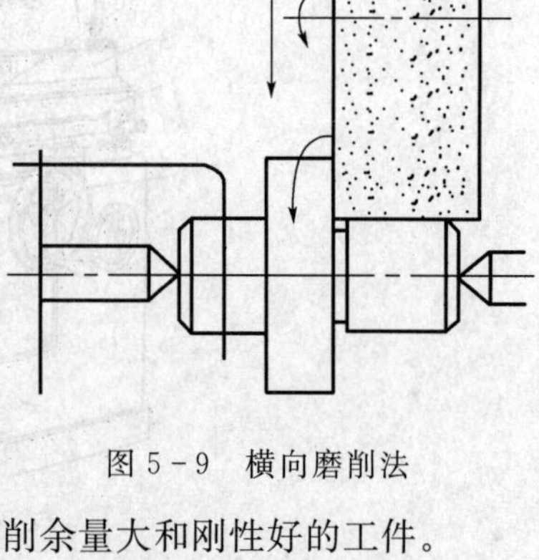

图 5-9　横向磨削法

3. 综合磨削法

这种磨削方法是横向切入法与纵向磨削方法的综合应用。先用横向磨削法将工件分段进行粗磨,留 0.02～0.03mm 精磨的余量。用纵向磨削法磨去。此法适用于磨削余量大和刚性好的工件。

4. 深度磨削法

如图 5-10 所示,把砂轮工作面修成阶梯形,在一次纵向进给中,将工件全部余量切除而达到规定要求的磨削方法。磨削时,砂轮各阶台的前端担负主要切削工作,后端起精磨、修光作用。

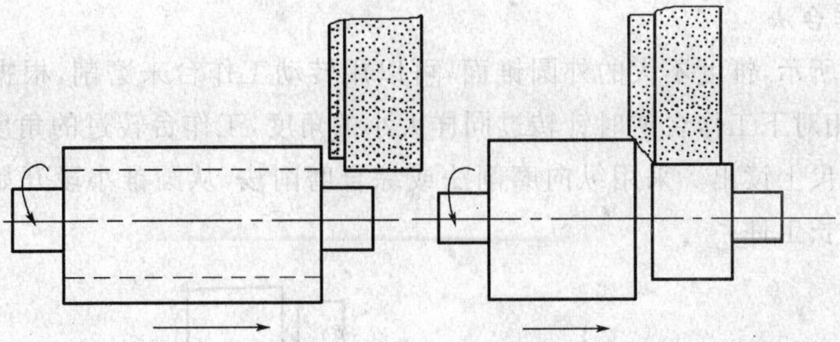

图 5-10 深度磨削法

二、磨内圆

1. 纵向磨削法

如图 5-11 所示，磨削方法与外圆纵向磨削法相同，磨削时，工件绕自身的轴线旋转，砂轮作高速旋转(方向与工件相反)，工作台沿被加工孔的母线作往复移动。

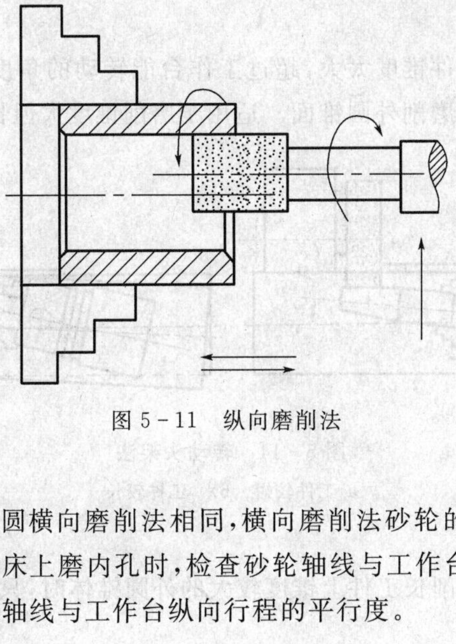

图 5-11 纵向磨削法

2. 横向磨削法

如图 5-12 所示，与外圆横向磨削法相同，横向磨削法砂轮的切削负荷较重，要考虑细长轴的刚度，在万能外圆磨床上磨内孔时，检查砂轮轴线与工作台纵向行程的平行度；在内圆磨床磨内孔时，检查头架轴线与工作台纵向行程的平行度。

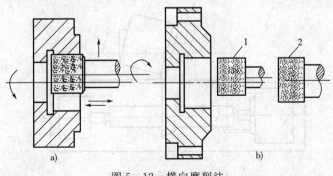

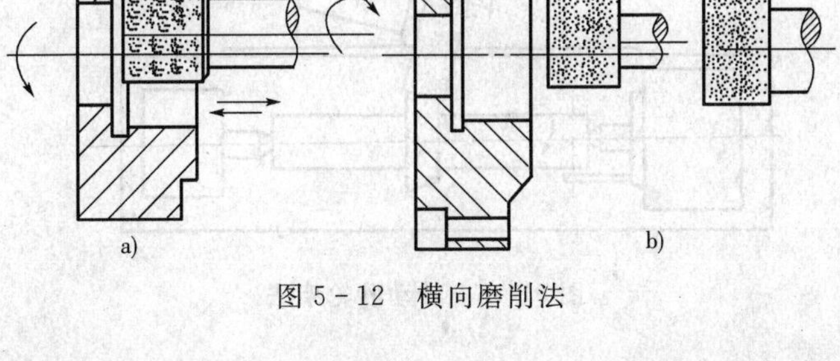

图 5-12 横向磨削法

三、磨外圆锥面

1. 转动工作台法

如图 5－13 所示，锥度不大的外圆锥面，可以用转动工作台来磨削，根据工件斜角的大小，将上工作台相对下工作台逆时针转过同样大小的角度，工作台转过的角度大致可以从工作台右端的刻度尺上读出。采用纵向磨削法或综合磨削法，从圆锥小段开始试磨。此法适用于锥度不大的长工件。

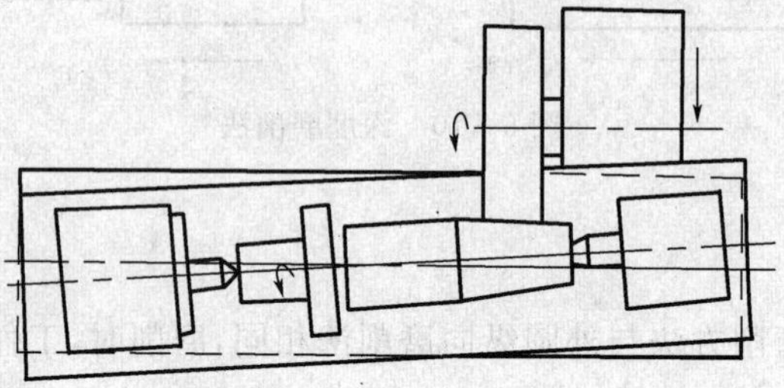

图 5－13　转动工作台法

2. 转动头架法

如图 5－14 所示，当工件锥度太大，超过工作台能转动的角度时，将工件装夹在头架卡盘上，并转动一定的角度来磨削外圆锥面。适用于磨削锥度大但长度较短的工件。

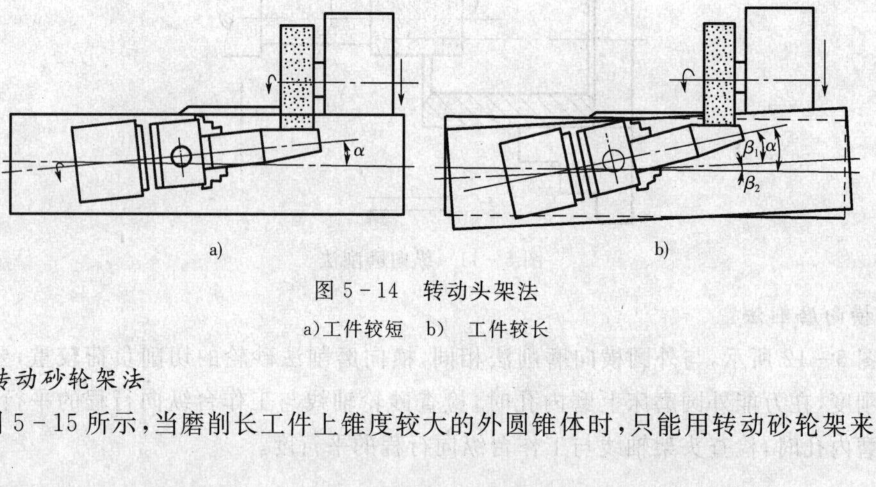

图 5－14　转动头架法

a)工件较短　b)　工件较长

3. 转动砂轮架法

如图 5－15 所示，当磨削长工件上锥度较大的外圆锥体时，只能用转动砂轮架来磨削外圆锥面。

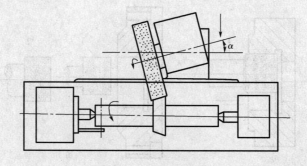

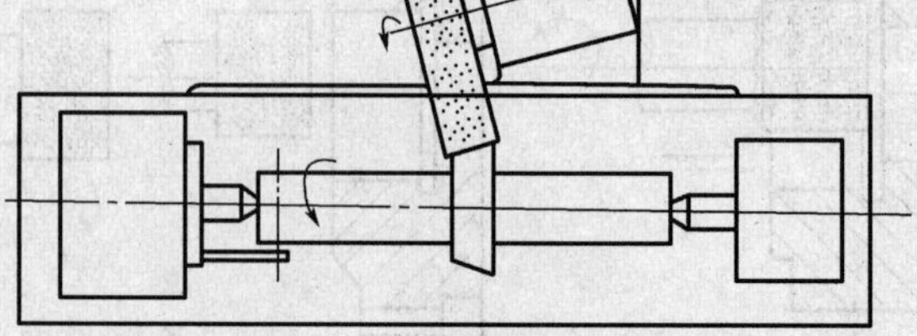

图 5－15　转动砂轮架法

四、磨平面

如图 5－16 所示为磨削平面时的几种类型。

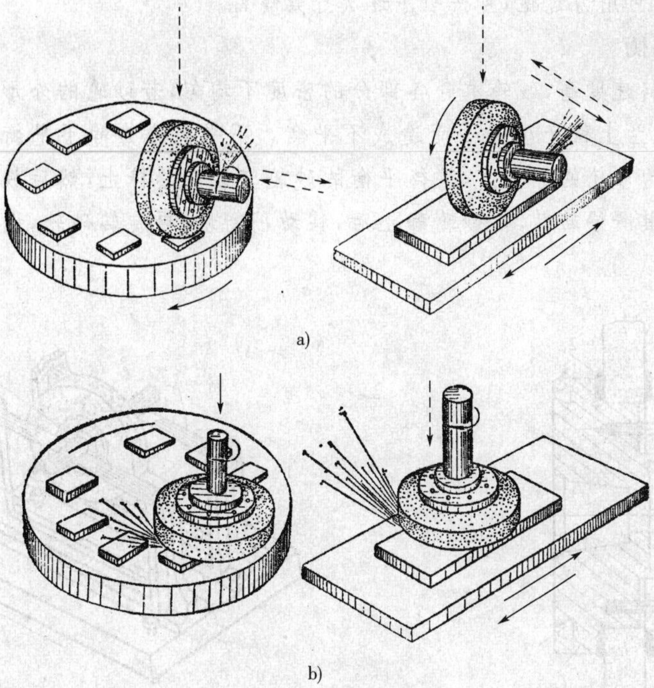

图 5－16 磨削平面

a)卧轴 b)立轴

1. 横向磨削法

纵向进给结束时，作一次横向进给，工件表面上第一层金属磨去后，砂轮再按预选磨削深度作一次垂直进给，直至磨去全部余量。

2. 纵向磨削法

砂轮只作两次垂直进给，第一次垂直进给量等于粗磨的全部余量。

3. 阶梯磨削法

将砂轮修整成阶梯形，使其在一次垂直进给中磨去全部余量。

实训项目——磨削技能训练

一、砂轮的安装

砂轮安装之前，检查砂轮是否有裂纹，方法是将砂轮吊起，用木槌轻轻敲打，如果声音是清脆的，说明砂轮无裂纹。如果发现哑声，说明已有裂纹，绝对不允许使用。

砂轮安装时，如图 5－17 所示，砂轮孔与法兰轴套外圈的配合，松紧要适当。在法兰轴套端面和砂轮之间，必须垫上弹性材料制成的衬垫，衬垫厚度为 0.6～1mm 左右，衬垫直径要比法兰轴套断面稍大。这样，在压紧法兰轴套时，可使压力均匀地分布在整个接触面上，两个法兰盘外径及环形表面的尺寸必须相同。磨削砂轮都要用法兰盘。安装砂轮时，先将砂轮内孔及法兰盘擦干净，然后放在平台上安装砂轮。法兰盘必须紧贴在砂轮两端面上，但在紧固螺钉时，不可用力过猛，可按顺序逐次拧紧螺钉。

二、砂轮的平衡

由于砂轮旋转速度高，砂轮本身各部分的密度不均匀，若砂轮的外形不正确，形状不对称，砂轮安装在法兰上将产生偏心而造成不平衡。不平衡分为静不平衡和动不平衡两种。如图 5－18 所示为砂轮的静平衡，将待平衡的砂轮套装在芯棒上，然后放在静平衡支架上，用手轻推砂轮使其缓慢转动，待砂轮静止后，移动平衡块，再旋转砂轮，调整平衡，直到砂轮平衡为止。

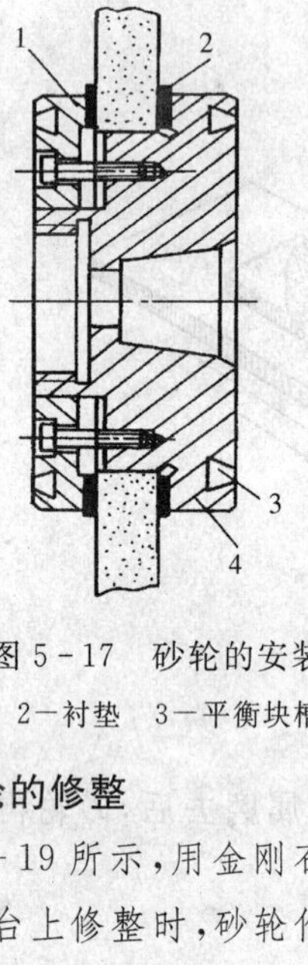

图 5－17　砂轮的安装

1—法兰盘　2—衬垫　3—平衡块槽　4—法兰盘

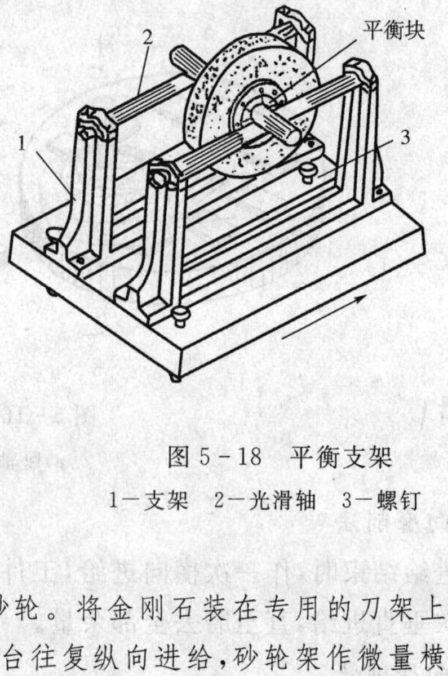

图 5－18　平衡支架

1—支架　2—光滑轴　3—螺钉

三、砂轮的修整

如图 5－19 所示，用金刚石为刀具来修整砂轮。将金刚石装在专用的刀架上，刀架固定在磨床工作台上修整时，砂轮作旋转运动，工作台往复纵向进给，砂轮架作微量横向进给，金刚石杆伸出部分不宜太长。

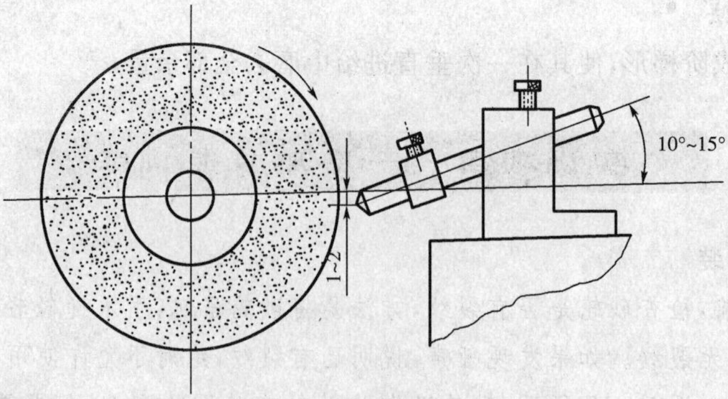

图 5－19　修整砂轮

四、磨削螺纹磨床主轴(如图 5-20 所示)

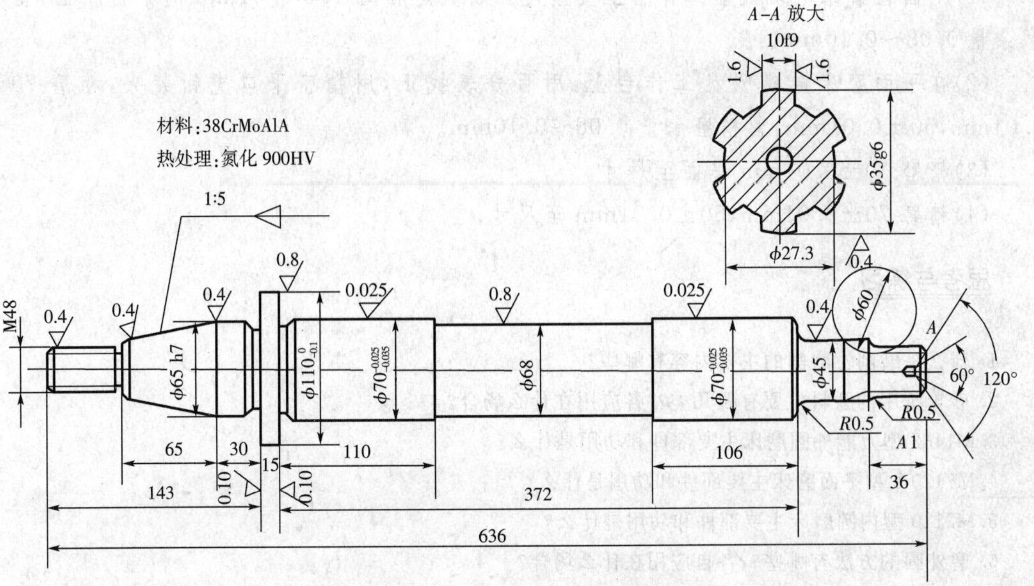

图 5-20　螺纹磨床主轴

零件分析

螺纹磨床主轴为一阶台轴,左端有 1∶5 的锥度,尺寸精度和表面粗糙度要求较高,右端是花键部分。

工艺过程

(1)车削各外圆,留磨削余量 0.3mm,铣花键。

(2)研磨中心孔。

(3)粗磨 $\phi65h7$mm,$\phi70^{-0.025}_{-0.035}$ mm,$\phi68$mm,$\phi45$mm,$\phi35g6$mm,$\phi110_{-0.1}^{\ 0}$ mm 外圆,各留精磨余量 0.08~0.10mm。

(4)粗磨 1:5 锥度,外圆锥面,留精磨余量 0.08~0.10mm。

(5)氮化处理 900HV。

(6)研磨中心孔。

(7)磨螺纹,花键至尺寸。

(8)精磨 $\phi65h7$mm,$\phi70^{-0.025}_{-0.035}$ mm,$\phi68$mm,$\phi45$mm,$\phi35g6$mm,$\phi110_{-0.1}^{\ 0}$ mm 外圆至尺寸。

(9)精磨 1∶5 锥度外圆锥面。

五、磨削平板

零件分析

如图 5-1 所示,平板为平行零件,尺寸精度为±0.01mm,垂直度为 0.02mm ,各表面粗糙度为 0.8μm,在卧式磨车上加工,分粗磨和精磨,两平面互为基准,反复加工,直至达到规定精度。

加工步骤

(1)平面在磨床电磁吸盘工作台上直接定位装夹。粗磨 40±0.01mm 两平行平面，留精磨余量 0.08～0.10mm。

(2)在平面磨床电磁吸盘工作台上，用百分表找正，用精密平口虎钳装夹，粗磨 70±0.01mm，50±0.01mm，留精磨余量 0.08～0.10mm。

(3)精磨 40±0.01mm 平面至尺寸。

(4)精磨 70±0.01mm，50±0.01mm 至尺寸。

思考与练习

1. 什么是磨削？磨削的主要内容有哪些？
2. 砂轮所用的磨料主要有哪几类？各应用在什么场合？
3. M1432 型万能外圆磨床主要部件和功用是什么？
4. M7120A 型平面磨床主要部件和功用是什么？
5. M2110 型内圆磨床主要部件和功用是什么？
6. 磨外圆的方法有哪些？各自应用在什么场合？
7. 磨外圆锥面的方法有哪些？各自应用在什么场合？
8. 怎样安装砂轮？
9. 砂轮安装前，为什么要进行平衡？
10. 如图 5－21 所示，编制轴的加工工艺并加工。

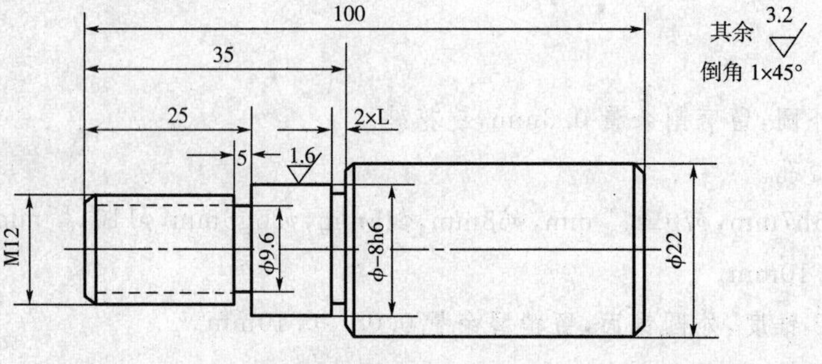

图 5－21　轴

11. 如图 5－22 所示，编制轴套的加工工艺并加工。

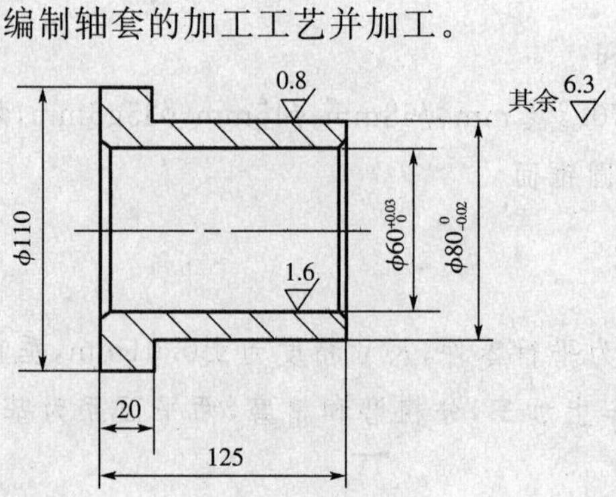

图 5－22　轴套

第六章　钻削、镗削、刨削、插削、拉削加工

学习目标

1. 了解钻削和镗削的加工范围、加工精度。
2. 熟悉麻花钻和镗刀的特性、功用。
3. 熟悉钻床、镗床、刨床和插床的主要部件及加工内容。
4. 知道麻花钻的刃磨、工件的装夹。
5. 熟悉钻削的综合应用。

第一节　概　述

一、钻削工件

如图 6－1 所示，加工孔时所用的工具是麻花钻，夹持工件后，进行加工练习，保证加工精度。

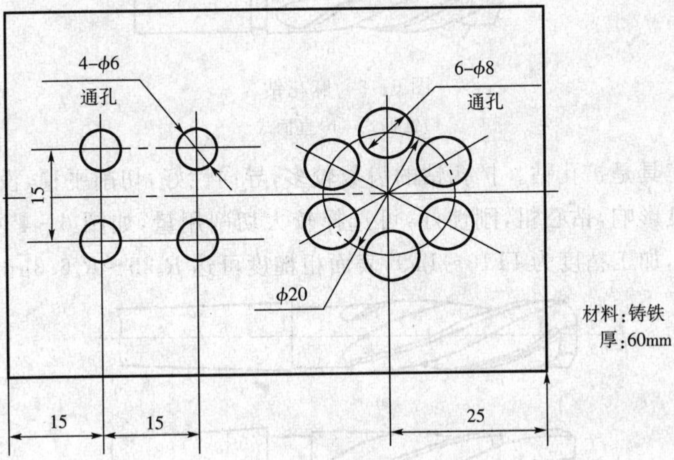

图 6－1　孔加工练习

二、基本概念

孔加工主要有钻孔、扩孔、锪孔、铰孔等多项加工，如图 6－2 所示。

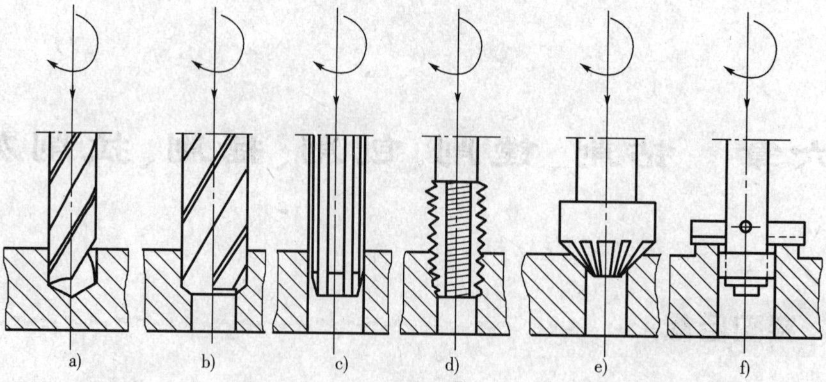

图 6-2　钻床的加工方法

a)钻孔　b)扩孔　c)铰削　d)攻螺纹　e)钻埋头孔　f)刮平面

钻孔是在实体工件上加工出孔。扩孔是用扩孔工具将工件上原来的孔径扩大的加工方法。锪孔是用锪钻在孔口表面锪出一定形状的孔或表面的加工方法。铰孔是铰刀从工件上切除微量金属层的加工方法。钻孔所用工具是麻花钻，如图 6-3 所示。麻花钻由柄部、颈部和工作部分组成。柄部是麻花钻的夹持部分，有直柄和锥柄之分，直径小于 13mm 的制成直柄，大于 13mm 的制成锥柄；颈部在磨削麻花钻时作退刀槽使用，钻头的规格、材料及商标常打印在颈部；其工作部分由切削部分和导向部分组成，切削部分主要起切削的作用，导向部分的作用不仅是保证钻头钻孔时的正确方向、修光孔壁，同时还是切削的后备部分。

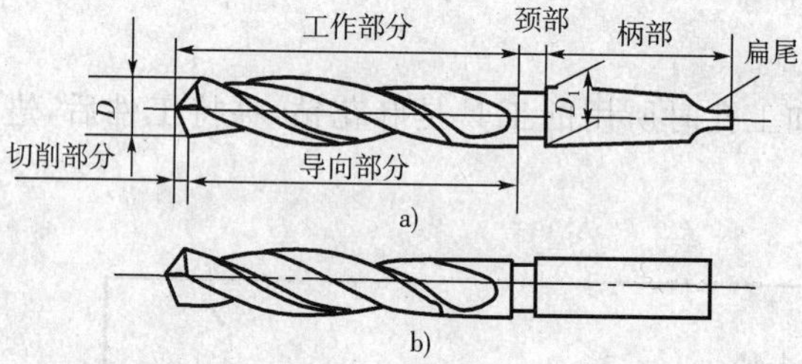

图 6-3　麻花钻

a)锥柄式　b)直柄式

扩孔所用的工具是扩孔钻。扩孔钻的齿数较多，导向性好，切削平稳，没有横刃，可避免横刃对切削的不良影响，钻心粗，刚性好，可选择较大切削用量，如图 6-4 所示。用扩孔钻扩孔，加工质量好，加工精度为 IT10～IT9，表面粗糙度可达 R_a25～$R_a6.3\mu m$。

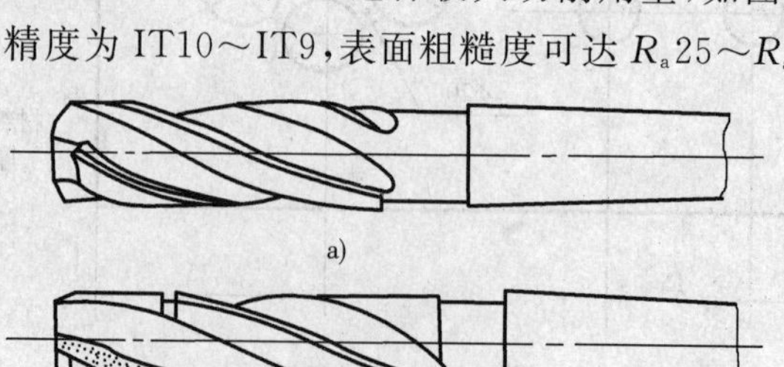

图 6-4　扩孔钻

a)高速钢扩孔钻　b)硬质合金扩孔钻

锪孔所用的工具是锪钻，锪钻有柱形锪钻、锥形锪钻、端面锪钻，如图 6-5 所示。

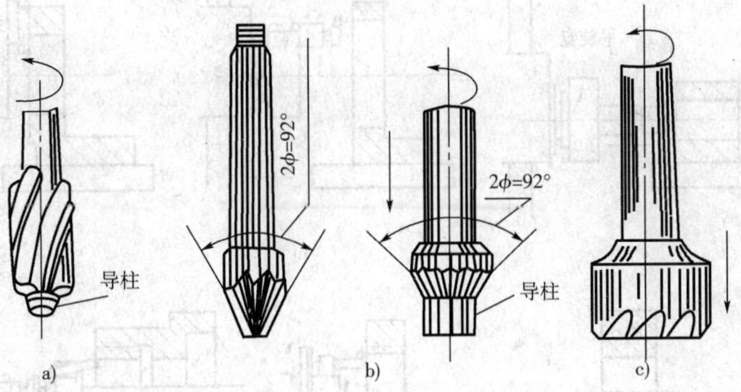

图 6-5　锪钻

a)柱形锪钻　b)锥形锪钻　c)端面锪钻

柱形锪钻主要用于锪圆柱形埋头孔；锥形锪钻的角度有 60°、75°、90°、120°几种，主要用于锪埋头螺钉孔；端面锪钻主要用来锪平孔口端面，也可以用来锪平凸台平面。

铰孔所用的工具是铰刀，如图 6-6 所示。

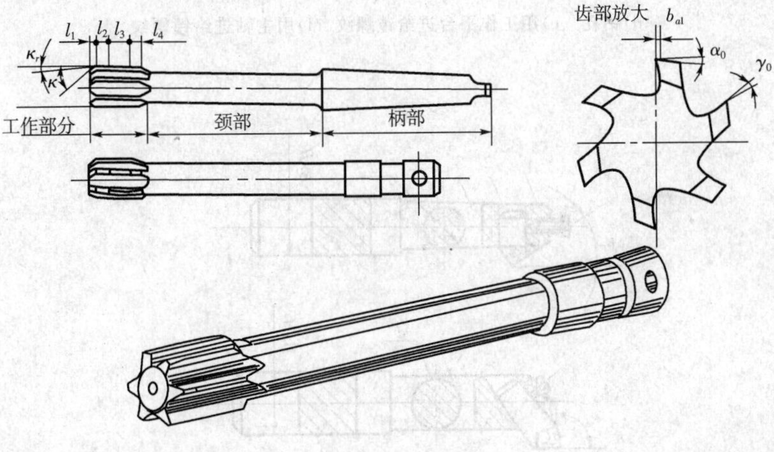

图 6-6　铰刀

铰刀由柄部、颈部和工作部分组成，柄部形状有锥形、直形和方榫形。铰刀的刀齿数量较多，有切削余量小、导向性好等优点，铰孔精度为 IT9～IT7，表面粗糙度为 $R_a1.6\mu m$。

镗削是用镗刀对工件进行切削加工的方法。在镗床上，除镗孔外，还可以进行铣削、钻孔、扩孔、铰孔等工作，如图 6-7 所示。

镗削精度可达 IT9～IT6，表面粗糙度可达 $R_a6.3$～$0.8\mu m$。镗刀有单刃镗刀和双刃镗刀。单刃镗刀可分为普通单刃镗刀和单刃微调镗刀两种。普通单刃镗刀如图 6-8 所示。单刃微调镗刀如图 6-9 所示。

刨削是用刨刀对工件进行加工的切削加工方法，能加工的表面有平面、沟槽和直线型成形面等，如图 6-10 所示。

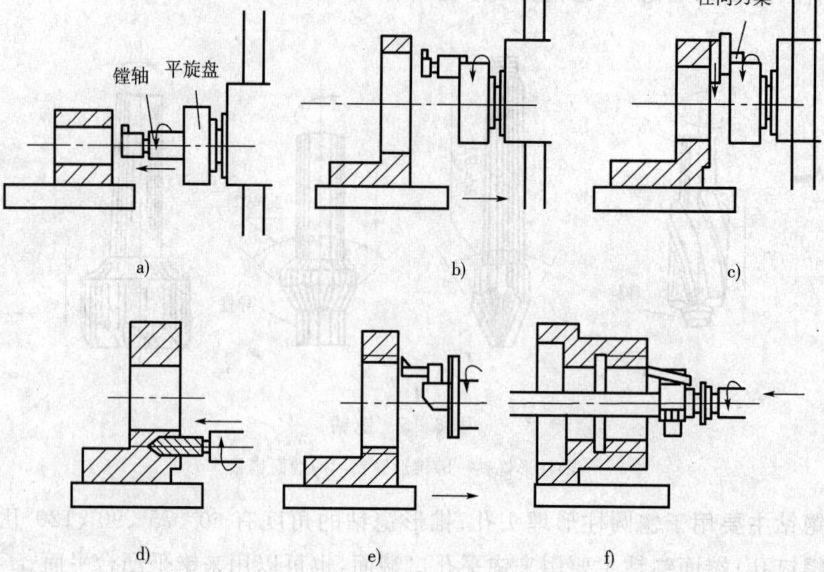

图 6-7 卧式镗床上镗削的主要内容

a)用主轴安装镗刀杆镗孔 b)用平旋盘上镗刀镗孔 c)用平旋盘上径向刀架镗平面

d)钻孔 e)用工作平台进给镗螺纹 f)用主轴进给镗螺纹

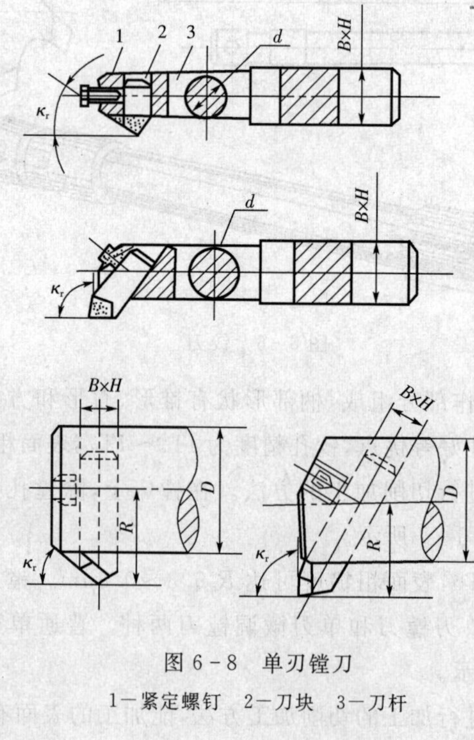

图 6-8 单刃镗刀

1—紧定螺钉 2—刀块 3—刀杆

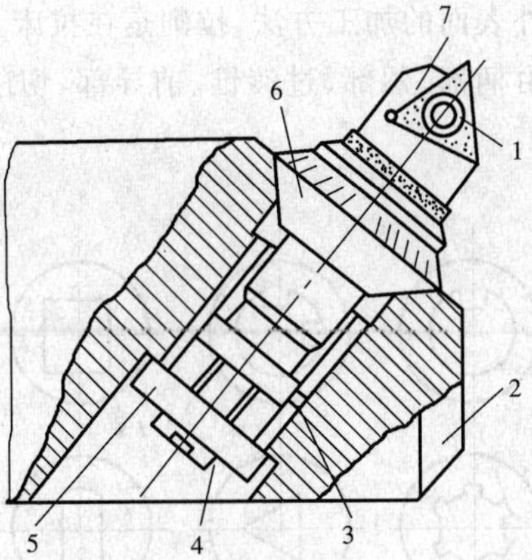

图 6-9　单刃微调镗刀

1—刀片　2—镗杆　3—导向键 4—紧定螺钉　5—垫圈　6—调整螺母　7—刀块

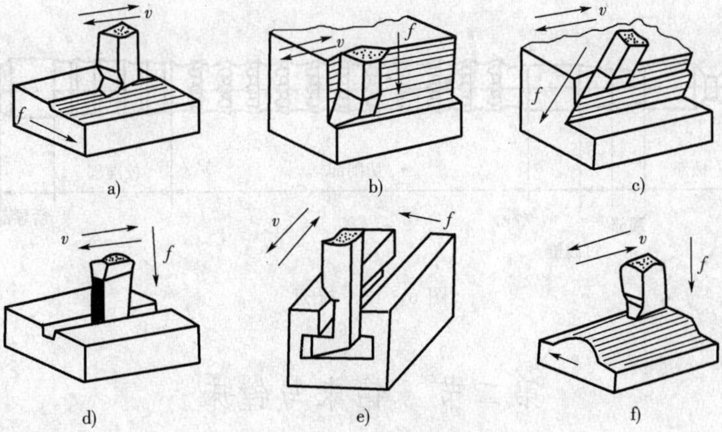

图 6-10　刨床上的主要工作

a)刨水平面　b)刨垂直面　c)刨斜面　d)刨直槽　e)刨 T 形槽　f)刨曲面

插削是用插刀对工件做垂直相对往复运动的切削加工方法，在插床可以加工内键槽、方孔、多边形以及花键轴。

插刀与刨刀相比，其前后刀面的位置对调，主切削刃偏离刀杆正面，如图 6-11 所示。

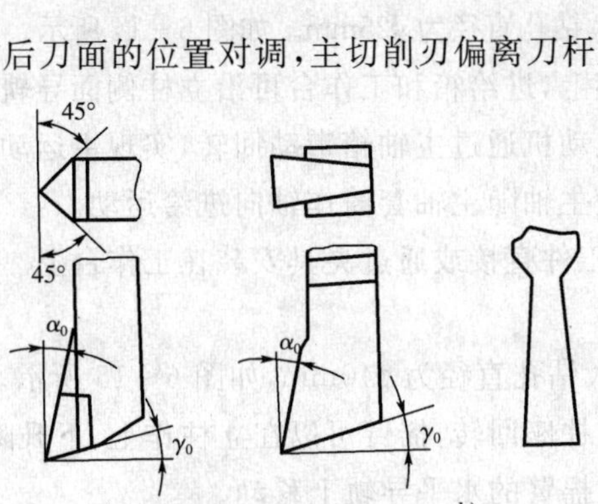

图 6-11　插刀

a)尖刃插刀　B)平刃插刀

拉削加工是拉刀加工内外表面的加工方法，拉削是在拉床上进行的，适用于拉削的主要表面如图 6-12 所示。拉刀由柄部、颈部、过渡锥、前导部、切削部、校准部、后导部组成，如图 6-13 所示。

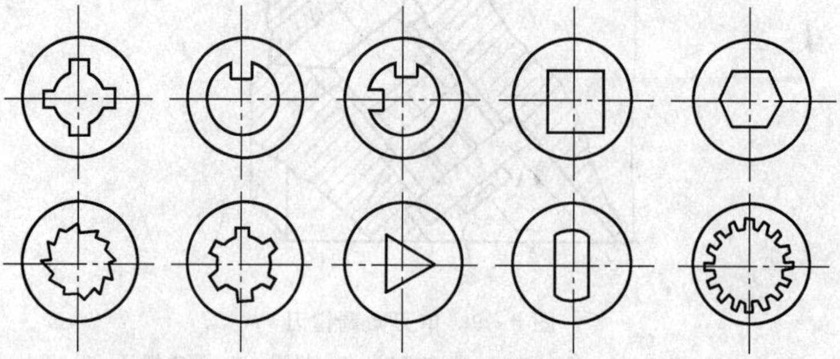

图 6-12　拉削的主要表面

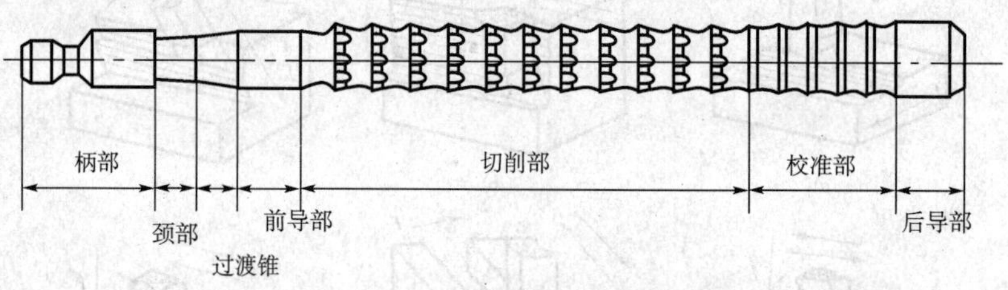

图 6-13　拉刀

第二节　钻床与镗床

一、钻床

常用的钻床有立式钻床、摇臂钻床和台式钻床。

1. Z525 型立式钻床

Z525 型立式钻床的最大钻孔直径为 ϕ25mm。如图 6-14 所示。其主要部件及功能如下：

(1)立柱　固定在底座上，进给箱和工作台可沿立柱侧面导轨上、下移动，调整位置。

(2)主轴箱　主轴由电动机通过主轴箱带动回转，实现主运动。

(3)进给箱　进给箱使主轴随主轴套筒作轴向进给运动。

(4)工作台　加工时，工件直接或通过夹具安装在工作台上。

2. Z3040 型摇臂钻床

Z3040 型摇臂钻床最大钻孔直径为 ϕ40mm，如图 6-15 所示。其主要部件及功能如下：

(1)立柱　立柱可绕立柱座回转，摇臂可以在立柱作上、下升降移动。

(2)摇臂　主轴箱可在摇臂的水平导轨上移动。

(3)主轴箱　主轴由电动机通过主轴箱带动回转，实现主运动。

(4)工作台　用于装夹工件，工件也可以直接装夹在底座上。

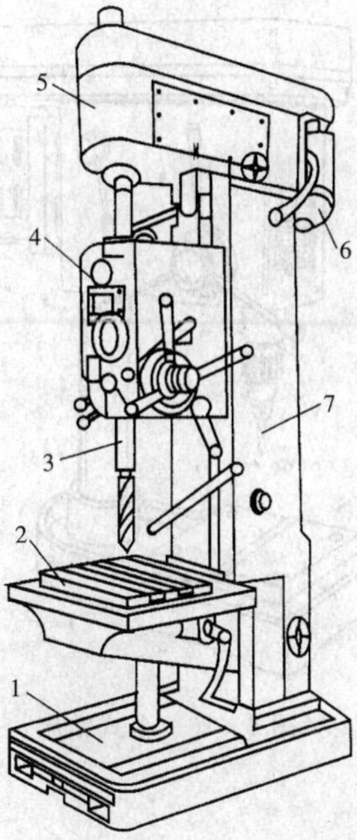

图 6-14　Z525 型立式钻床

1—底座　2—工作台　3—主轴　4—进给箱　5—主轴箱　6—电动机　7—立柱

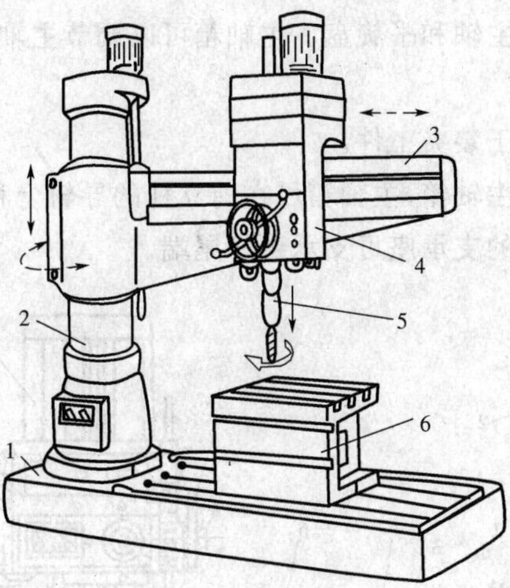

图 6-15　摇臂钻床

1—底座　2—立柱　3—摇臂　4—主轴箱　5—主轴　6—工作台

3. 台钻

台钻适于加工小型零件上的小孔，适用范围为 ϕ12mm 以下小孔。台钻外形如图 6-16 所示。

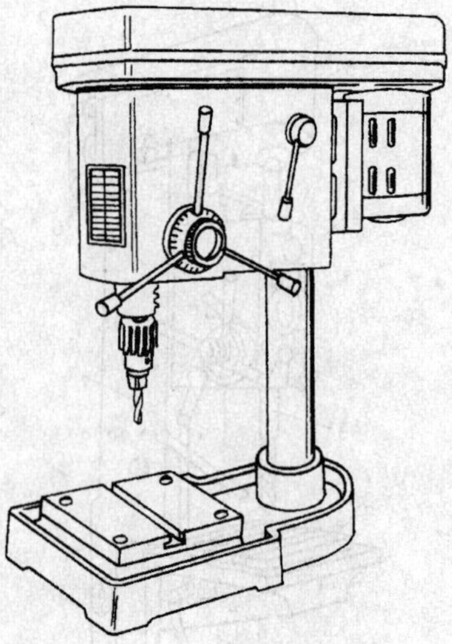

图 6-16　台式钻床

二、镗床

常用的镗床有卧式镗床、立式镗床、坐标镗床等。

1. T619 型卧式镗床

如图 6-17 所示，镗轴直径为 ϕ90mm，其主要部件及功能如下：

(1)床身　用于支撑镗床的其他部件，工作台可沿床身上的导轨作纵向移动。

(2)主轴箱　用于安装主轴和平旋盘。主轴箱可以调节主轴的垂直位置和实现上、下进给运动。

(3)工作台　工作台用于装夹工件。

(4)前立柱　用以支承主轴箱，主轴箱可在前立柱的导轨上移动。

(5)后立柱　后立柱上的支承座可支承镗杆尾端。

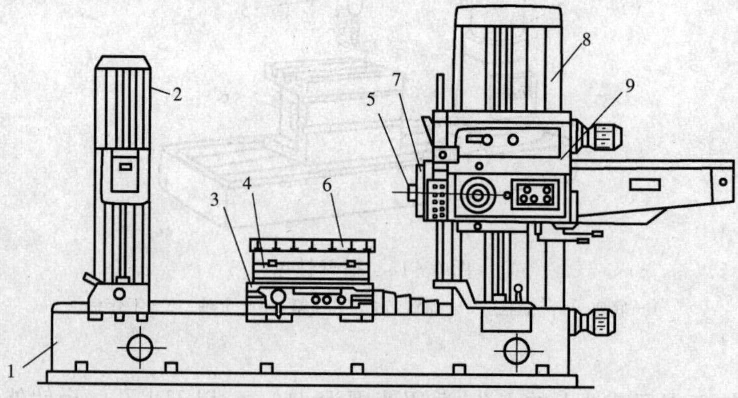

图 6-17　T619 型卧式镗床外形图

1—床身　2—后立柱　3—下滑座　4—上滑座　5—上工作台

6—主轴　7—平旋盘　8—前立柱　9—主轴箱

2. 坐标镗床

其外型如图 6-18 所示。

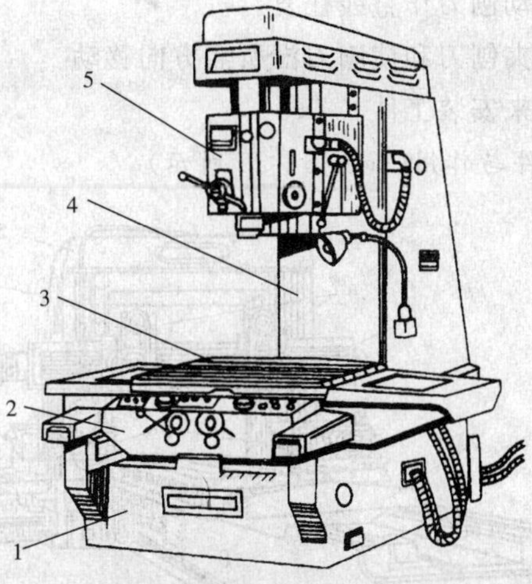

图 6-18 立式单柱坐标镗床

1—底座 2—滑座 3—工作台 4—立柱 5—主轴箱

坐标镗床主要用于精密孔系加工，具有测量坐标位置的精密测量装置，实现工件和刀具的精密定位，具有良好的刚度和抗震性，孔加工精度可达 IT5 级以上，定位精度可达 0.002～0.01mm。

第三节 刨床、插床、拉床

一、刨床

刨床有牛头刨床和龙门刨床两类，牛头刨床的主体运动是刀具，龙门刨床主体运动是工件。

1. 牛头刨床的主要部件与作用(如图 6-19 所示)

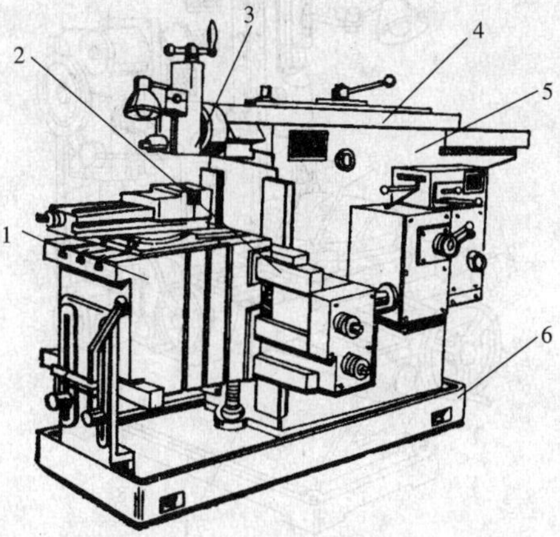

图 6-19 牛头刨床

1—工作台 2—横梁 3—刀架 4—滑枕 5—床身 6—底座

(1)床身　床身的顶面有水平导轨，滑枕同刀架沿此导轨作往复运动，床身的侧面有垂直导轨，床身内部有曲柄摆杆机构和变速机构。

(2)滑枕　滑枕用来带动刨刀作直线往复。

(3)刀架　刀架用来装夹刨刀和使刨刀沿所需方向移动。

(4)工作台　工作台用来安装工件。

2. 龙门刨床的主要部件与作用(如图 6－20 所示)

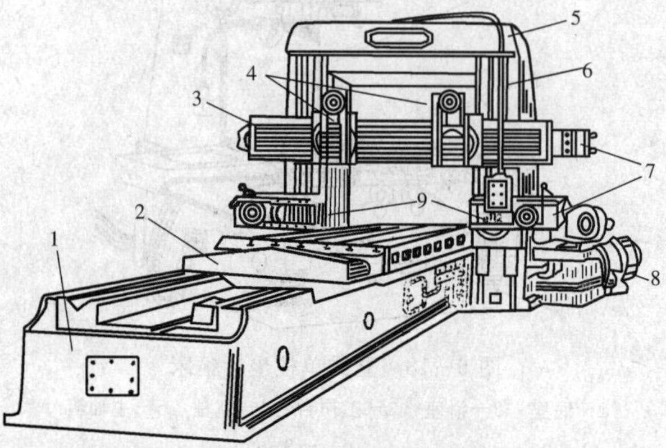

图 6－20　B2012A 型龙门刨床外形图

1—床身　2—工作台　3—横梁　4—垂直刀架　5—顶梁　6—立柱　7—进给箱　8—减速箱　9—测刀架

(1)床身　床身两侧装有立柱，立柱由顶梁连接，形成龙门框架。

(2)横梁　横梁上装有两个垂直刀架，可分别作横向和垂直方向进给运动及快速调整移动。

(3)工作台　工作台用来装夹工件，并作无级调速实现直线往复运动。

二、插床

插床的主要部件与作用，如图 6－21 所示。

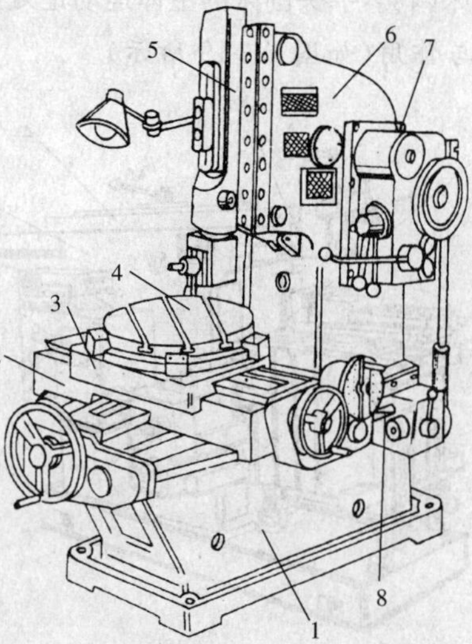

图 6－21　插床

1—床身　2—下滑座　3—上滑座　4—圆工作台　5—滑枕　6—立柱　7—变速箱　8—分度机构

(1)滑枕　滑枕上装夹刀具,可以沿立柱上导轨在垂直方向作直线往复运动,即主运动。

(2)工作台　工作台装夹工件可旋转,也可由上、下滑座带动作纵向和横向移动,即进给运动。

三、拉床

拉床有卧式和立式两种,如图 6-22 所示为卧式拉床的示意图。

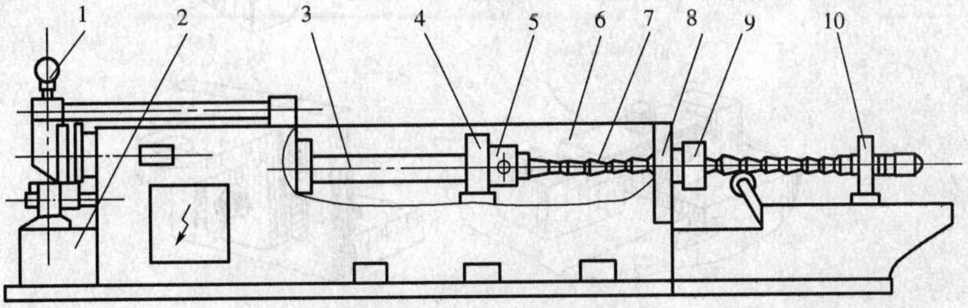

图 6-22　卧式拉床示意图

1—压力表　2—液压传动机部件　3—活塞拉杆　4—随动支架　5—刀架　6—床身
7—拉刀　8—支撑　9—工件　10—随动刀架

实训项目——修磨、装夹、钻削训练

一、麻花钻的修磨

钻头使用变钝或改变钻头切削部分的几何形状时,需要修磨钻头。

1. 修磨主切削刃

修磨时,将主切削刃置于水平略高于砂轮中心位置进行修磨,如图 6-23 所示。一个主切削刃磨好后,钻头绕轴线翻转 180°刃磨另一主切削刃。

2. 修磨横刃

磨短横刃,一边磨好后,钻头绕其轴线翻转 180°修磨另一边,如图 6-24 所示。

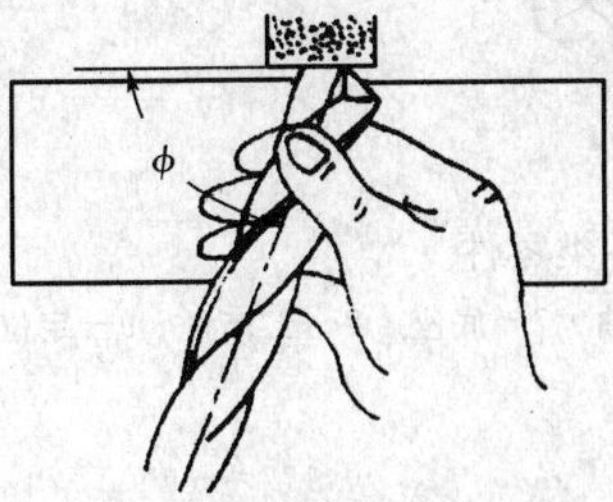

图 6-23　修磨主切削刃

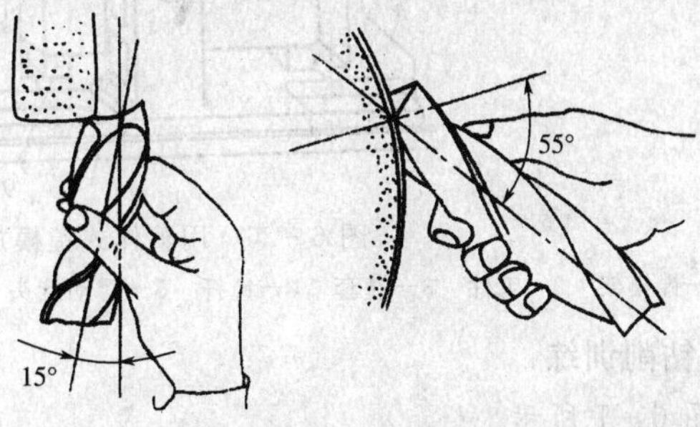

图 6-24　修磨横刃

二、工件的装夹

1. 钻床上工件的装夹

根据加工的需要采用不同的装夹方法,如图 6-25 所示。

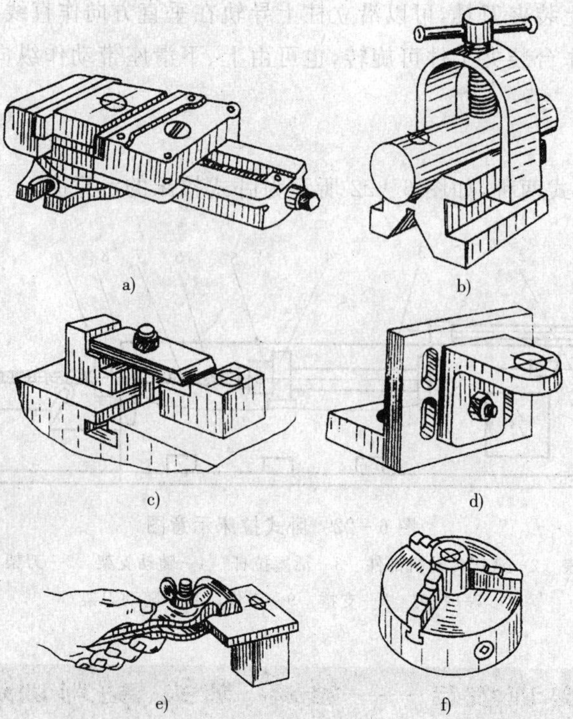

图 6－25　工件装夹方法

2. 镗床上工件的装夹

如图 6－26 所示，采用镗模进行装夹。主要保证箱体类工件孔及孔系的加工精度。

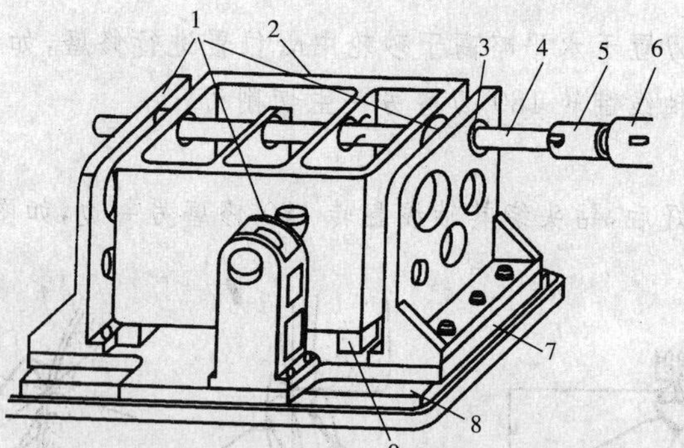

图 6－26　用整体式镗模加工箱体类零件

1—镗模架　2—工件　3—镗套　4—镗杆　5—浮动接头　6—主轴　7—底座　8—工作台　9—定位块

三、钻削训练

如图 6－1 所示。

(1)按图样要求进行划线。

(2)按线钻 4—ϕ6 的孔，并保证其位置。

(3)按线钻 6—ϕ8 的孔，并保证其位置。

思考与练习

1. 孔加工的内容有哪些?
2. 什么是钻孔? 麻花钻由哪几部分组成?
3. 什么是扩孔? 扩孔与钻孔相比有哪些特点?
4. 什么是镗削? 镗孔的精度怎样?
5. Z525 型立式钻床的主要部件及功用是什么?
6. Z3040 型摇臂钻床的主要部件及功用是什么?
7. T619 型卧式镗床的主要部件及功用是什么?
8. 坐标镗床的功用是什么?

第七章 机械加工工艺规程

学习目标

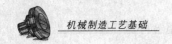

1. 了解产品的生产过程和机械加工工艺过程的概念。
2. 能够区分工序、安装、工位、工步及走刀的含义。
3. 知道制定机械加工工艺规程的步骤。
4. 熟悉拟定工艺路线的基本原理、原则和方法。
5. 初步学会用掌握的原理、原则和方法对零件进行工艺分析。
6. 能够根据零件图和生产类型制定简单的工艺规程卡。

[小知识]

一、汽车的生产过程

汽车的生产过程包含的内容很广，从前期的生产准备工作（如汽车的设计、编制加工方案和确定生产计划、购买设备和原材料等），到直接利用准备好的设备、图纸、原料进行毛坯制造、零件加工以及产品装配等，最后到产品的包装、发运、销售、服务等生产辅助过程都属于汽车的生产过程。图 7-1 所示为汽车的生产流程图。

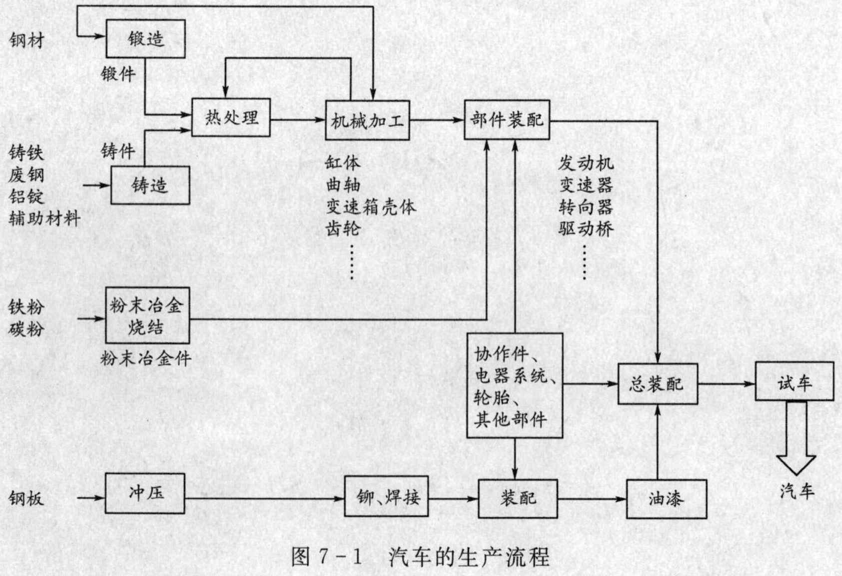

图 7-1 汽车的生产流程

二、汽车生产中的工艺过程

汽车的生产要经历从原材料制成毛坯，从毛坯制成零件，再从零件装配成汽车的一系列过程，这个过程称之为汽车生产的工艺过程。如下图所示：

$$\text{金属材料}\xrightarrow{\text{铸造、锻压、焊接}}\text{毛坯}\xrightarrow{\text{切削加工、热处理}}\text{零件}\xrightarrow{\text{装配和试车}}\text{汽车}$$

1. 毛坯制造工艺

(1)铸造　在汽车制造过程中，采用铸铁制成毛坯的零件很多，约占全车重量10%左右，如气缸体、变速器箱体、转向器壳体、后桥壳体、制动鼓、各种支架等，如图7-2所示。

(2)锻造　在汽车制造过程中，广泛地采用自由锻造(坊间称“打铁”)和模型锻造的加工方法。汽车的齿轮和轴等零件的毛坯就是用自由锻造的方法加工。模型锻造有点像面团在模子内被压成饼干形状的过程。与自由锻相比，模锻所制造的工件形状更复杂，尺寸更精确。汽车典型的模锻件是发动机连杆和曲轴、汽车前轴、转向节等，如图7-3所示。

图7-2　车用铸造零件

图7-3　车用锻造零件

(3)冷冲压　冷冲压或板料冲压是使金属板料在冲模中承受压力而被切离或成形的加工方法，如图7-4所示。日常生活用品，如铝锅、饭盒、脸盆等就是采用冷冲压的加工方法制成。采用冷冲压加工的汽车零件有发动机油箱底壳、制动器底板、汽车车架以及大多数车身外壳零件等，如图7-4所示。

(4)焊接　工人一手拿着面罩，另一手拿着与电线相连的焊钳和焊条的焊接方法被称为手工电弧焊，如图7-5所示。手工电弧焊在汽车制造中应用得不多。在汽车车身制造中应用最广的是点焊。点焊适于焊接薄钢板，操作时，两个电极向两块钢板加压力使之贴合并同时使贴合点(直径为5～6mm的圆形)通电流加热熔化从而牢固接合。

图7-4　冲压车间

图7-5　汽车焊装车间

2. 机械加工和热处理工艺

(1)金属切削加工　金属切削加工包括钳工和机械加工两种方法。钳工是工人用手工工具进行切削的加工方法，操作灵活方便，在装配和修理中广泛应用。机械加工（如图 7－6 所示）是借助于机床来完成切削的，包括车、刨、铣、钻和磨等方法。

a）

b）

图 7－6　机械加工车间一角

①车削：汽车的许多轴类零件以及齿轮毛坯都是在车床上加工的。

②刨削：汽车上的气缸体和气缸盖配合面、变速器箱体和盖的配合平面等都是用刨床加工的。

③铣削：铣削广泛地应用于加工各种汽车零件。汽车车身冷冲压的模具都是用铣削加工的。计算机操纵的数控铣床可以加工形状很复杂的工件，是现代化机械加工的主要机床。

④钻削及镗削：钻削和镗削是加工孔的主要切削方法。

⑤磨削：磨削可以获得高精度和粗糙度的工件，而且可以磨削硬度很高的工件。一些经过热处理后的汽车零件，均用磨床进行精加工。

（2）热处理　将加热的钢件浸入水中快速冷却（行家称为淬火），可提高钢件的硬度，这是热处理的实例。大部分汽车零件为了便于加工或提高各种性能以及减少变形，都要采取相应的热处理工艺。还有不少汽车零件，既要保留心部的韧性，又要改变表面的组织以提高硬度，就需要采用表面高频淬火或渗碳、氰化等热处理工艺，例如汽车变速箱的齿轮及汽车的各种轴类零件等，如图 7－7、图 7－8 所示。

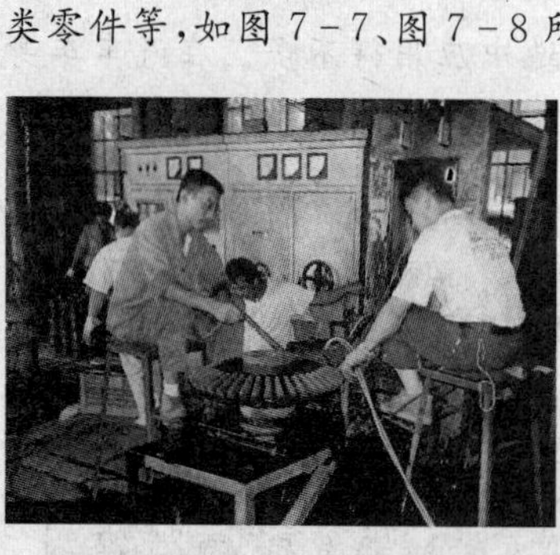

图 7－7　锥齿轮表面淬火

图 7－8　热处理车间

3．装配工艺

装配是按一定的要求，用联接零件（螺栓、螺母、销或卡扣等）把各种零件相互联接和组合成部件（如图 7－9 所示），再把各种部件相互联接和组合成整车。如果到汽车制造厂参观，最引人入胜的是汽车总装配线。在这条总装配线上，每隔几分钟就驶下一辆汽车。以我国奇瑞的轿车总装配线为例(如图7-10所示),这条装配线是一条近200米长的传送链,汽车随着传送链移动至各个工位并逐步装成,四周还有输送悬链把发动机总成、驾驶室总成、车轮总成等源源不断地从各个车间输送到总装配线上的相应工位。在传送链的起始位置首先放上车架(底朝天),然后将后桥总成(包括钢板弹簧和轮毂)和前桥总成(包括钢板弹簧、转向节和轮毂)安装到车架上,继而将车架翻过来以便安装转向器、贮气筒和制动管路、油箱及油管、电线以及车轮等,最后安装发动机总成(包括离合器、变速器和中央制动器),接上传动轴,再安装驾驶室和车前板制件等。至此,汽车就可以驶下装配线。

图7-9　汽车发动机装配车间

图7-10　奇瑞汽车总装车间

第一节　基本概念

一、零件(产品)的生产过程

1. 生产过程

将原材料转变为成品(机器)的全过程称为生产过程。生产过程包括:

(1)生产准备过程　如产品的设计,编制工艺文件和确定生产计划,机床和夹具等装备的制造或购买,原材料的购置、运输和保管等。

(2)直接生产过程　使被加工对象的尺寸、形状或性能产生变化的过程都叫直接生产过程,如毛坯制造、零件加工、热处理以及产品装配等过程。

(3)生产辅助过程　产品的包装、发运、销售、服务等工作。

2. 工艺过程

工艺过程是指改变生产对象的形状、尺寸、相对位置和性质等,使其成为半成品或成品的过程。它是生产过程的一部分。工艺过程可分为毛坯制造、机械加工、热处理和装配等工艺过程。

机械加工工艺过程是指用机械加工的方法直接改变毛坯的形状、尺寸和表面质量及性能,使之成为合格零件的生产过程。

二、机械加工工艺过程的组成

机械加工工艺过程由一系列的机械加工工序组成。

1. 工序

一个或一组工人在一个工作地(机械设备)对同一个或同时对几个工件所连续完成的那一部分工艺过程,称为工序。

工序的划分与生产规模有关。生产规模不同,工序的划分不一样。如图 7-11 所示的阶梯轴,单件小批生产的工序如表 7-1 所示,大量生产的工序如表 7-2 所示。

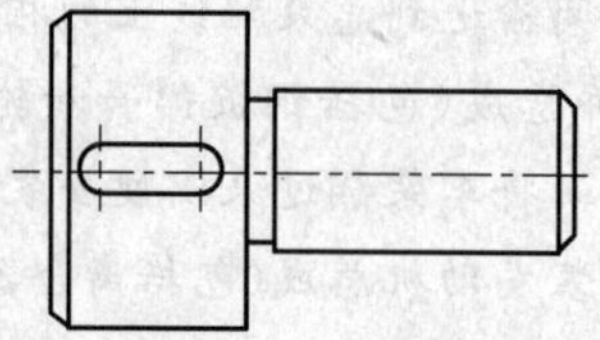

图 7-11 阶梯轴

表 7-1 单件小批生产的工艺过程

工序号	工序内容	设备
1	车一端面,钻中心孔;调头,车另一端面,钻中心孔	车床Ⅰ
2	车大外圆及倒角;调头,车小外圆、切槽及倒角	车床Ⅱ
3	铣键槽、去毛刺	铣床

表 7-2 大批大量生产的工艺过程

工序号	工序内容	设备
1	铣两端面,钻两端中心孔	铣端面钻中心孔机床
2	车大外圆及倒角	车床Ⅰ
3	车小外圆、切槽及倒角	车床Ⅱ
4	铣键槽	专用铣床
5	去毛刺	钳工台

2. 安装

工件经一次装夹后所完成的那一部分工序内容,称为安装。一道工序中,工件可能被安装一次(如表 2 中的工序 2)或多次(如表 1 中的工序 1 和 2)。

在同一工序中,安装次数应尽量少,既可以提高生产效率,又可以减少由于多次安装带来的加工误差。

3. 工步

工步是指在加工表面和加工工具不变的情况下,所连续完成的那一部分工序内容。工步是工序的基本单位,一道工序可能包含一个或多个工步。划分工步的目的,是便于分析和描述比较复杂的工序,更好地组织生产和计算工时。

4. 走刀

在一个工步中,有时因所需切除的金属层较厚而不能一次切完,需分几次切削,则每一次切削称为一次走刀。

5. 工位

为减少工序中的装夹次数,常采用回转工作台或回转夹具。工件在一次安装中,可先后在机床上处于不同的位置进行连续加工，每一个位置所完成的那部分工序，称一个工位。

采用多工位加工(如图 7-12 所示)，可以提高生产率和保证被加工表面间的相互位置精度。

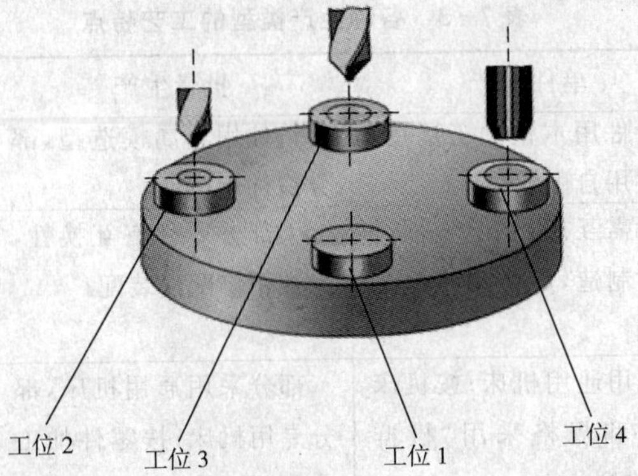

图 7-12 多工位加工

工位 1——装卸工件 工位 2——钻孔 工位 3——扩孔 工位 4——铰孔

三、生产纲领与生产类型

1. 生产纲领

生产纲领是指包括备品和废品在内的产品计划年产量。

一年中的生产纲领 N 可按下式计算

$$N=Qn(1+a\%)(1+b\%)$$

式中：Q——产品的年产量(单位：台/年)；

n——每台产品中所含零件的数量(单位：件/台)；

$a\%$——备品率，对易损件应考虑一定数量的备品，以供用户修配的需要；

$b\%$——废品率。

2. 生产类型及工艺特点

生产类型是指企业(或车间、工段、班组、工作地)生产专业化程度的分类。一般分为大量生产、成批生产、单件生产三种类型。

(1)大量生产

产品的数量很大，产品的结构和规格比较固定，产品生产可以连续进行，大部分工作地的加工对象是单一不变的。例如汽车、拖拉机、轴承等产品的制造，通常是以大量生产方式进行的。

(2)成批生产

产品数量较多，每年生产的产品结构和规格可以预先确定，而且在某一段时间内是比较固定的，生产可以分批进行，大部分工作地的加工对象是周期轮换的。根据批量的大小，成批生产又可分为小批生产、中批生产和大批生产。例如通用机床(一般为车、铣、刨、钻、磨床)等产品制造往往属于这种生产类型。

(3)单件生产

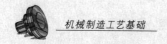

产品数量少,但种类、规格较多,多数产品只能单个或少数几个地生产,很少重复。例如重型机器、大型船舶制造及新产品试制等常属于这种生产类型。

表7-3 各种生产类型的工艺特点

工艺特点	单件生产	批量生产	大量生产
毛坯的制造方法	铸件用木模手工造型,锻件用自由锻	铸件用金属模造型,部分锻件用模锻	铸件广泛用金属模机器造型,锻件用模锻
零件互换性	无需互换、互配零件可成对制造,广泛用修配法装配	大部分零件有互换性,少数用修配法装配	全部零件有互换性,某些要求精度高的配合,采用分组装配
机床设备及其布置	采用通用机床;按机床类别和规格采用"机群式"排列	部分采用通用机床,部分专用机床;按零件加工分"工段"排列	广泛采用生产率高的专用机床和自动机床;按流水线形式排列
夹具	很少用专用夹具,由划线和试切法达到设计要求	广泛采用专用夹具,部分用划线法进行加工达到设计要求	广泛用专用夹具,用调整法达到精度要求
刀具和量具	采用通用刀具和万能量具	较多采用专用刀具和专用量具	广泛采用高生产率的刀具和量具
对技术工人要求	需要技术熟练的工人	各工种需要一定熟练程度的技术工人	对机床调整工人技术要求高,对机床操作工人技术要求低对
工艺文件的要求	只有简单的工艺过程卡	有详细的工艺过程卡或工艺卡,零件的关键工序有详细的工序卡	有工艺过程卡、工艺卡和工序卡等详细的工艺文件
生产率	低	中	高
成本	高	中	低

四、机械加工工艺规程

1. 工艺规程的概念

规定产品或零件制造工艺过程和操作方法的工艺文件,称工艺规程。其中规定零件机械加工工艺过程和操作方法等的工艺文件称为机械加工工艺规程。

2. 机械加工工艺规程的作用

(1)工艺规程是组织生产的依据,是生产过程中指导生产的主要技术文件。工人必须按照工艺规程进行生产,才能保证产品质量,提高生产效率。

(2)工艺规程是生产管理的依据,即生产计划、调度、工人操作和质量检验等的依据。

(3)工艺规程是建工厂或车间主要技术资料。根据工艺规程,可以确定生产所需的机械设备、技术工人、基建面积以及生产资源等。

总之,生产前用它做生产的准备,生产中用它做生产的指挥,生产后用它做生产的检验。

第二节　机械加工工艺规程的制订

一、制订工艺规程的原则

工艺规程制订的原则是优质、高产、低成本，即在保证质量的前提下，争取最好的经济效益。要求技术先进、成本低、生产率高、符合环保。

二、制订工艺规程的原始资料

(1)产品装配图和零件图。

(2)产品验收标准。

(3)产品的生产纲领。

(4)本企业现有的生产条件，如工艺装备和加工设备及其制造能力以及工人的技术水平等。

(5)有关手册、标准等指导性文件。

(6)国内外新技术、新工艺及其发展前景的相关信息。

三、制订机械加工工艺规程的步骤

1. 根据零件的生产纲领确定生产类型

根据零件生产纲领，参考表 7－4 即可确定生产类型。

表 7－4　生产类型和生产纲领的关系

<table>
<tr><th colspan="2" rowspan="2">生产类型</th><th colspan="3">生产纲领(件/年或台/年)</th></tr>
<tr><th>重型(30kg 以上)</th><th>中型(4～30kg)</th><th>轻型(4kg 以下)</th></tr>
<tr><td colspan="2">单件生产</td><td>5 以下</td><td>10 以下</td><td>100 以下</td></tr>
<tr><td rowspan="3">批量生产</td><td>小批量生产</td><td>5～100</td><td>10～200</td><td>100～500</td></tr>
<tr><td>中批量生产</td><td>100～300</td><td>200～500</td><td>500～5000</td></tr>
<tr><td>大批量生产</td><td>300～1000</td><td>500～5000</td><td>5000～50000</td></tr>
<tr><td colspan="2">大量生产</td><td>1000 以上</td><td>5000 以上</td><td>50000 以上</td></tr>
</table>

2. 对零件进行工艺分析

工艺分析是指在编制零件机械加工工艺规程前，首先应研究零件的工作图样和产品装配图样，分析该零件的用途、在机器中的位置、主要技术要求等，以便在制订工艺规程时采用适当的措施加以保证。

工艺分析的目的，一是审查零件的结构形状及尺寸精度、位置精度、表面粗糙度、材料及热处理等技术要求是否合理；二是通过工艺分析，对零件的工艺要求做到心中有数，以便制订出合理的工艺规程。

3. 选择毛坯

选择毛坯主要是根据零件的材料、形状复杂程度及尺寸大小、生产规模的大小、工厂生产条件等因素来选择毛坯的种类(铸、锻、焊、冲压、型材、粉末冶金等)、制造方法及尺寸精度。

毛坯的形状、尺寸越接近成品,切削加工余量就越少,从而可以提高材料的利用率和生产效率,但是这样往往会提高毛坯制造成本。所以选择毛坯时应从机械加工和毛坯制造两方面出发,综合考虑以求最佳效果。

4. 拟定工艺路线

工艺路线就是零件从毛坯到成品所经过工序的先后顺序。它不仅影响零件的加工质量和效率,而且影响生产成本甚至工人的劳动强度,因此拟定工艺路线是制订工艺规程的最为关键的一步。拟定工艺路线时,要考虑如下几个方面:

(1)选择好定位基准

定位基准是在加工时用作定位的基准。它是工件上与夹具定位元件直接接触的点、线、面,如图所示。定位基准可分为粗基准和精基准。若选择未经加工的表面作为定位基准,这种基准被称为粗基准。若选择已加工的表面作为定位基准,则这种定位基准称为精基准。粗基准考虑的重点是如何保证各加工表面有足够的余量,而精基准考虑的重点是如何减少误差。定位基准的选择如图 7-13 所示。

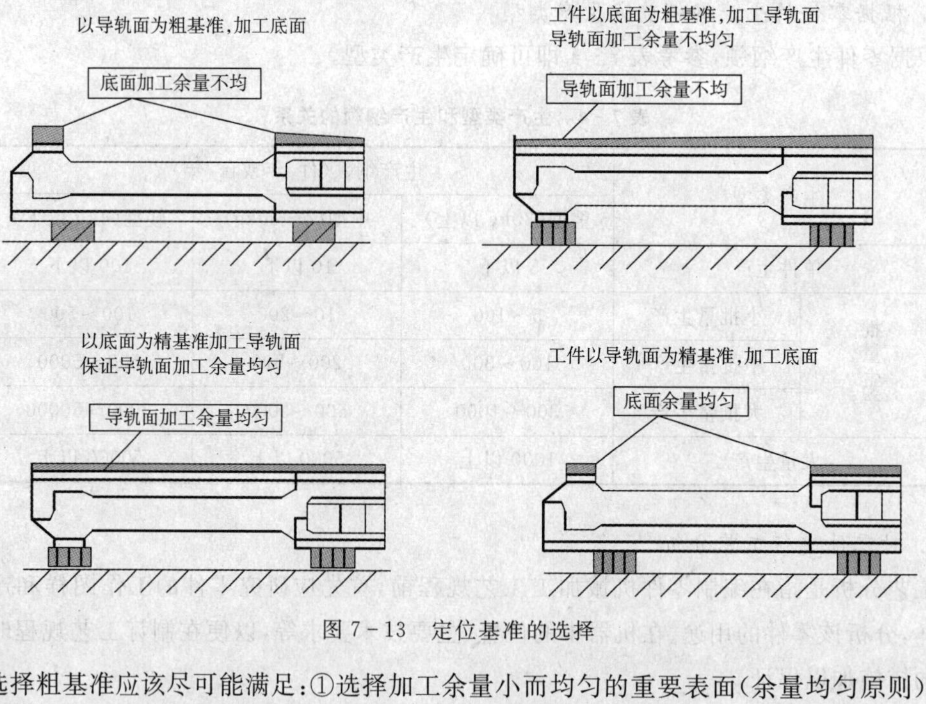
以导轨面为粗基准,加工底面
底面加工余量不均
工件以底面为粗基准,加工导轨面
导轨面加工余量不均匀
导轨面加工余量不均
以底面为精基准加工导轨面
保证导轨面加工余量均匀
导轨面加工余量均匀
工件以导轨面为精基准,加工底面
底面余量均匀

图 7-13　定位基准的选择

选择粗基准应该尽可能满足:①选择加工余量小而均匀的重要表面(余量均匀原则);②选择与加工表面有相互位置精度要求的表面(相互位置原则);③选择光滑平整而又足够大面积的表面(光滑平整原则);④在同一定位方向上只允许使用一次粗基准(一次使用原则)。

选择精基准应该尽可能满足:①选择设计基准为定位基准(基准重合原则);②各个工序的定位基准相同,避免多次装夹带来的装夹误差(基准不变原则);③两个表面互为基准反复加工,可以不断提高定位基准的精度(互为基准原则);(4)精加工或光整加工工序要求余量小且均匀时，可选择加工表面本身为精基准（自为基准的原则）。例如，磨削车床床身导轨面时，常在磨头上装百分表以导轨面本身为基准来找正工件。自为基准加工只能提高加工表面的尺寸精度，不能提高表面间的相互位置精度，后者应由先行工序保证。

(2)选择恰当的表面加工方法

表面加工方法的选择，就是为零件上每一个有加工要求的表面选择合理的加工方法（如车、刨、铣、钻、磨等）。选择加工方法，既要保证零件设计要求，又要争取高生产率和低成本。在选择加工方法时应主要考虑以下因素：

①首先根据每个加工表面的技术要求，确定加工方法和分几次加工。

②考虑工件材料的性质。例如，淬火钢精加工应采用磨床加工，但有色金属的精加工则应采用精车、精铣、精镗、滚压等方法，这主要是为避免磨削时堵塞砂轮。

③根据生产类型选择加工方法。单件小批生产时，一般采用通用设备以及一般的加工方法。大批量生产时，则应采用高效的专用设备和专用工艺装备加工。

④根据本企业的现有设备和技术条件，充分利用新工艺、新技术。

(3)合理地划分加工阶段

对那些加工质量要求较高、形状结构复杂、刚性较差、加工余量大的工件，其加工过程一般划分为粗加工、半精加工、精加工三个阶段。

①各加工阶段的主要任务

粗加工阶段——高效地切除各加工表面的大部分余量。使毛坯在形状和尺寸上接近成品。

半精加工阶段——只保留很小的加工余量，为主要表面的精加工做准备，并完成一些次要表面的最终加工。

精加工阶段——完成各主要表面的最终加工，使其达到图纸规定的质量要求。

②划分加工阶段的作用

A. 有利于消除加工变形对加工精度的影响。粗加工时切除的金属层较厚，会产生较大的切削力和切削热，所需的夹紧力也较大，因而工件会产生较大的弹性变形和热变形。划分阶段后，粗加工造成的误差可通过半精加工和精加工予以纠正。

B. 有利于合理利用设备。粗加工时可使用功率大、刚度好而精度较低的机床，以提高生产率。而精加工则可使用高精度机床，以保证加工精度要求。

C. 有利于及时发现毛坯缺陷。由于粗加工切除了各表面的大部分余量，毛坯的缺陷如气孔、砂眼、余量不足等可及早被发现，及时修补或报废，从而避免继续加工而造成的浪费。

D. 有利于安排必要的热处理工序。划分加工阶段可在各个阶段中插入必要的热处理工序。如在粗加工之后进行去除内应力的时效处理；在半精加工后进行淬火处理等。

在某些情况下，划分加工阶段也并不是绝对的。例如加工重型工件时，不必划分加工阶段。由于不便于多次装夹和运输，可在粗加工后松开工件，让其充分变形，再夹紧工件进行精加工，以提高加工的精度。另外，如果工件的加工质量要求不高、工件的刚度足够、毛坯的质量较好而切除的余量不多，则可不必划分加工阶段。

(4)加工顺序的安排

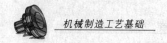

加工顺序就是指工序安排的先后顺序。

①机械加工顺序的安排

机械加工顺序一般按以下几个原则安排：

A. 基面先行。被选为精基准的表面，应作为起始工序先加工，然后再用精基准定位加工其他表面。

B. 先粗后精。在安排加工顺序时，应先集中安排各表面的粗加工，其次根据需要安排半精加工，最后安排精加工。

C. 先主后次。应先安排零件的装配基面、工作表面等主要表面的加工，而将键槽、紧固用的光孔和螺孔等次要表面放在主要表面的精加工或半精加工之后加工。

D. 先面后孔。对于箱体、支架和连杆等工件，因为平面的轮廓面积大，先加工平面再以平面定位加工孔，有利于保证孔的加工精度。

E. 进给路线短。数控加工中，应缩短刀具移动距离，减少空行程时间。

F. 换刀次数少。尽可能每换一把刀具，将所有加工表面加工完毕。

②热处理工序的安排

热处理工序在工艺路线中的安排，主要取决于零件的材料和热处理的目的及要求。常用钢、铸铁零件的热处理工序在工艺路线中的安排如下：

A. 退火、正火。可以消除内应力和调整材料的硬度，一般安排在粗加工前进行。

B. 时效处理。对于大而复杂的铸件，为了尽量减少由于内应力引起的变形，常常在粗加工后进行人工时效处理。粗加工前最好采用自然时效。

C. 调质处理。可以改善材料的机械性能，因此许多中碳钢和合金钢常采用这种热处理方法，一般在粗加工或半精加工之后进行。

D. 淬火处理或渗碳处理。可以提高零件的硬度和耐磨性。淬火处理一般安排在磨削之前进行，当用高频淬火时也可安排在最终工序。渗碳可安排在半精加工之后进行。

E. 表面处理。可以提高零件的抗蚀能力、提高零件的耐磨性。一般表面处理工序都安排在工艺过程的最后。

③辅助工序的安排

辅助工序包括工件的检验、去毛刺、清洗、去磁和防锈等。

检验是最主要的辅助工序，它是保证产品质量和防止产生废品的重要措施。在每个工序中，操作者都必须自行检验。在操作者自检的基础上，在下列场合还要安排独立检验工序：

A. 工件从一个车间转到另一个车间前后。其目的是便于分析产生质量问题的原因和分清零件质量事故的责任。

B. 重要零件的关键工序加工后。目的是控制加工质量和避免工时浪费。

C. 粗加工全部结束后，精加工之前。

D. 零件表面全部加工完之后。

5. 确定各工序所用的设备和工艺装备

(1)确定各工序的机床设备

确定机床设备主要考虑机床的功率和精度及自动化程度要与工件的大小、精度要求以及生产类型相适应。例如，一般在单件、小批生产时选择通用机床，大批和大量生产时选择高生产率的半自动、自动机床及专用设备。

(2)确定各工序的刀具、夹具、量具

①一般采用标准刀具、通用刀具，有时为了保证各加工表面的位置精度和提高生产率，也可采用复合刀具及专用刀具。

②单件、小批生产应尽量选用通用夹具、组合夹具；大批、大量生产则尽量使用高生产率的专用夹具。

③单件、小批生产一般选用通用量具；大批、大量生产则应采用各种极限量规和高生产率的专用量具。量具的精度应高于工件的精度。

6. 确定加工余量、工序尺寸及公差

(1)加工余量的确定

加工余量是指加工过程中从加工表面切除的金属层厚度。由于毛坯不能达到零件所要求的精度和表面粗糙度，因此要留有加工余量，以便经过机械加工来达到这些要求。加工余量分为工序余量和总余量。某一表面在一道工序中所切除的金属层厚度，称为该表面的工序余量(同一表面相邻的前后工序尺寸之差)；零件从毛坯成为成品的整个切削过程中某一表面所切除的金属层总厚度，称为该表面的总余量(零件上同一表面毛坯尺寸与零件尺寸之差)。总余量等于各工序余量的总和。

(2)工序尺寸及其公差的确定

工序尺寸是指某一工序加工应达到的尺寸。工序尺寸及其公差的确定与工序余量的大小和工序基准的选择有关。这里只介绍工序基准与设计基准重合时工序尺寸及其公差的确定方法。

当工序基准与设计基准重合时，被加工表面的最终工序的尺寸及公差一般可直接按零件图样规定的尺寸和公差确定。中间各工序的尺寸则根据零件图样规定的尺寸依次加上(对于外表面)或减去(对于内表面)各工序的加工余量求得，计算的顺序是由后向前推算，直到毛坯尺寸。工序尺寸公差主要根据加工方法、加工精度和经济性确定。最终工序的公差，当工序基准与设计基准重合时，一般就是零件图样规定的尺寸公差。

7. 确定切削用量及时间定额

(1)确定切削用量

在工艺规程中一般对切削用量不作规定，由操作者自行选用，但在以下情况必须确定工序的切削用量并严格执行：①一些对尺寸精度及表面质量要求特别高的工序，已经经过工艺试验或生产实践确定的切削用量。②大量生产中，在流水线、自动线上以及自动机床上加工的各道工序。

(2)确定工时定额

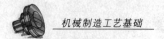

工时定额是完成某一零件或工序所规定的时间。它是制定生产计划、核算成本的重要依据,也是新建和扩建工厂(或车间)时决定设备和人员的重要资料。工时定额一般参照实际生产经验,并考虑有效地利用生产设备和工具,实事求是地予以估定。

8. 填写工艺文件

将确定的工艺过程和操作事项填入一定格式的表格或卡片,并经严格的审批手续即成为组织和指导生产的工艺文件。

机械加工工艺过程应用最多和最主要的工艺文件是工艺规程。根据生产类型、零件的复杂程度和实际需要,工艺规程中常用的文件形式有以下两种:

(1)机械加工工艺过程卡片

以工序为单位简要说明零件的加工过程的工艺文件称为机械加工工艺过程卡片。主要内容包括工序号、工序名称、工序内容、车间、工段、设备、工艺装备、工时定额等。工艺过程卡片主要用于组织生产,是进行生产准备工作和安排生产计划的依据。在单件、小批生产中,工艺过程卡片用于直接指导生产。

(2)机械加工工序卡片

在机械加工工艺过程卡片的基础上,按每道工序编制的工艺文件称为机械加工工序卡片。一般具有工序简图,并详细说明该工序每一工步的加工内容、工艺参数、操作要求,以及所用设备和工艺装备等。机械加工工序卡片主要用于大批、大量生产中,用来具体指导工人生产。在成批生产时,复杂零件或一些零件的重要工序一般也编写工序卡片。

第三节　轴类零件的加工工艺规程示例

一、轴类零件的材料和毛坯

轴类零件是机械产品中的典型零件。主要用来支承齿轮、带轮、凸轮及连杆等传动件,并传递转矩。材料一般选择优质碳钢和合金钢两类,曲轴通常选择球墨铸铁。毛坯通常选择型材圆钢或锻件,一般圆钢用于光轴和直径相差不大的阶梯轴,而锻件用于直径相差较大的阶梯轴和重要的轴。

二、轴类零件机械加工主要工艺问题

1. 定位基准

轴类零件加工时最常用的定位基准是中心孔,其次是外圆。粗加工时切削力很大,通常采用轴的外圆或外圆与中心孔共同作为定位基准。精加工常采用两端中心孔作为定位基准。

2. 加工顺序的安排

按照先粗后精的原则,将粗加工、精加工分开进行。先完成各表面的粗加工,再完成半精加工和精加工。粗加工外圆时,应先加工大直径外圆,再加工小直径外圆,以免加工中出现振动和弯曲变形。轴上的花键、键槽、螺纹等表面的加工,一般在外圆半精加工之后、精加工之前进行。粗加工、半精加工一般采用车削,精加工采用磨削,精密轴的轴颈还要采取光

整加工。

3. 热处理顺序的安排

一般毛坯锻造后安排正火处理，消除内应力、改善加工性能。粗加工后安排调质处理，以提高零件综合力学性能，并作为表面淬火和氮化处理的预备热处理，轴颈的表面淬火要安排在精加工之前。

4. 轴类零件的典型工艺过程

毛坯——正火——加工端面和中心孔——粗车——调质——半精车——花键、键槽等加工——表面淬火——磨削。

三、轴的加工工艺过程示例

车削如图 7－14 所示的阶梯轴，材料要求为 45 钢，要求根据不同的生产类型制定相应的工艺过程。

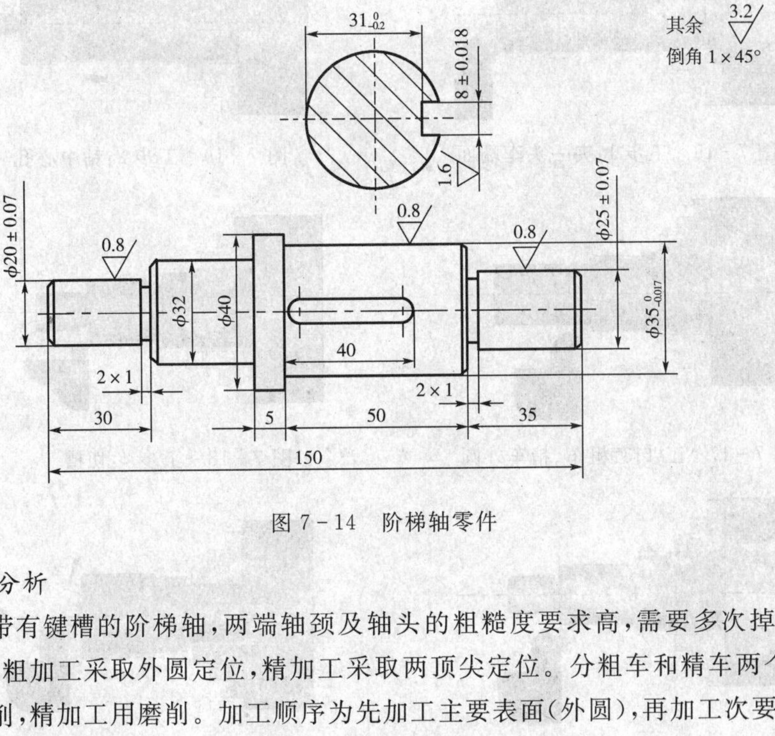

图 7－14　阶梯轴零件

1. 零件分析

该轴是带有键槽的阶梯轴，两端轴颈及轴头的粗糙度要求高，需要多次掉头装夹。因此，装夹方法粗加工采取外圆定位，精加工采取两顶尖定位。分粗车和精车两个阶段进行，粗加工用车削，精加工用磨削。加工顺序为先加工主要表面(外圆)，再加工次要表面(沟槽、键槽等)。

2. 选择毛坯

该工件的毛坯材料为 45 钢，尺寸不大，适宜采用型材圆钢，不需要采用锻件毛坯。

3. 确定机床

当单件、小批量生产时选择一台普通车床用来车端面、车外圆、车槽、倒角，一台铣床用来铣键槽，一台磨床用来磨外圆。大批量生产时选择高生产率的铣钻联合机床用来铣削端面、钻中心孔，用大功率低精度的车床粗车外圆，用高精度的车床精车外圆、切槽、倒角，普通铣床铣键槽，普通磨床磨外圆。

4. 填写工艺过程卡

(1)单件生产的工艺过程如表 7-5 所示。

表 7-5　阶梯轴单件生产工艺过程

工序号	工序内容	设备
1	车端面、钻中心孔、车外圆、切槽、倒角	车床
2	铣削键槽	铣床
3	磨外圆	磨床
4	去毛刺	钳工台

①工序 1:车端面、钻中心孔、车外圆、切槽、倒角,如图 7-15～图 7-24 所示。

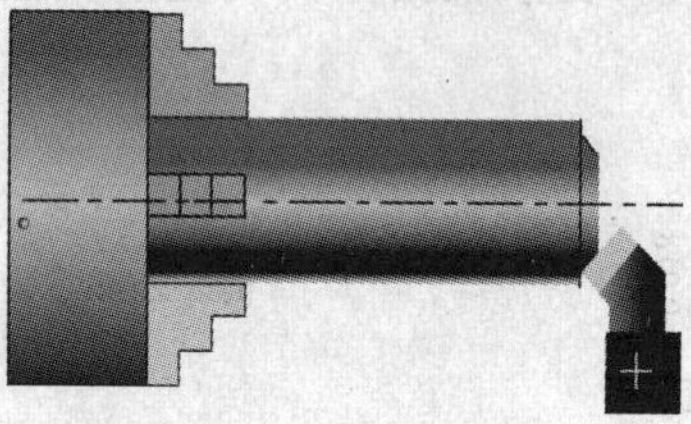

图 7-15　工步 1:夹一头车端面

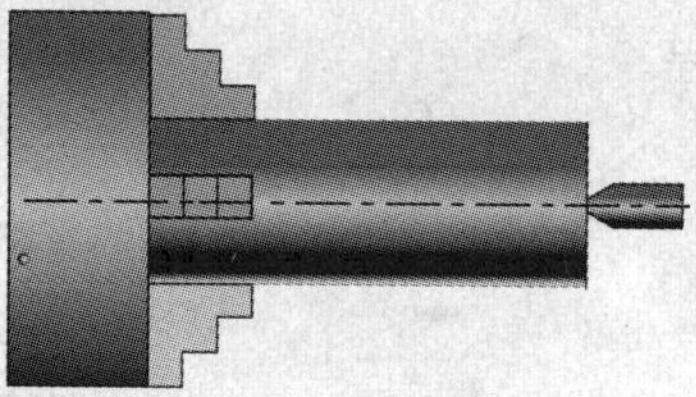

图 7-16　工步 2:钻中心孔

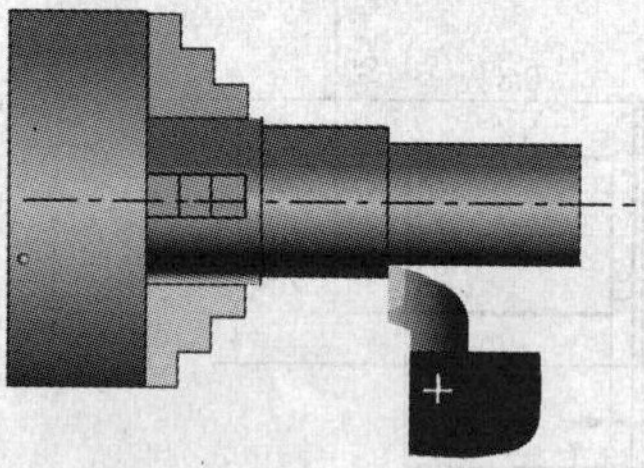

图 7-17　工步 3:粗车、精车外圆

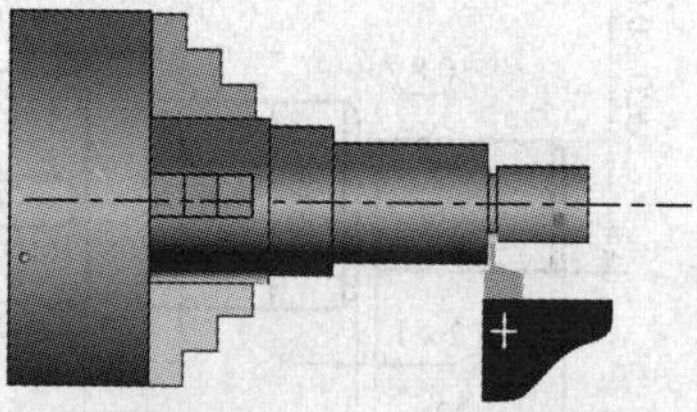

图 7-18　工步 4:切槽

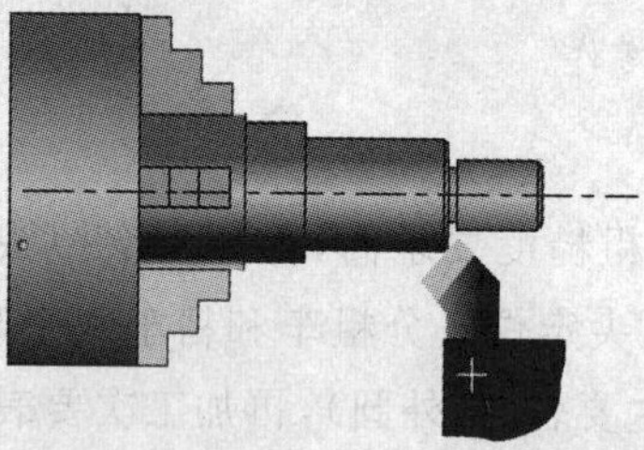

图 7-19　工步 5:倒角

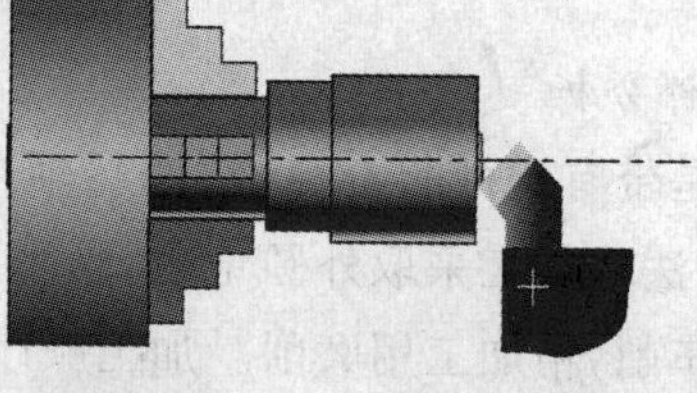

图 7-20　工步 6:掉头车另一端面

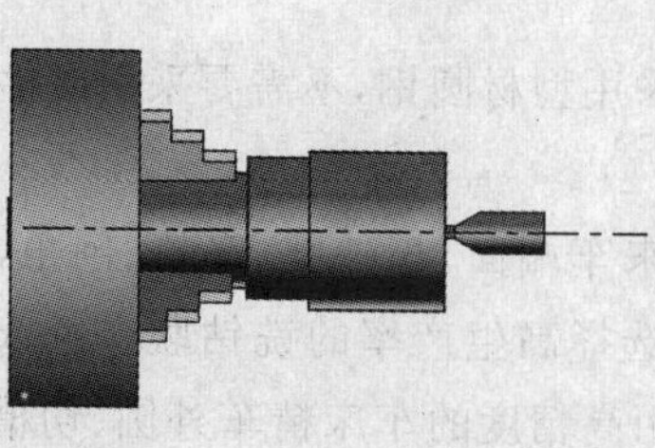

图 7-21　工步 7:钻中心孔

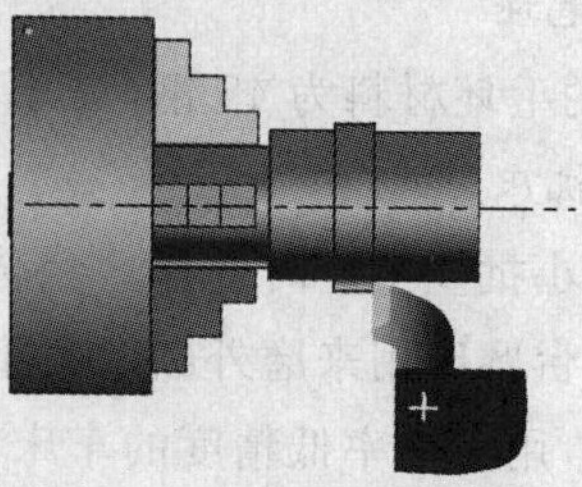

图 7-22　工步 8:粗车、精车外圆

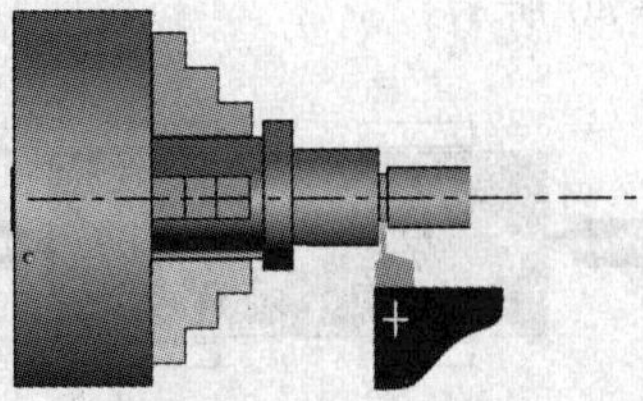

图 7－23　工步 9：切槽

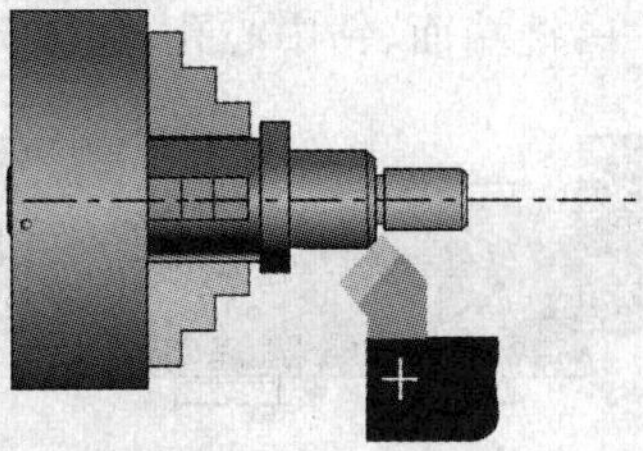

图 7－24　工步 10：倒角

②工序 2：铣削键槽，如图 7－25 所示。

③工序 3：磨外圆，如图 7－26、图 7－27 所示。

④工序 4：去毛刺，如图 7－28 所示。

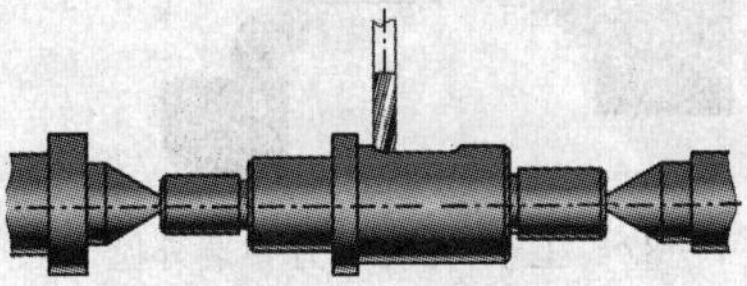

图 7－25　铣床铣削键槽

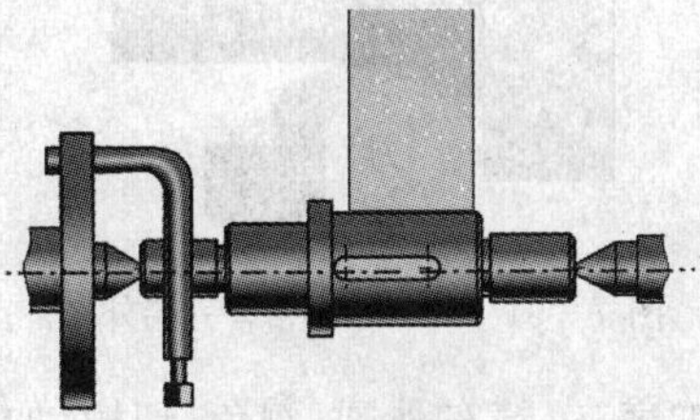

图 7－26　工步 1：磨床磨外圆

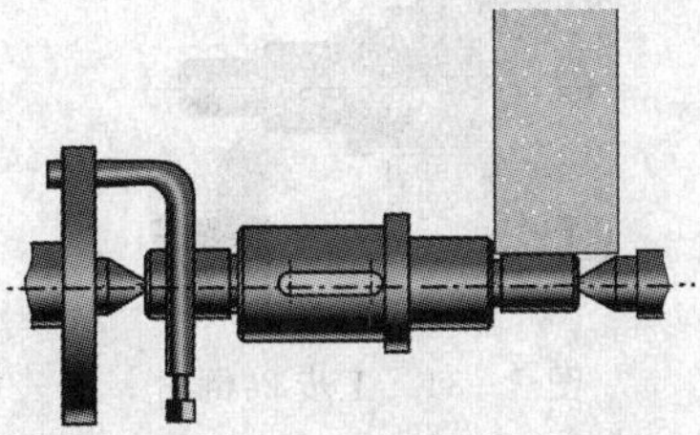

图 7－27　工步 2：掉头磨另一端外圆

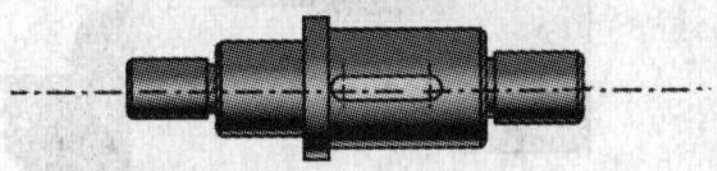

图 7－28　钳工去毛刺

(2)大批量生产的工艺过程卡如表 7－6 所示。

表 7－6　阶梯轴大批量生产工艺过程

工序号	工序内容	设备
1	铣端面、钻中心孔	铣钻联合机床
2	粗车外圆	车床Ⅰ
3	精车外圆、倒角、切槽	车床Ⅱ
4	铣削键槽	铣床
5	磨外圆	磨床
6	去毛刺	钳工台

①工序一：铣端面、钻中心孔，如图 7－29、图 7－30 所示。

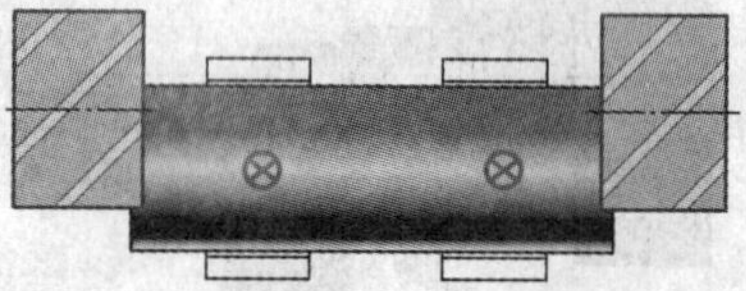

图 7－29　工步 1：铣削两端端面

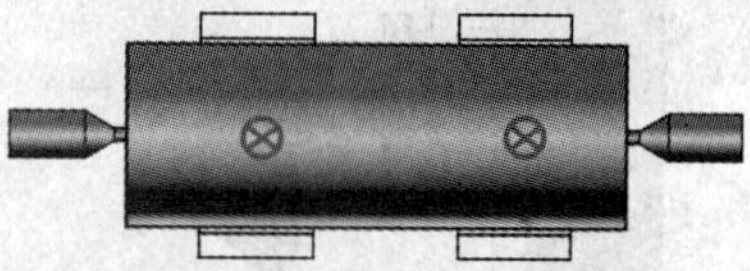

图 7－30　工步 2：钻两端中心孔

②工序二：粗车外圆，如图 7－31、图 7－32 所示。

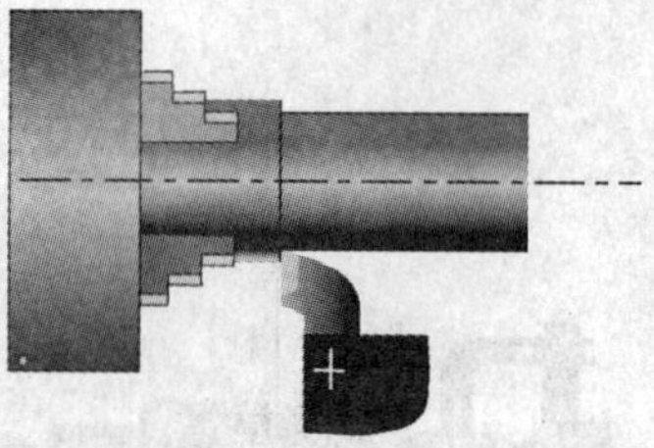

图 7－31　工步 1：粗车一端外圆

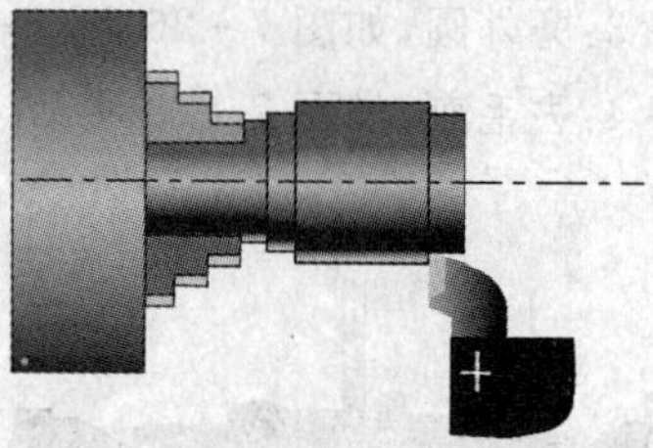

图 7－32　工步 2：粗车另一端外圆

③工序三：精车外圆、倒角、切槽，如图 7－33～图 7－38 所示。

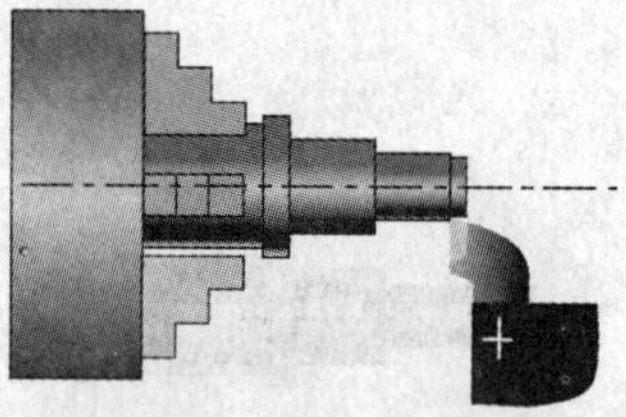

图 7－33　工步 1：精车外圆

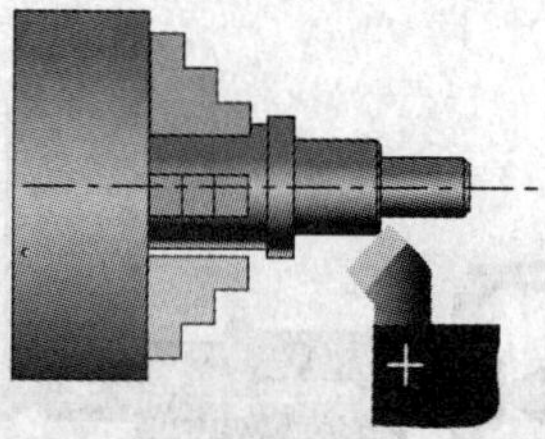

图 7－34　工步 2：倒角

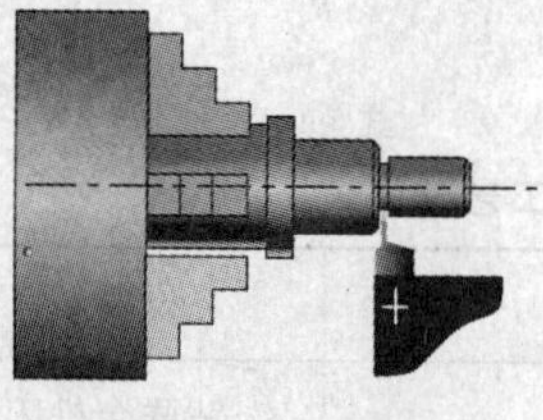

图 7－35　工步 3：切槽

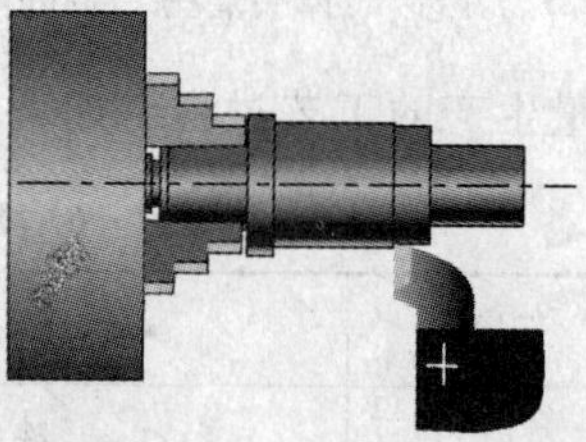

图 7－36　工步 4：掉头精车另一端外圆

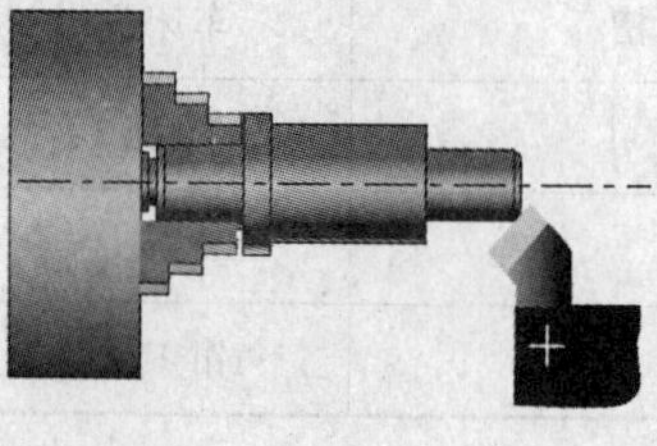

图 7－37　工步 5：倒角

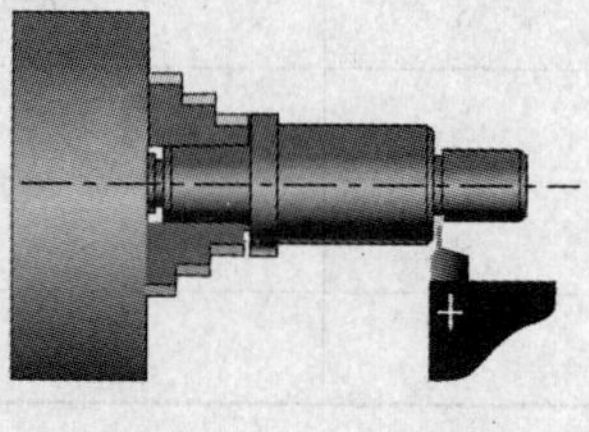

图 7－38　工步 6：切槽

④工序四:铣键槽,如图 7－39 所示。

⑤工序五:磨外圆,如图 7－40、图 7－41 所示。

⑥工序六:去毛刺,如图 7－42 所示。

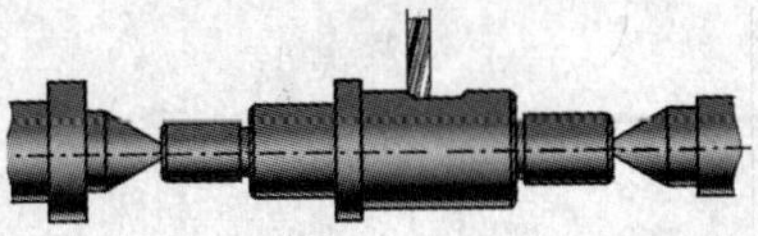

图 7－39　铣键槽

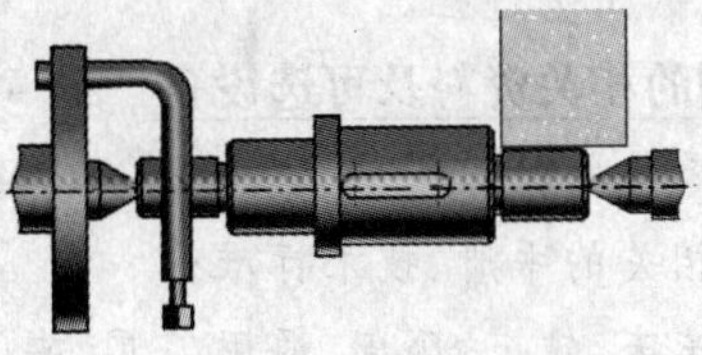

图 7－40　工步 1:磨外圆

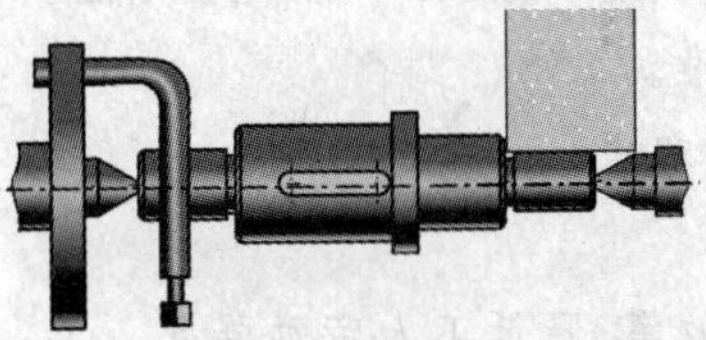

图 7－41　工步 2:掉头磨另一端外圆

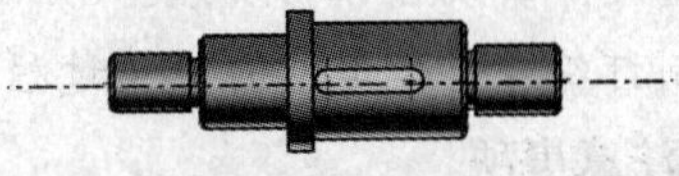

图 7－42　去毛刺

实训项目——编制工艺过程

实训目的

(1)加深对工序、工步、走刀、安装、工位等概念的理解。

(2)初步学会对零件进行工艺分析,选择恰当的加工方法和合理的加工顺序。

(3)知道根据生产类型制订工艺过程卡。

(4)初步对零件的生产过程有个较为完整的认识。

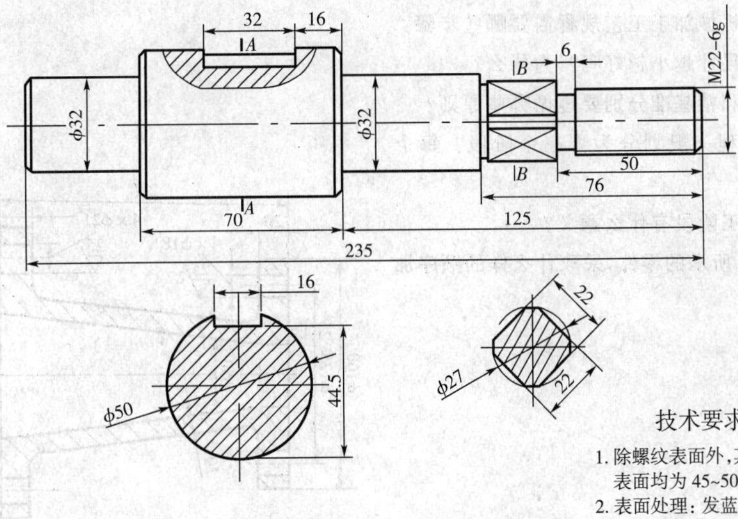

技术要求

1. 除螺纹表面外,其他部位表面均为 45~50HRC;
2. 表面处理:发蓝。

图 7－43　轴

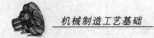

实训方法

主要方法是利用零件图对要加工的零件进行工艺分析，在指导教师的帮助下，通过查阅有关资料，弄清零件的结构、技术要求、加工方法、装夹方法及加工顺序，参考可选的设备制订出合理的工艺过程。

实训的相关资料及可选设备

(1)零件图；

(2)相关的手册、技术标准；

(3)车床、铣床、磨床、通用刀具、夹具和量具。

实训内容和步骤

(1)分析零件机构、工艺要求以及各结构相应的机械加工方法和热处理方法。

(2)确定加工设备、工件的装夹方法以及定位基准。

(3)制订符合生产类型的工艺过程并填写工艺过程卡。

实训注意事项

(1)制订加工工艺应尽量减少装夹次数，以提高效率、降低工人劳动强度。

(2)轴的外圆加工必须划分粗加工、半精加工和精加工三个阶段。

(3)外圆的精加工要采取磨削加工。

(4)表面淬火要在半精加工之后进行，表面发蓝热处理要在机械加工的最后一道工序进行。

思考与练习

1. 产品的工艺过程包含哪些过程？什么是机械加工工艺过程？

2. 小批量生产和大量生产在选择设备和夹具上有什么不同？

3. 什么是机械加工工艺规程？为什么要制订机械加工工艺规程？

4. 如果让你制订工艺规程，你认为要遵循什么原则？要收集哪些资料以备查阅？

5. 你认为制订机械加工工艺规程需要哪些步骤？

6. 选择毛坯的尺寸越小越好吗？为什么？

7. 选择粗基准和精基准分别要遵循哪些原则？

8. 机械加工过程一般划分为哪三个阶段？每个阶段的任务是什么？

9. 划分机械加工阶段有什么意义？

10. 如图 7-44 所示的零件，采取什么样的顺序加工比较合理？

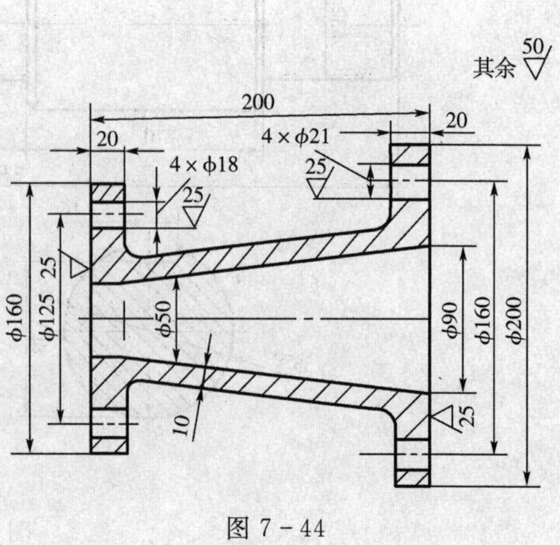

图 7-44

第八章　钳工技术基础

学习目标

1. 了解钳工的工作任务、工作场地和设备及其安全操作规则。
2. 了解钳工常用量具及其使用方法。
3. 了解划线及其操作方法。
4. 掌握锯条的合理选用及锯削的操作加工方法。
5. 掌握锉刀的合理选用及锉削的操作加工方法。
6. 掌握錾削的操作加工方法。
7. 掌握钻孔、锪孔、铰孔的操作加工方法。
8. 掌握攻丝和套丝的操作加工方法。

第一节　钳工技能入门知识

钳工是使用钳工工具、钻床等，按技术要求对工件进行加工、修整、装配的工种，它广泛应用于各种设备制造和维修中。

钳工的基本技能主要有划线、錾削、锯削、锉削、钻孔、锪孔、铰孔、攻丝和套丝、刮削、研磨、矫正和弯形、铆接、装配、调试、维护、修理、技术测量及简单热处理等。

一、钳工工作场地

1. 钳台

钳台是钳工操作的专用工作台，用于安装台虎钳和放置工量具及工件等，如图 8－1 所示。

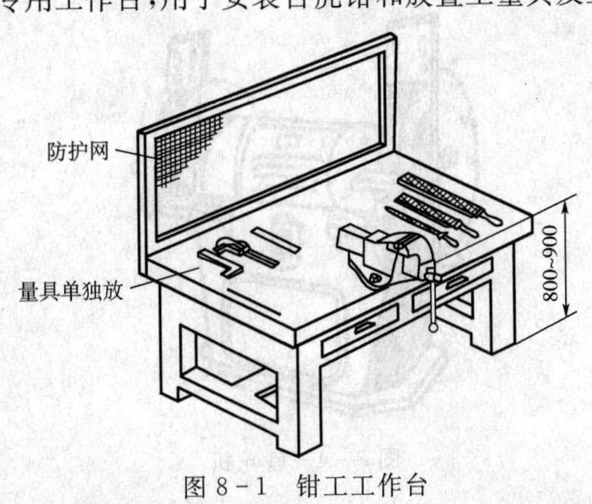

图 8－1　钳工工作台

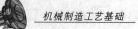

2. 虎钳

用来夹持工件，如图 8－2 所示。

(1)台虎钳　台虎钳的规格是以钳口的宽度来表示。

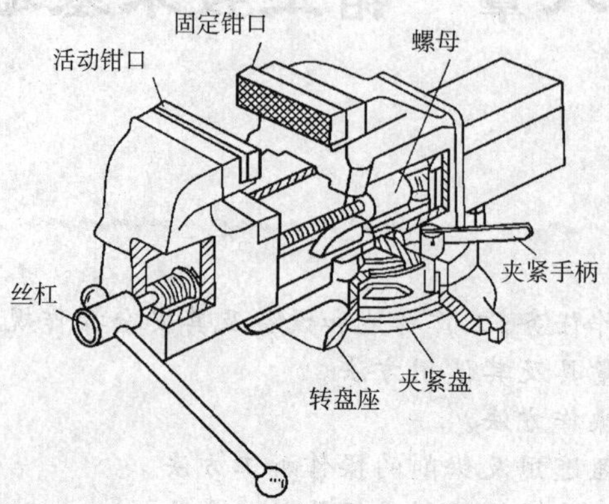

图 8－2　台虎钳

台虎钳上夹持工件正确与否，直接关系到加工质量和安全，因此夹持工件时应注意以下几点：

①工件铅直夹时应夹持在虎钳中间，伸出钳口不要过高，以避免操作时产生振动；

②夹持工件时用力应适当，既要夹紧，又要防止工件变形；

③夹持已加工工件表面时，必须在钳口加垫铜皮以防止夹伤已加工表面；

④工件过长时应用支架支撑，以免钳口受力过大。

(2)手虎钳　手虎钳一般用于夹持轻巧工件，操作时手持夹紧工具——手虎钳进行加工，如图 8－3 所示。

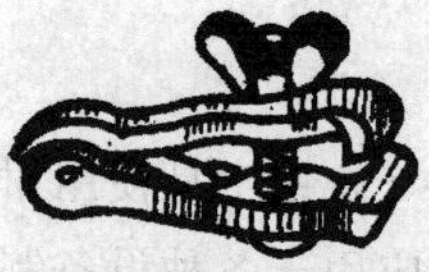

图 8－3　手虎钳

3. 砂轮机

砂轮机可供钳工用来刃磨各种工具(如錾子、钻头等)，也可以用来去掉小型零件的毛刺、锐边和磨削平面等，如图 8－4 所示。

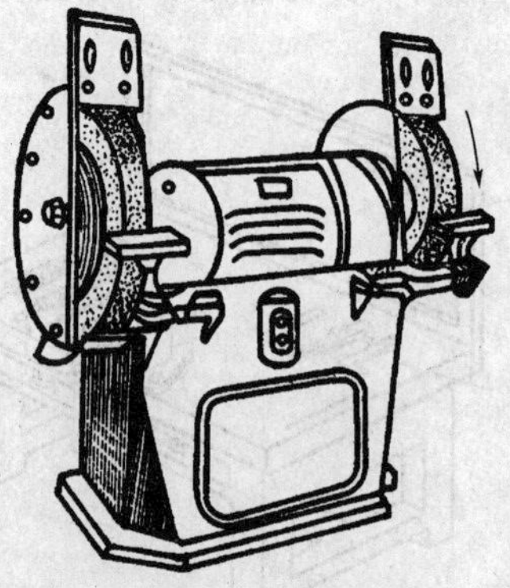

图 8－4　砂轮机

砂轮机是一种高速旋转设备，使用不当会造成人身伤亡事故，因此在使用时应严格遵守以下安全操作规程：

①砂轮机的旋转方向应正确（如图 8－4 箭头所示），以使磨屑向下方飞离砂轮；

②砂轮机启动后，要空转 2～3 分钟，待其转速正常后再进行磨削；

③操作者应站在砂轮机的侧面或斜侧位置进行磨削，切不可站在砂轮的对面操作，以防砂轮崩裂造成事故；

④磨削时用力适当，切不可过猛或过大，也不允许用力撞击砂轮；

⑤砂轮应保持干燥，不准沾水；

⑥砂轮机使用完毕，应立即切断电源。

4. 钻床

钻床是用来加工各类圆孔的设备。工厂中常用的钻床有台式钻床、立式钻床和摇臂钻床等，如图 8－5 所示。

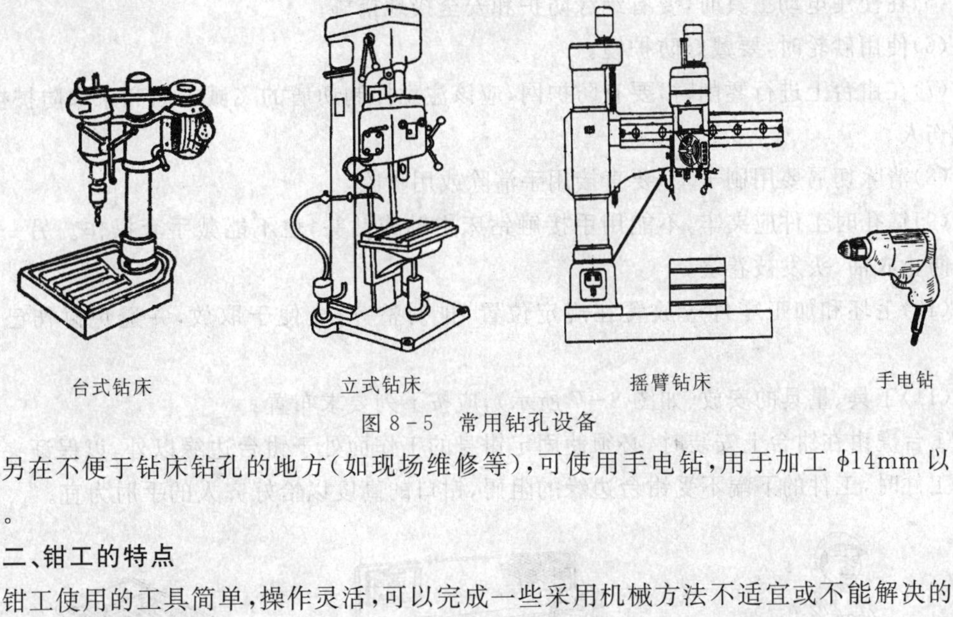

台式钻床　立式钻床　摇臂钻床　手电钻

图 8－5　常用钻孔设备

另在不便于钻床钻孔的地方（如现场维修等），可使用手电钻，用于加工 ϕ14mm 以下的小孔。

二、钳工的特点

钳工使用的工具简单，操作灵活，可以完成一些采用机械方法不适宜或不能解决的加工任务。随着机械工业的日益发展，许多繁重的工作已被机械加工所代替，但那些精度高、形状复杂零件的加工以及设备的安装、调试和维修是机械难以完成的，这些工作仍需要钳工的精湛的技艺来完成，如图 8－6 所示。因此，尽管钳工大部分是手工操作，劳动强度大，生产率低，但对工人的技术水平却要求高。

图 8－6　钳工特点展示

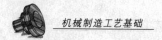

三、钳工的应用

(1)进行机械加工前的准备工作,如清理毛坯、在工件上划线等。

(2)在单件小批生产中,制造机械方法不便或不能加工的一般的零件或加工精度要求特别高的零件。

(3)制造和修理各种工具、夹具、量具、模具。

(4)装配、调整、修理、维护保养机器等。

四、钳工安全和文明生产的基本要求

(1)钳工设备的布局:钳台要放在便于工作和光线适宜的地方,钻床和砂轮机一般应安装在场地的边沿,以保证安全。

(2)使用的机床、工具要经常检查,发现损坏应及时上报,在未修复前不得使用。

(3)装拆零件、部件都要扶好、托稳或夹牢,以免跌落受损或砸伤人。

(4)操作时应顾及前后左右,并保持一定距离,以免造成事故。

(5)在使用电动工具时,要有绝缘防护和安全接地措施。

(6)使用砂轮时,要戴好防护镜。

(7)在钳台上进行錾削时,要有防护网,应该注意控制切屑的飞溅方向和采取防护措施,以免伤人。

(8)清除切屑要用刷子,不要直接用手清除或用嘴吹。

(9)钻孔时工件应夹牢,不能用手接触钻床主轴或钻头,也不能戴手套操作。另一方面还应防止衣袖、头发被卷绕。

(10)毛坯和加工零件应放置在规定位置,排列整齐;应便于取放,并避免碰伤已加工表面。

(11)工具、量具的安放(如图 8-7 所示),应按下列要求布置:

①台虎钳在钳台上安装时,必须使固定钳身的工作面处于钳台边缘以外,以保证夹持长条形工件时,工件的下端不受钳台边缘的阻碍,钳口的高度以恰好齐人的手肘为宜。

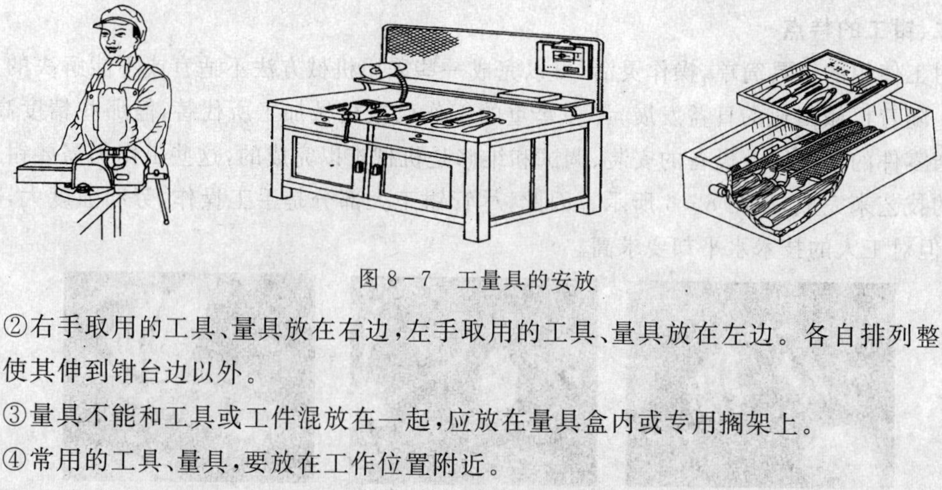

图 8-7　工量具的安放

②右手取用的工具、量具放在右边,左手取用的工具、量具放在左边。各自排列整齐,且不能使其伸到钳台边以外。

③量具不能和工具或工件混放在一起,应放在量具盒内或专用搁架上。

④常用的工具、量具,要放在工作位置附近。

⑤工具、量具收藏时要整齐地放入工具箱内,不应任意堆放,以防损坏和取用不便。

五、现场参观

(1)参观钳工工作场地和常用设备。

(2)观察各种常用工量具及历届学生实习所完成的优秀工件作品。

六、整理实习工作位置

在明确各自的实习工作位置后，整理并安放好所发下的个人使用工具，然后对台虎钳进行一次熟悉结构的拆装实践。同时对台虎钳作好清洁去污、注油等维护保养工作。

第二节　钳工常用量具和计量单位

为了确保零件和产品的质量，常常需要用量具来测量。通过测量可以确定，零件是否符合要求的尺寸和要求的形状，测量可以通过量仪和量规实现。

一、常用量具

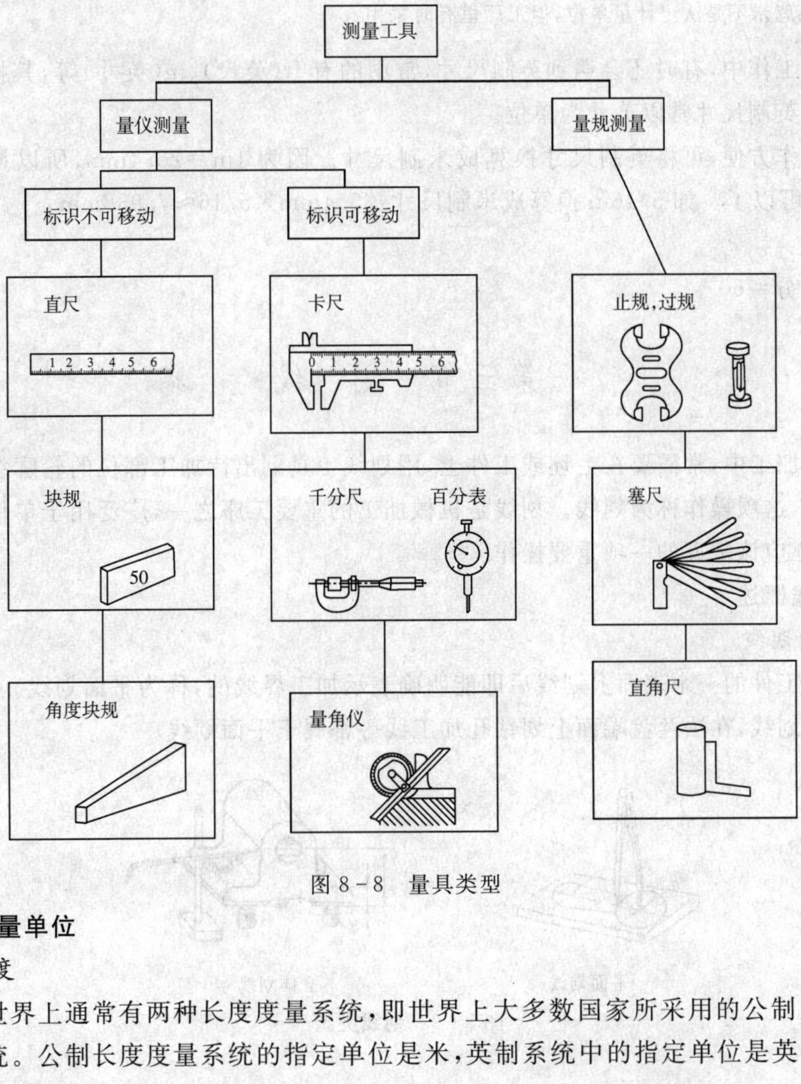

图 8-8　量具类型

二、计量单位

1. 长度

现在世界上通常有两种长度度量系统，即世界上大多数国家所采用的公制系统和英国的英制系统。公制长度度量系统的指定单位是米，英制系统中的指定单位是英寸。下表所示的是公制长度计量单位。

单位名称	符号	对基准单位的比
米	m	基准单位
分米	dm	10^{-1}m(0.1m)
厘米	cm	10^{-2}m(0.01m)
毫米	mm	10^{-3}m(0.001m)
(丝米)	dmm	10^{-4}m(0.0001m)
(忽米)	cmm	10^{-5}m(0.00001m)
微米	μm	10^{-6}m(0.000001m)

注:丝米、忽米不是法定计量单位,但工厂里有时采用。

在实际工作中,有时还会遇到英制尺寸,常用的有 ft(英尺)、in(英寸)等,其换算关系为 1ft=12in。英制尺寸常以英寸为单位。

为了工作方便,可将英制尺寸换算成米制尺寸。因为 1in=25.4mm,所以把英寸乘以 25.4mm 就可以了。如 5/16in 换算成米制尺寸:25.4mm×5/16≈7.938mm。

2. 角度

1°=60 分=60′。

第三节 划线

在机械加工中,常需要在毛坯或工件上,用划线工具划出待加工部位的轮廓线或作为基准的点或线,这项操作称为划线。划线是机械加工的重要工序之一,广泛用于单件和小批量生产,是钳工应该掌握的一项重要操作。

一、划线概述

1. 平面划线

只需在工件的一个表面上划线后即能明确表示加工界线的,称为平面划线。如在板料、条料表面上划线,在法兰盘端面上划钻孔加工线等都属于平面划线。

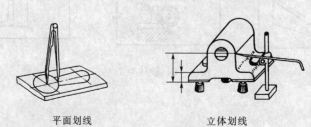

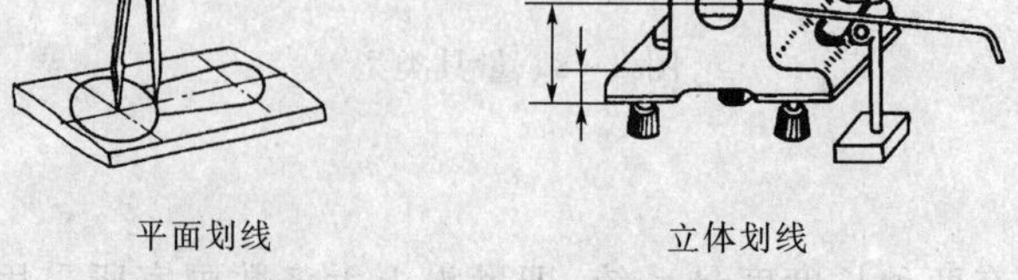

图 8-9 划线类型

2. 立体划线

在工件上几个互成不同角度(通常是互相垂直)的表面上划线,才能明确表示加工界线的称为立体划线。如划出矩形块各表面的加工线以及支架、箱体等表面的加工线都属于立体划线。

二、划线作用

(1)确定工件的加工余量,使机械加工有明确的尺寸界线;

(2)便于复杂工件在机床上安装,可以按划线找正定位;

(3)能够及时发现和处理不合格的毛坯,避免加工后造成损失;

(4)采用借料划线可以使误差不大的毛坯得到补救,使加工后的零件仍能符合要求。

三、划线的要求

划出的线条要清晰均匀,同时要保证尺寸准确。立体划线时要注意使长、宽、高三个方向的线条互相垂直。由于划出的线条总有一定的宽度,以及在使用划线工具和测量调整尺寸时难免产生误差,所以不可能绝对准确。一般划线精度能达到 0.25～0.5mm。因此,不能依靠划线直接确定加工时的最后尺寸,必须在加工过程中,通过测量来保证尺寸的准确度。

四、划线工具

1. 钢直尺

主要用来量取尺寸、测量工件,也可作划直线时的导向工具,如图 8-10 所示。

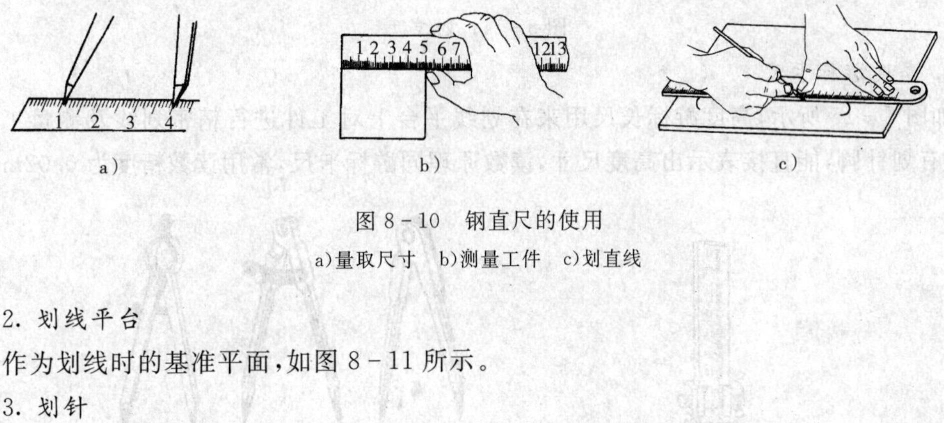

图 8-10 钢直尺的使用

a)量取尺寸 b)测量工件 c)划直线

2. 划线平台

作为划线时的基准平面,如图 8-11 所示。

3. 划针

用来在工件上划线条,如图 8-12 所示。划针的用法如图 8-13 所示。

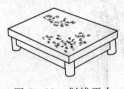

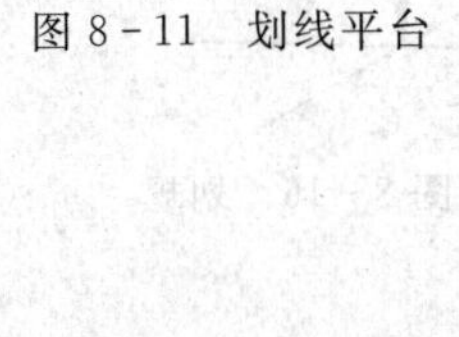

图 8-11 划线平台

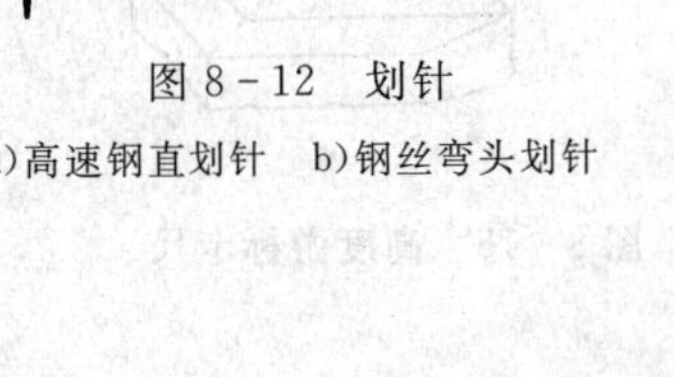

图 8-12 划针

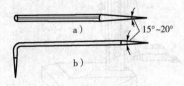

a)高速钢直划针 b)钢丝弯头划针

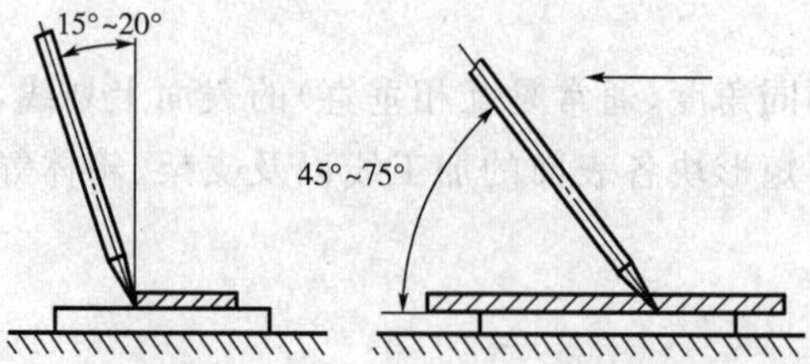

图 8-13　划针的用法

4. 划线盘

如图 8-14 所示，划线盘是用来在划线平台上对工件进行划线或找正工件在平台上的正确安放位置。划针的直头端用来划线，弯头端用于对工件安放位置的找正。

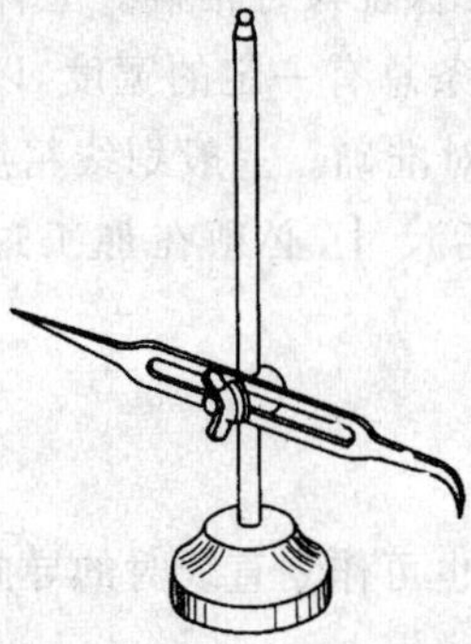

图 8-14　划线盘

5. 高度游标卡尺

如图 8-15 所示，高度游标长尺用来在划线平台上对工件进行精密划线及测量工件高度，附有划针脚，能直接表示出高度尺寸，读数原理同游标卡尺，常用读数精度为 0.02mm。

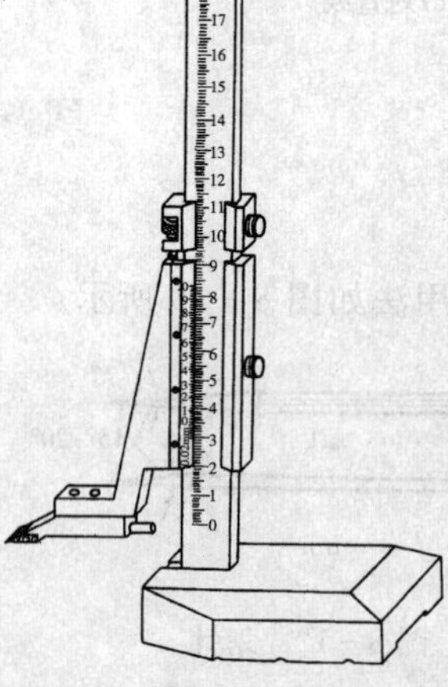

图 8-15　高度游标卡尺

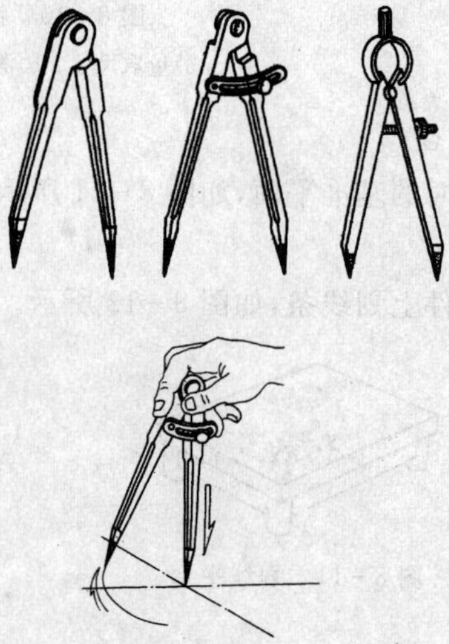

图 8-16　划规

6. 划规

如图 8-16 所示，划规用来划圆和圆弧、等分线段、等分角度以及量取尺寸等。

7. 样冲

用于在工件所划加工线条上打样冲眼（冲点），作为加强界限标志（称检验样冲眼）和作为划圆弧或钻孔时的定位中心（称中心样冲眼），如图 8-17、图 8-18 所示。

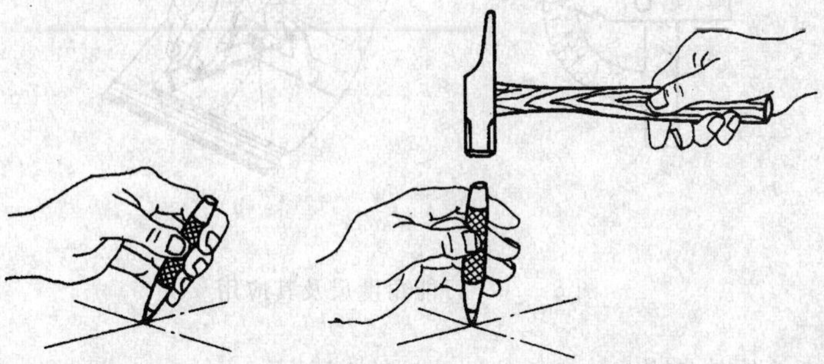

a)　　b)

图 8-17　样冲的使用方法

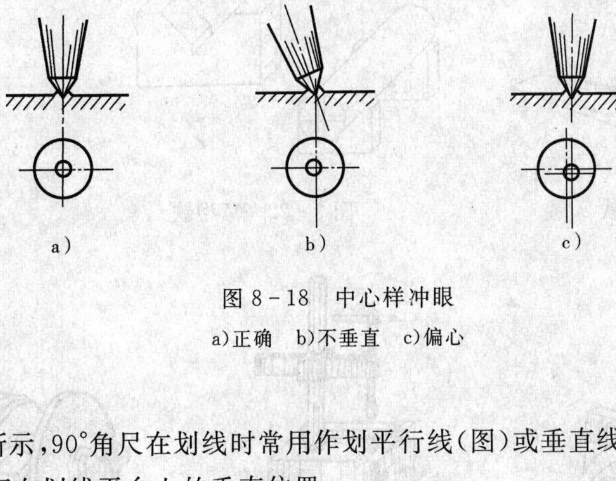

a)　　b)　　c)

图 8-18　中心样冲眼

a)正确　b)不垂直　c)偏心

8. 90°角尺

如图 8-19 所示，90°角尺在划线时常用作划平行线（图）或垂直线（图）的导向工具，也可用来找正工件表面在划线平台上的垂直位置。

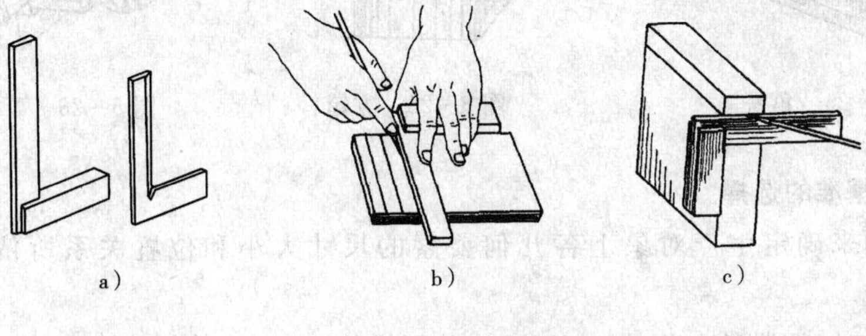

a)　　b)　　c)

图 8-19　90°角尺及其使用

9. 万能角度尺

如图 8－20 所示，万能角度尺常用于划角度线。

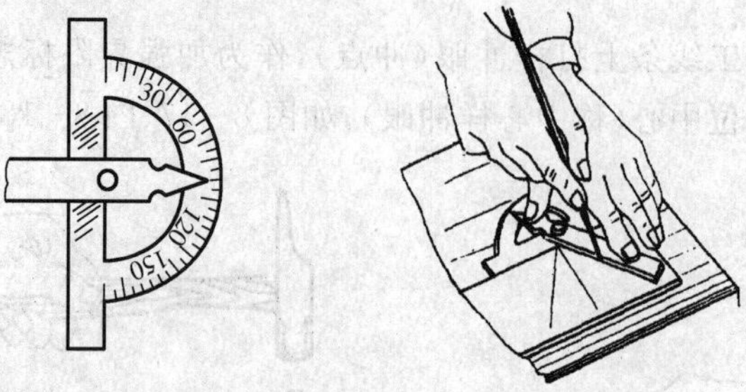

a）　　b）

图 8－20　万能角度尺及其应用

10. 支撑夹持工件的工具

划线时支撑、夹持工件的常用工具有垫铁、V 型铁、千斤顶、角铁、方箱和万能分度头，如图 8－21～图 8－26 所示。

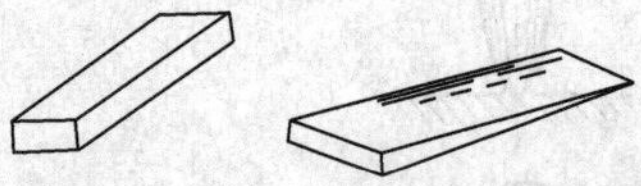

图 8－21　垫铁

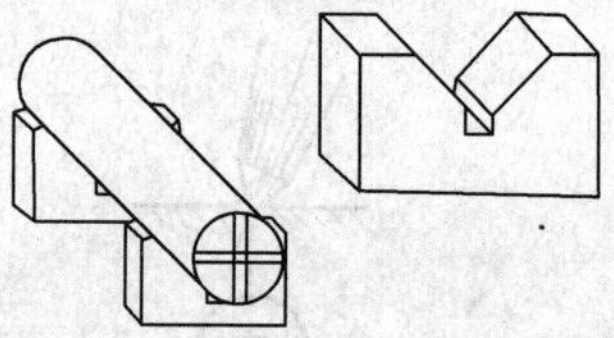

图 8－22　V 型铁

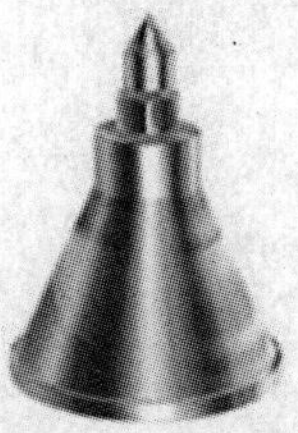

图 8－23　千斤顶

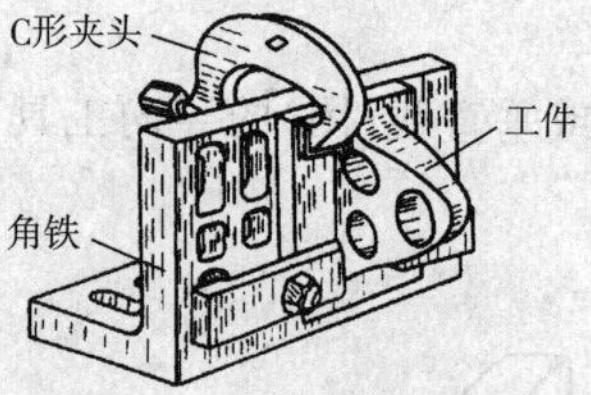

图 8－24　角铁

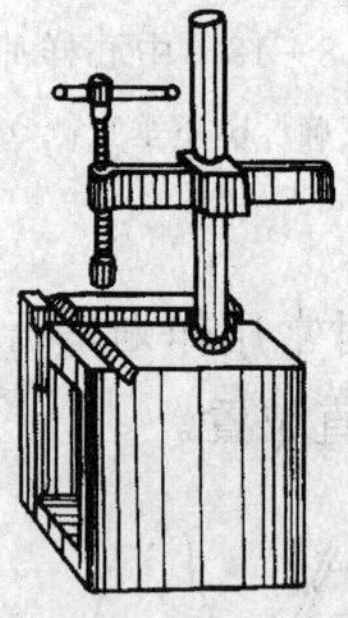

图 8－25　方箱

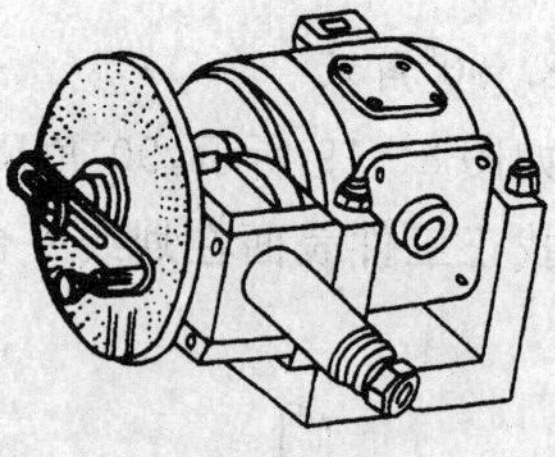

图 8－26　万能分度头

五、划线基准的选择

基准是用来确定生产对象上各几何要素的尺寸大小和位置关系所依据的一些点、线、面。

平面划线时，通常要选择两个相互垂直的划线基准，而立体划线时通常要确定三个相互垂直的划线基准。

划线基准一般有以下三种类型：

(1)以两个相互垂直的平面或直线为基准，如图 8－27a 所示；

(2)以两条中心线为基准，如图 8－27b 所示；

(3)以一个平面和一条中心线为基准，如图 8－27c 所示。

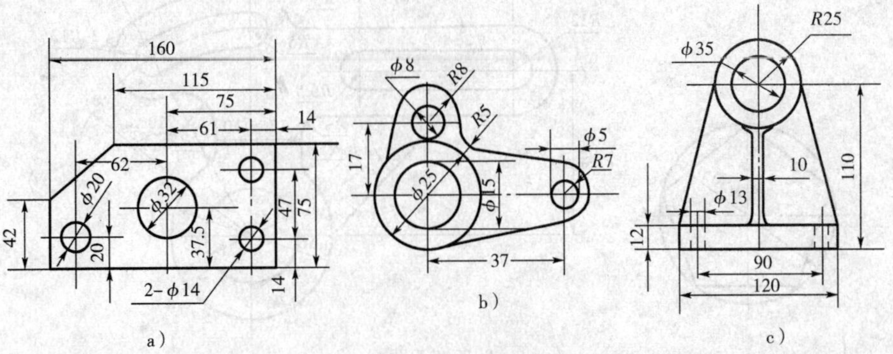

图 8－27　划线基准类型

六、划线步骤

(1)研究图纸，确定划线基准，详细了解需要划线的部位以及这些部位的作用、需求和有关的加工工艺；

(2)初步检查毛坯的误差情况，去除不合格毛坯。对能借料补偿误差的，合理分配加工余量，通过划线予以修正；

(3)工件表面涂色(石灰水、蓝油)；

(4)正确安放工件和选用划线工具，对毛坯件的中心孔划线时装入塞块；

(5)划线；

(6)详细检查划线的精度以及线条有无漏划；

(7)在线条上冲样冲眼。

实训项目——平面划线

训练目标

(1)学会正确使用划线工具。

(2)掌握一般的划线方法和步骤。

(3)划线操作应达到线条清晰、粗细均匀，尺寸误差不大于±0.3mm。

工作任务

在板料上按图样画出轮廓线。

实习件名称	材　　料	材料来源	下道工序	工时(小时)
200×300mm 薄板	08 钢	备料		

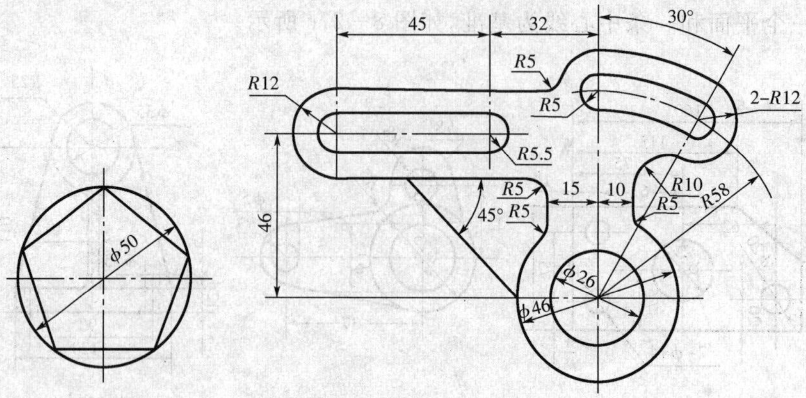

生产实习图

工具和量具

划针、钢尺、角尺、划规、样冲、手锤、划线平台、蓝油。

操作工艺程序

(1)准备所用划线工具，并对实习件进行清理和划线表面涂色；

(2)熟悉各图形划法，并按各图应采取的划线基准及最大轮廓尺寸安排各图基准线在实习件上的合理位置；

(3)按各图所标注的尺寸，依次完成划线；

(4)对图形、尺寸复检校对，确认无误后，在线条和孔的中心位置，均匀敲上检验样冲眼。

评　价

序号	项目要求	配分	实测记录	评分标准	得分
1	涂色薄而均匀	10		视操作情况给分	
2	图形及其排列位置正确	10		视操作情况给分	
3	线条清晰无重线	10		视操作情况给分	
4	尺寸及线条位置公差±0.3mm	30		超差不得分	
5	各圆弧连接圆滑	10		视操作情况给分	
6	冲点位置公差 0.3mm	10		超差不得分	
7	检验样冲眼分布合理	10		视操作情况给分	
8	使用工具正确，操作姿势正确	10		视操作情况给分	
9	文明生产与安全生产			违章扣分	
日期：	学生姓名：	班级：	指导教师：		总分：

第四节 锯 削

锯削、錾削和锉削是钳工用来加工平面的主要方法。锯削就是用锯对材料或工件进行切断或切槽等的加工方法。

一、锯削的应用

锯削的用途如图 8－28 所示。

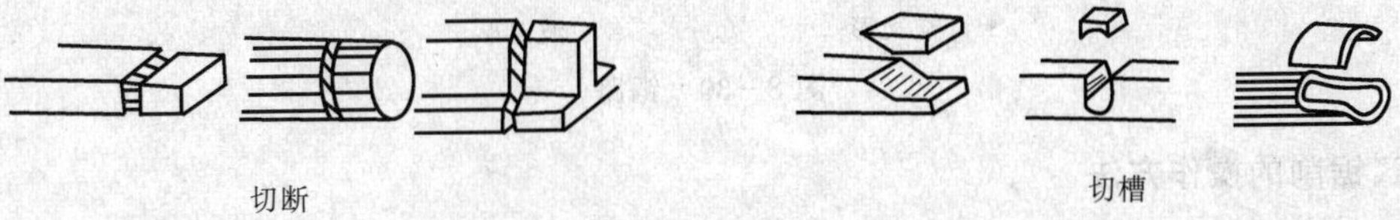

图 8－28 锯削用途

二、锯弓和锯条

1. 锯弓

锯弓如图 8－29 所示。

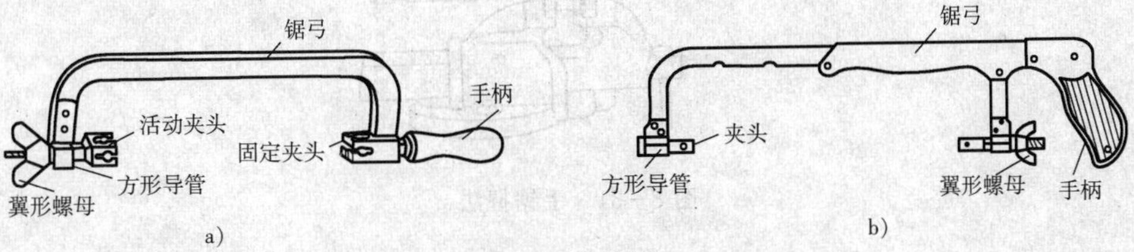

图 8－29 锯弓

a)固定式手锯 b)可调式手锯

2. 锯条

锯条如下图所示：

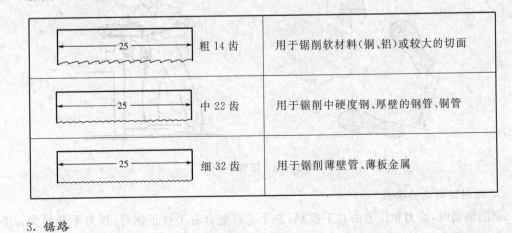

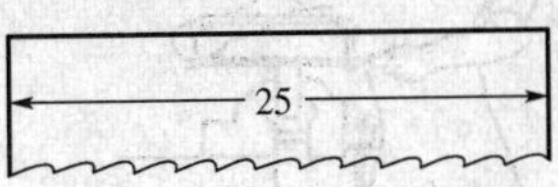 粗 14 齿	用于锯削软材料(铜、铝)或较大的切面
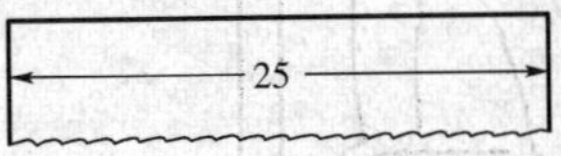 中 22 齿	用于锯削中硬度钢、厚壁的钢管、铜管
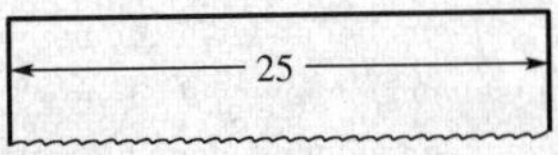 细 32 齿	用于锯削薄壁管、薄板金属

3. 锯路

为了减少锯缝两侧面对锯条的摩擦阻力，避免锯条被夹住或折断，锯条在制造时，使锯条按一定的规律左右错开，排列成一定形状，如图 8－30 所示。从而使工件上的锯缝宽度大于锯条背部的厚度。

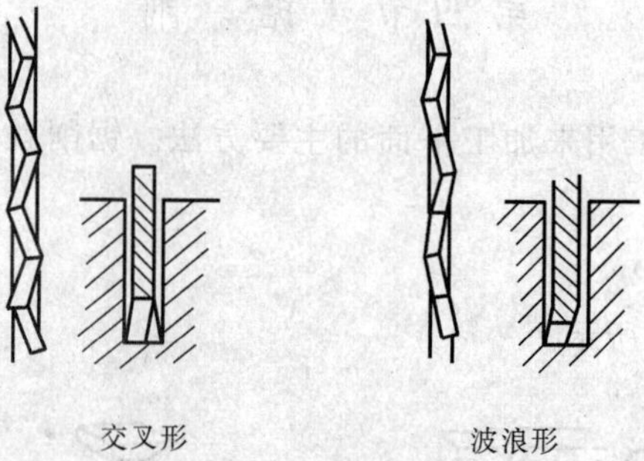

图 8-30　锯路

三、锯削的操作方法

1. 手锯的握法

右手满握锯柄，左手轻扶锯弓前端，如图 8-31 所示。

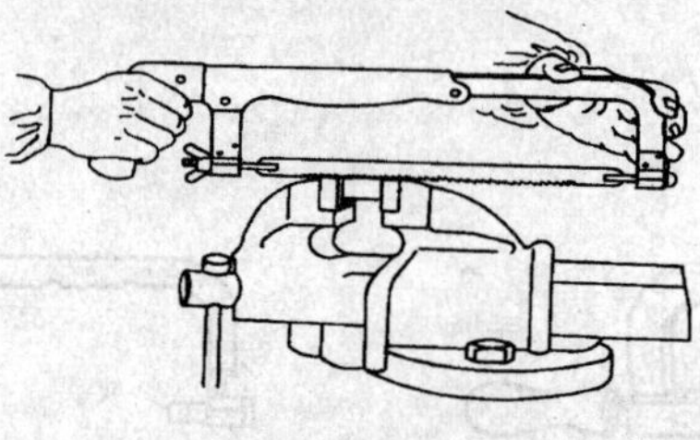

图 8-31　手锯握法

2. 锯削的姿势

锯削的姿势如图 8-32 所示。

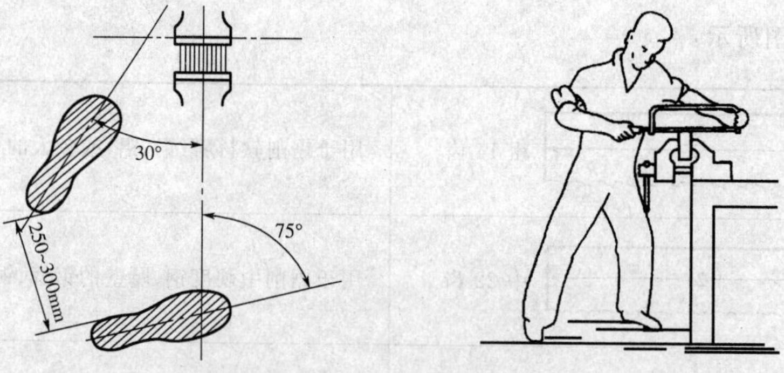

图 8-32　锯削姿势

3. 锯削时的运力要领

锯削运动时，推力和压力由右手控制，左手主要配合右手扶正锯弓，压力不要过大。手锯推出时为切削行程，应施加压力，返回行程不切削，不加压力，作自然拉回，如图 8-33 所示。工件将断时压力要小。

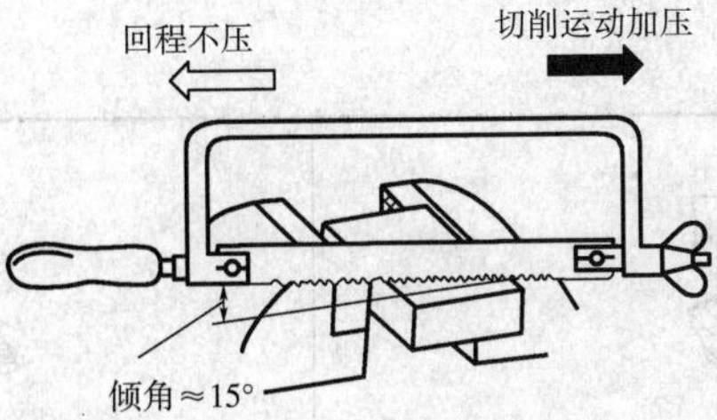

图 8－33　锯削用力要领

4. 运动和速度

锯削运动一般采用小幅度的上下摆动式运动，即手锯推进时，身体略向前倾，双手随着压向手锯的同时，左手上翘，右手下压，回程时右手上抬，左手自然跟回。对锯缝底面要求平直的锯削，必须采用直线运动。锯削运动的速度一般为 40 次/分左右，锯削硬材料慢些，锯削软材料快些，同时锯削行程应保持均匀，返回行程的速度应相对快些。

5. 锯削操作工艺规范

(1)工件的夹持

工件一般应夹持在台虎钳的左面，以便操作，如图 8－34 所示。工件伸出钳口不应过长，防止工件在锯削时产生振动。锯缝线要与钳口保持平行(使锯缝线与铅垂线方向一致)，便于控制锯缝不偏离划线线条。夹紧要牢靠，同时要避免将工件夹变形和夹坏已加工面。

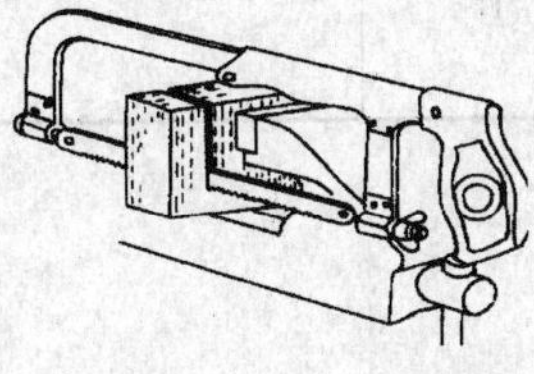
图 8－34　工件夹持

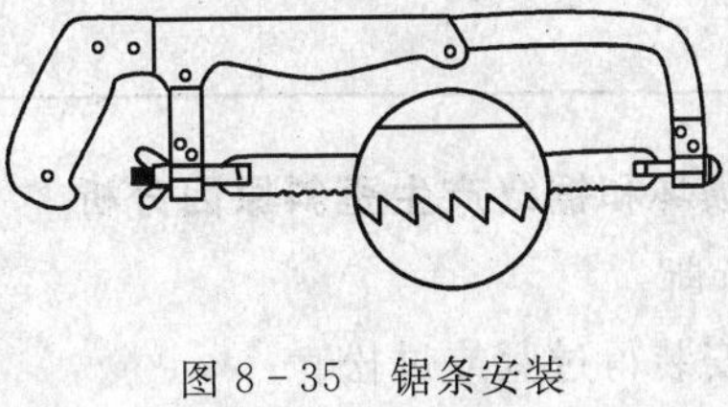
图 8－35　锯条安装

(2)锯条的安装

调节锯条松紧时，不宜太紧或太松。太紧时，在锯削中用力稍有不当，就会折断；太松则锯削时锯条容易扭曲，也易折断，而且锯出的锯缝容易歪斜。其松紧程度以用手扳动锯条，感觉硬实即可，如图 8－35 所示。锯条安装后，要保证锯条平面与锯弓中心平面平行，否则锯削时锯缝极易歪斜。

(3)起锯方法

起锯时，左手拇指靠住锯条，使锯条能正确地锯在所需要的位置上，行程要短，压力要小，速度要慢，如图 8－36 所示。

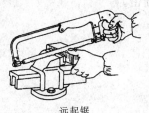

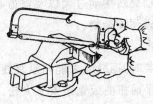

远起锯　　近起锯

图 8－36　起锯方法

6. 各种材料的锯削方法

薄板料的锯割	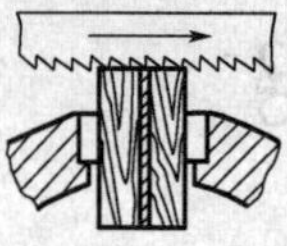 可用两块木板夹持,连木块一起锯下	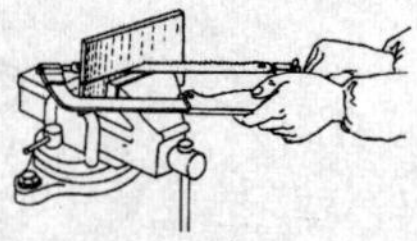 横向斜推锯,使锯齿与薄板接触的齿数增加	
圆管的锯割	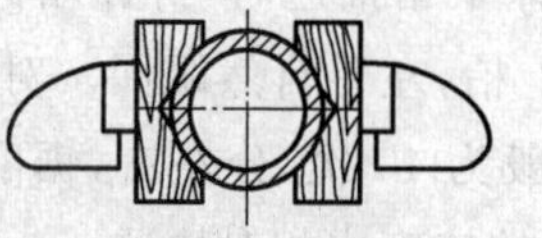 夹在有 v 型槽的两木衬垫之间	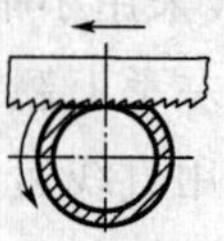 转位锯削	
深缝的锯割	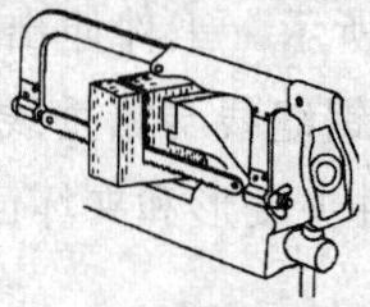	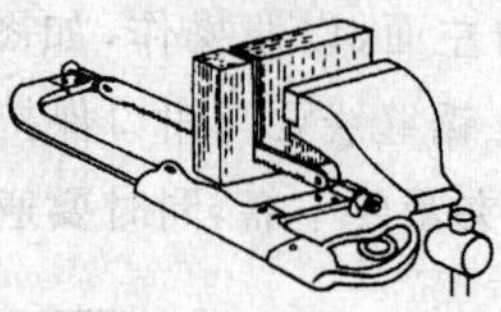	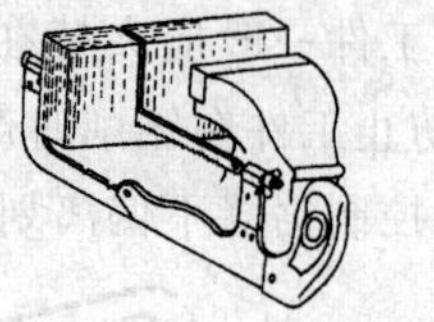

四、锯条损坏和锯缝产生歪斜原因分析

1. 锯条折断

(1)锯条安装得过紧或过松。

(2)工件夹持不紧或不妥,锯割时产生抖动。

(3)锯割时施加压力过大或用力突然偏离锯缝方向。

(4)强行纠正歪斜的锯缝。

(5)旧锯缝使用新锯条。

(6)中途停止使用时,未从工件中取出锯条而碰断。

2. 锯条崩齿

(1)起锯角度过大。

(2)锯条选择不当。

(3)锯割运动突然摆动过大以及锯齿有过猛的撞击。

(4)锯割中碰到硬杂物。

3. 锯缝歪斜

(1)工件安装时,锯缝线未能与沿垂线方向一致。

(2)锯弓架平面扭曲或锯条安装太松。

(3)锯割姿势不自然,锯条左右偏摆。

(4)锯割施压不均而时大时小。

(5)手扶锯弓不正，锯条背偏离锯缝中心平面，而斜靠一侧。

四、安全注意事项

(1)锯割钢件时，可加些机油，以减少摩擦和冷却锯条，延长锯条寿命。

(2)当快要锯断时，速度要慢，压力要轻，并用左手扶正将被锯断落的部分。

(3)锯割时，思想要集中，防止锯条折断从锯弓中弹出伤人。

实训项目——锯削操作

训练目标

(1)学会正确在台虎钳上装夹锯削工件。

(2)掌握正确安装和调整锯条的松紧程度的方法。

(3)正确掌握起锯和锯削技能。

(4)掌握利用钢直尺用透光法检测锯削表面误差。

工作任务

按图样锯削板料形成工件。

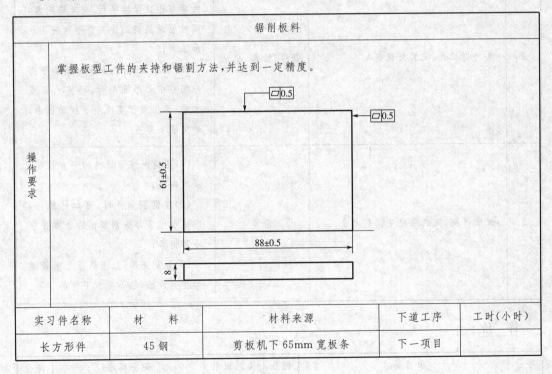

<table>
<tr><td colspan="5">锯削板料</td></tr>
<tr><td>操作要求</td><td colspan="4">掌握板型工件的夹持和锯割方法，并达到一定精度。
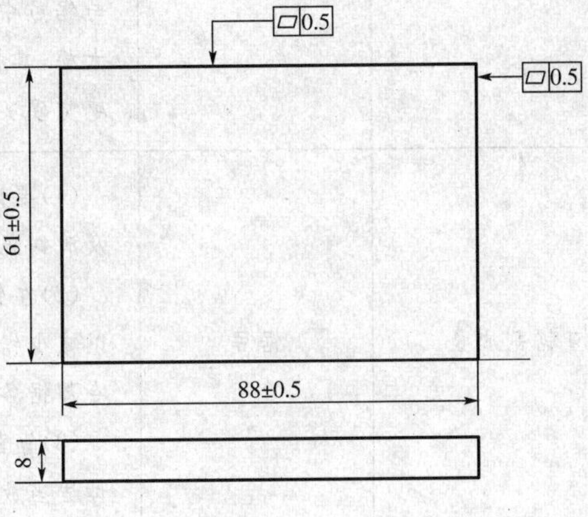
</td></tr>
<tr><td>实习件名称</td><td>材　料</td><td>材料来源</td><td>下道工序</td><td>工时(小时)</td></tr>
<tr><td>长方形件</td><td>45 钢</td><td>剪板机下 65mm 宽板条</td><td>下一项目</td><td></td></tr>
</table>

工具和量具

锯弓、锯条、划针、角尺、钢尺、游标卡尺。

操作工艺程序

序号	加工步骤	刀辅具、量具	工艺规程、安全规程
1	检查毛坯尺寸，按图样划出锯割线 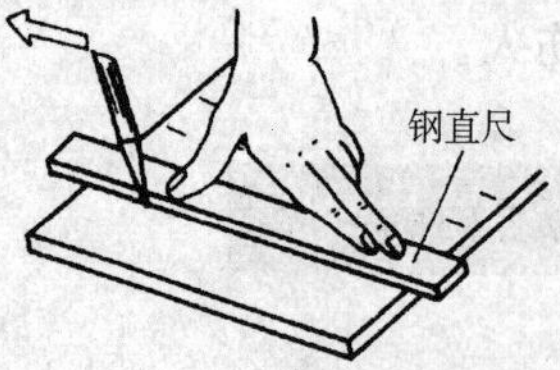 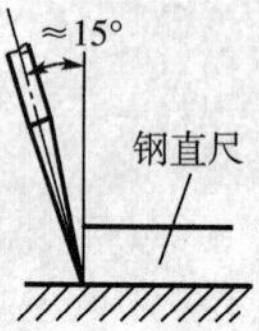	钢直尺、划针	(1)用钢直尺定尺寸时，注意尺的零线必须与工件边缘重合，为了稳妥，应用拇指贴靠在工件上； (2)在读数时，视线必须与钢尺的尺面相垂直，以免读数产生误差
2	夹持好工件、安装好锯条	锯弓、锯条、机油	(1)工件伸出钳口不应过长，锯缝线要与钳口保持平行，夹紧要牢靠，同时要避免将工件夹变形和夹坏已加工面； (2)锯条安装后，要保证锯条平面与锯弓中心平面平行，不宜太紧或太松，其松紧程度以用手扳动锯条，感觉硬实即可
3	按线锯割，完成后检查锯割质量	锯弓	(1)要适时注意锯缝的平直情况，及时纠正； (2)在锯割钢件时，可加些机油，以减少锯条与锯割断面的摩擦并能冷却锯条； (3)锯割完毕，应将锯弓上张紧螺母适当放松，但不要拆下锯条

评　价

序号	项目要求	配分	实测记录	评分标准	得分
1	工件夹持正确	5		视操作情况给分	
2	工量具安放位置正确	5		视摆放情况给分	
3	锯割姿势正确	5		视操作情况给分	
4	锯条使用	5		每折断一根扣3分	

（续表）

序号	项目要求	配分	实测记录	评分标准	得分
5	尺寸公差 88±0.5mm	20		超差不得分	
6	尺寸公差 61±0.5mm	20		超差不得分	
7	平面度 0.5mm	20		超差不得分	
8	断面锯痕	20		视锯痕平整程度给分	
9	安全文明生产			违章扣分	
日期：	学生姓名：	班级：	指导教师：		总分：

第五节　錾　削

錾削就是用手锤和錾子对金属进行手工切削加工的方法。

一、錾削工具

(1)錾子　由头部、切削部分及錾身三部分组成。錾子的分类如图 8-37 所示。

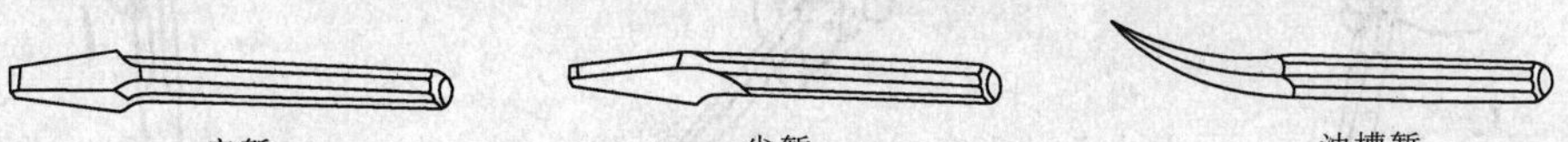

图 8-37　錾子的分类

(2)手锤　如图 8-38 所示。

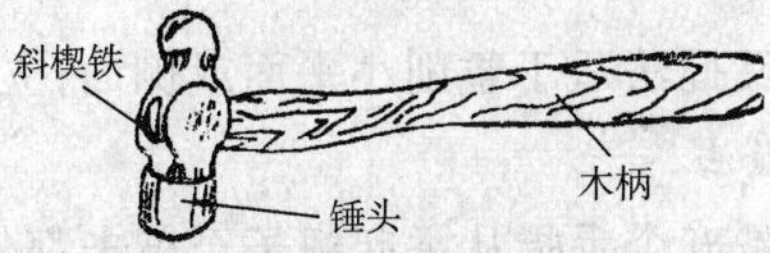

图 8-38　手锤

二、錾削的分类

(1)扁錾的应用　如图 8-39 所示。

图 8-39　扁錾的应用

(2)尖錾的应用　如图 8-40 所示。

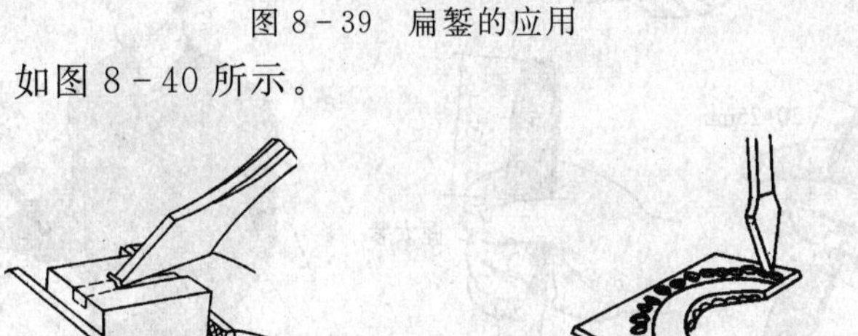

图 8-40　尖錾的应用

(3)油槽錾的应用　如图 8-41 所示。

錾切平面油槽　　錾切曲面油槽

图 8-41　油槽錾的应用

三、錾削的操作方法

1. 錾子的握法

錾子握法有正握法、反握法、立握法，如图 8-42 所示。

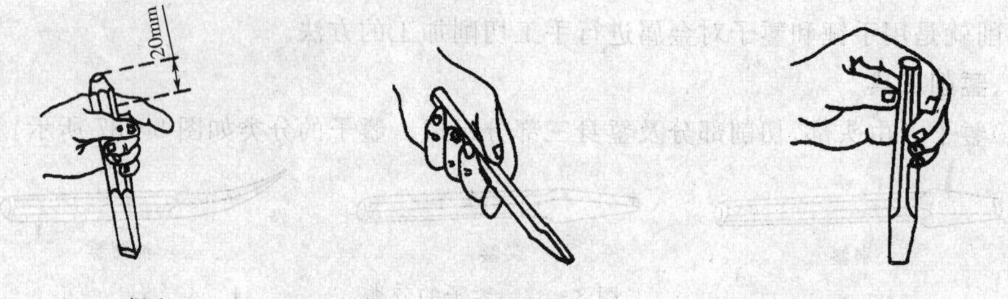

正握法　　反握法　　立握法

图 8-42　錾子的握法

正握法适用于錾削平面；反握法适于錾削小平面或侧面；立握法适于垂直錾削。

2. 錾削的姿势及手锤的握法

握锤方法有两种：紧握法是五个手指从举起锤子至敲击都保持不变；松握法是在举起锤子时小指、无名指和中指依次放松，敲击时再依次收紧。如图 8-43 所示。

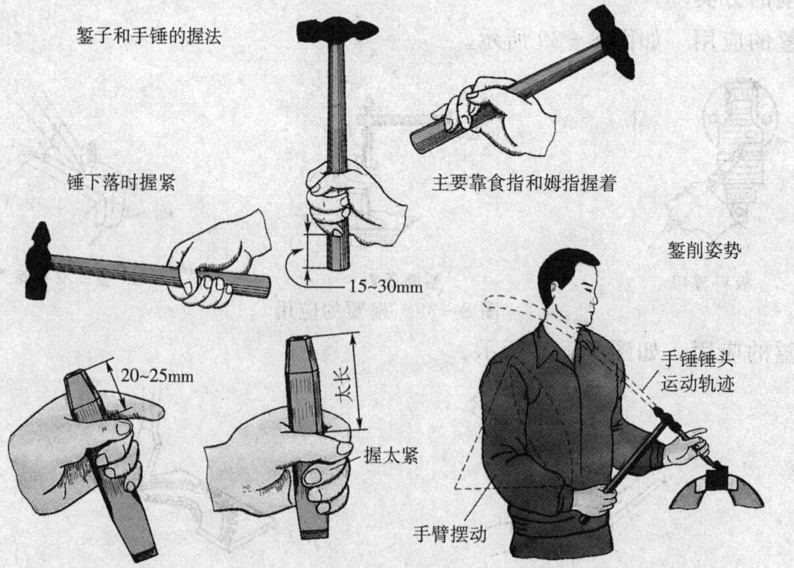

图 8-43　錾子和手锤的握法、錾削姿势

3. 挥锤方法

挥锤方法如图 8-44 所示。

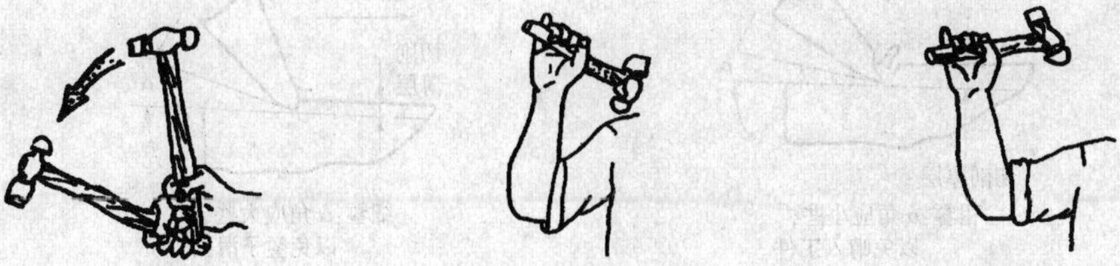

腕挥

锤击力小,用于錾削的开始与收尾以及錾削余量较少的錾削工作。

肘挥

锤击力较大,采用松握法握锤,在錾削中应用最多。

臂挥

锤击力最大,适用于需要大锤击力的錾削工作。

图 8-44 挥锤方法

4. 站立姿势

錾削时身体与虎钳中心线大致成 45°角,且略向前倾,左脚跨前半步,膝盖处稍有弯曲,保持自然;右脚要站稳伸直,不要过于用力。如图 8-45 所示。

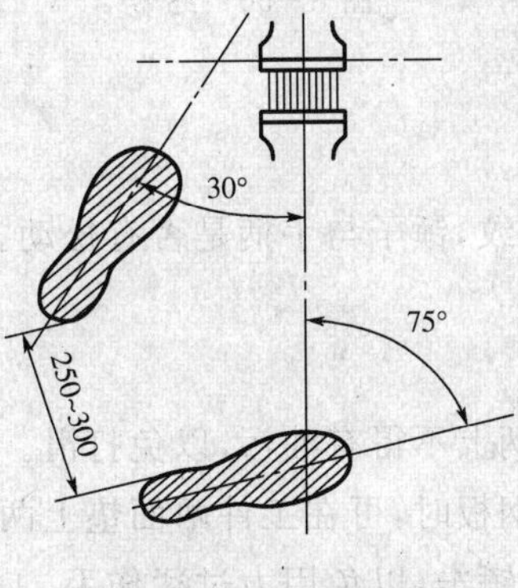

图 8-45 站立姿势

5. 錾削操作方法

(1)起錾 如图 8-46、图 8-47 所示。

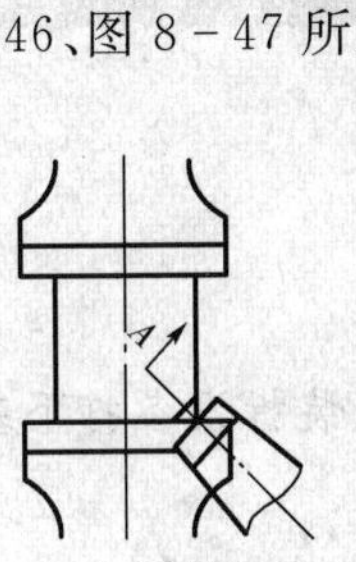

图 8-46 斜角起錾

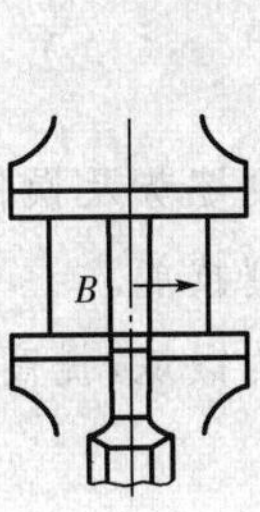

图 8-47 正面起錾

(2)錾削 挥锤錾削要用力适宜,打击要准、稳、狠,如图 8-48、图 8-49 所示。

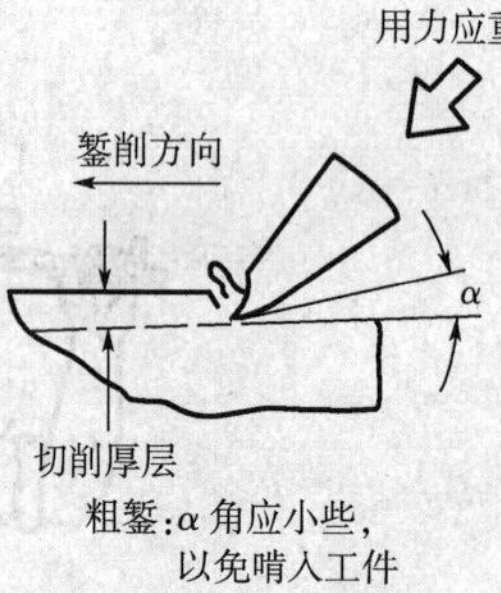

图 8-48 粗錾

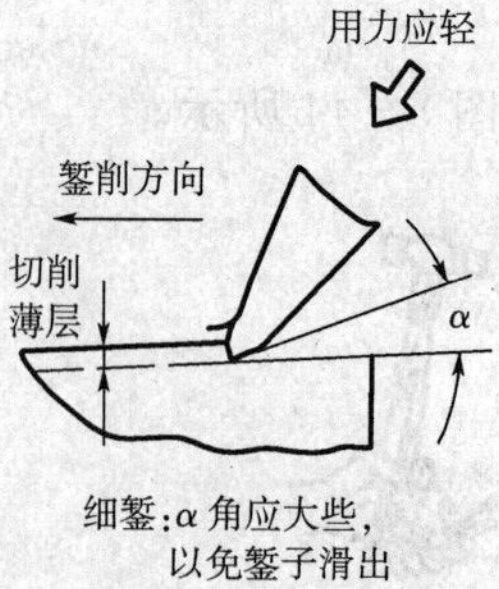

图 8-49 细錾

(3)终錾　錾削将要完成时,应调头錾去余下部分,以免工件边缘崩裂;而且只用腕挥轻敲,以免残块錾掉阻力突然消失时手及錾子冲出去,碰到工件划破手。如图 8-50 所示。

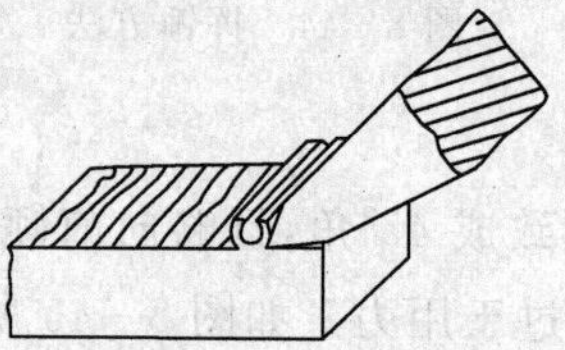

图 8-50 终錾

四、錾削注意事项

(1)先检查錾口是否有裂纹。

(2)检查锤子手柄是否有裂纹,锤子与手柄是否有松动。

(3)不要正面对人操作。

(4)錾头不能有毛刺。

(5)操作时不能戴手套,锤柄上不得有油污,以免打滑。

(6)工件装夹要稳固,夹薄钢板时,可在工件两面垫上两块平铁,以保护钳口。

(7)錾削临近终了时要减力锤击,以免用力过猛伤手。

实训项目——錾削操作

训练目标

(1)掌握正确的錾削姿势及操作要领。

(2)掌握平面的錾削技能。

(3)通过錾削工作的锻炼,提高锤击的准确性,为装拆设备打下基础。

工作任务

在图样工件上錾削狭平面。

錾削狭平面	
操作要求	(1)练习正确的錾削姿势并提高锤击的准确性及锤击力量； (2)掌握錾削方法，并能控制一定的精度
	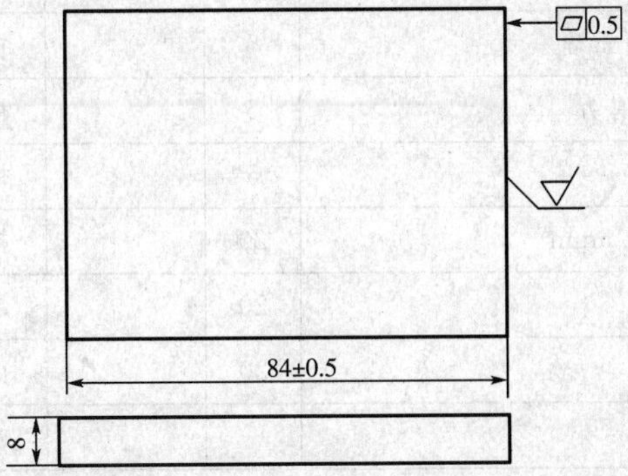

实习件名称	材　　料	材料来源	下道工序	工时(小时)
长方形件	45 钢	上一项目	下一项目	

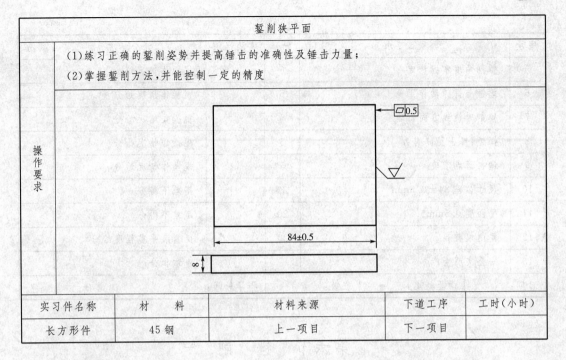

工具和量具

扁錾、手锤、游标卡尺、划针、钢直尺。

操作工艺程序

序号	加工步骤	刀辅具、量具	工艺规程、安全规程
1	按图样尺寸划出实习件的平面加工线	划针、钢直尺	要求同前节相同部分
2	夹持工件，起錾、粗錾、细錾錾削面到尺寸要求	扁錾、手锤	工件要夹紧，錾削前检查锤头是否牢靠； 粗錾的錾削量在 1.5mm 左右； 錾削时要注意锤击速度，左手握錾要稳，锤击要有力； 錾到尽头是要及时调头回錾
3	检查錾削质量	游标卡尺	

评　价

序号	项目要求	配分	实测记录	评分标准	得分
1	工件夹持正确	3		视操作情况给分	
2	工量具安放位置正确、整齐	3		视操作情况给分	
3	站立位置和身体姿势正确	5		视操作情况给分	
4	握錾正确、自然	3		视操作情况给分	

（续表）

序号	项目要求	配分	实测记录	评分标准	得分
5	錾削角度掌握稳定	6		视操作情况给分	
6	握锤与挥锤动作正确	5		视操作情况给分	
7	錾削时视线方向正确	5		视操作情况给分	
8	挥锤、锤击稳健有力	5		视操作情况给分	
9	锤击落点准确	5		视操作情况给分	
10	尺寸公差 84±0.5mm	20		超差不得分	
11	平面度 0.5mm	20		超差不得分	
12	錾削痕整齐	20		视錾痕平整程度给分	
13	安全文明生产			违章扣分	
日期：	学生姓名：	班级：	指导教师：	总分：	

第六节　锉　削

锉削就是用锉刀对工件表面进行切削加工。

一、锉削的应用

锉削一般是在锯、錾之后对工件进行的精度较高的加工，其精度可达到 0.01mm，表面粗糙度可达 R_a0.8mm，其应用范围很广，可锉工件的外表面、内孔、沟槽和各种形状复杂的表面，如图 8－51 所示。

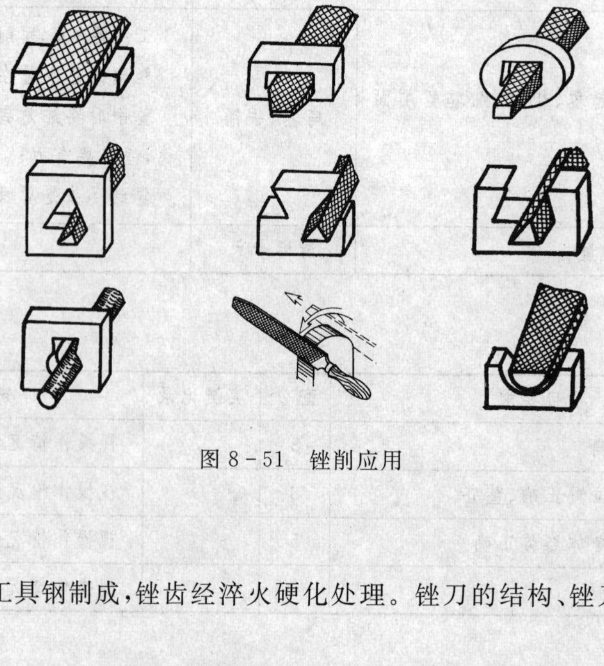

图 8－51　锉削应用

二、锉刀

1. 锉刀的构造

锉刀是用碳素工具钢制成，锉齿经淬火硬化处理。锉刀的结构、锉刀柄的折装、锉刀的清理保养如图 8－52、图 8－53、图 8－54 所示。

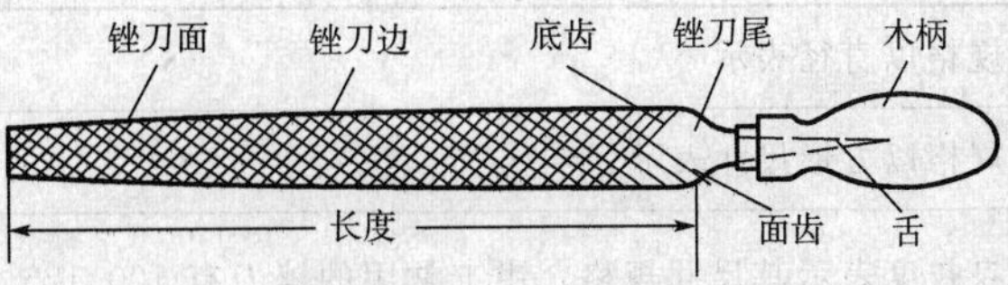

图 8－52　锉刀结构

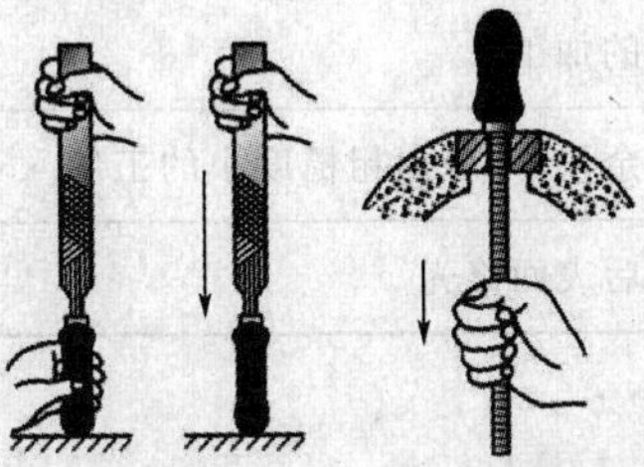

图 8－53　锉刀柄的拆装

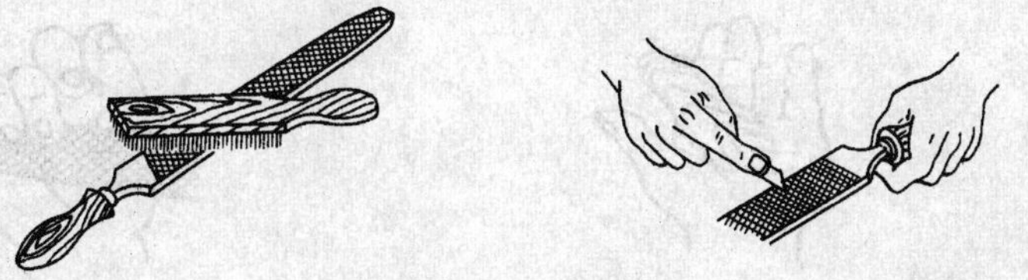

图 8－54　锉刀的清理保养

2. 锉刀的分类

普通钳工锉		平锉、方锉、三角锉、半圆锉、圆锉。
异形锉		刀口锉、菱形锉、扁三角锉、椭圆锉、圆肚锉。
整形锉	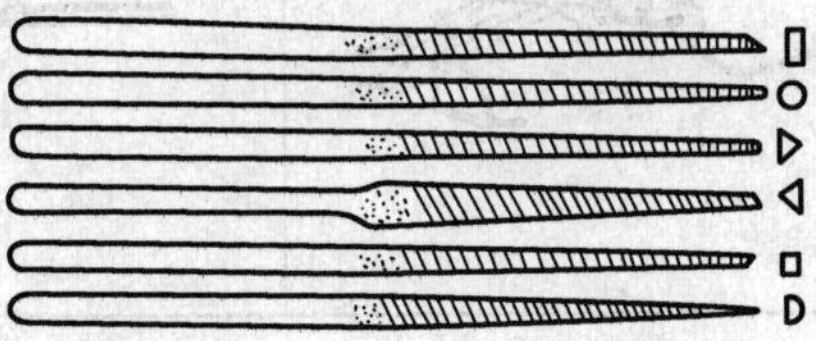	主要用于修整工件上的细小部分。

3. 锉刀的规格

<table>
<tr><td rowspan="3">尺寸规格</td><td colspan="2">圆锉刀的尺寸规格以直径表示</td></tr>
<tr><td colspan="2">方锉刀的尺寸规格以方形尺寸表示</td></tr>
<tr><td colspan="2">其他锉刀以锉身长度表示其尺寸规格。钳工常用的锉刀有 100、125、150、200、250、300、350、400mm 等几种。</td></tr>
<tr><td rowspan="4">粗细规格</td><td>粗锉</td><td>用于粗加工或锉有色金属</td></tr>
<tr><td>中锉</td><td>用于粗加工后的加工</td></tr>
<tr><td>细锉</td><td>用于锉削加工余量小、表面粗糙度小的工件</td></tr>
<tr><td>油光锉</td><td>用于对工件的最后表面修光</td></tr>
</table>

三、锉削的操作方法

1. 锉刀的握法

<table>
<tr><td>大锉重锉</td><td colspan="3">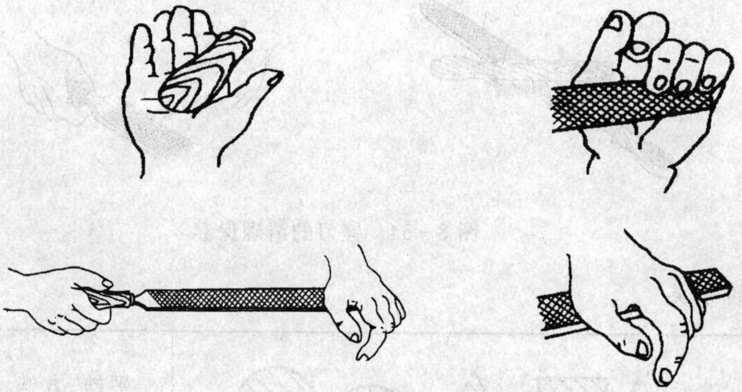</td></tr>
<tr><td rowspan="2">中小型锉</td><td>中型锉的握法</td><td>小型锉的握法</td><td>整形锉的握法</td></tr>
<tr><td>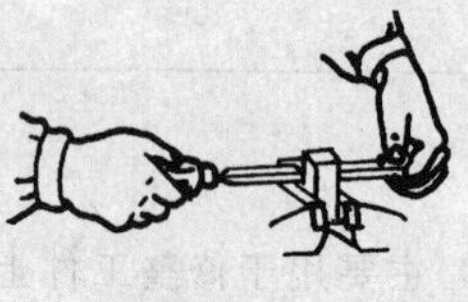</td><td>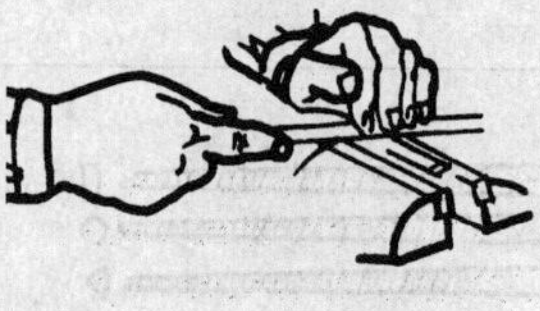</td><td>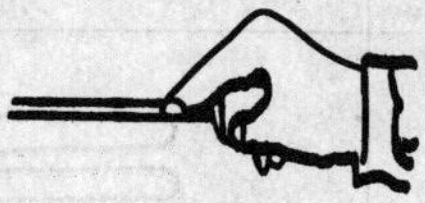</td></tr>
</table>

2. 锉削姿势与方法

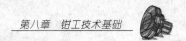

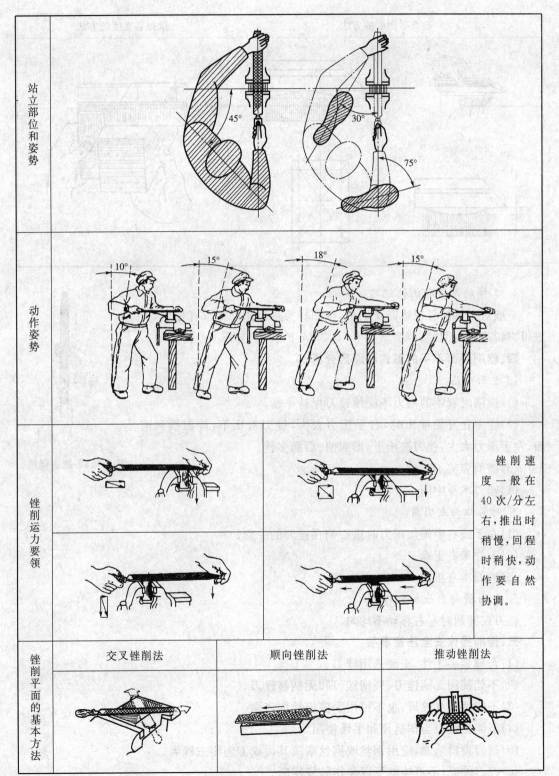

<table>
<tr><td>站立部位和姿势</td><td colspan="3">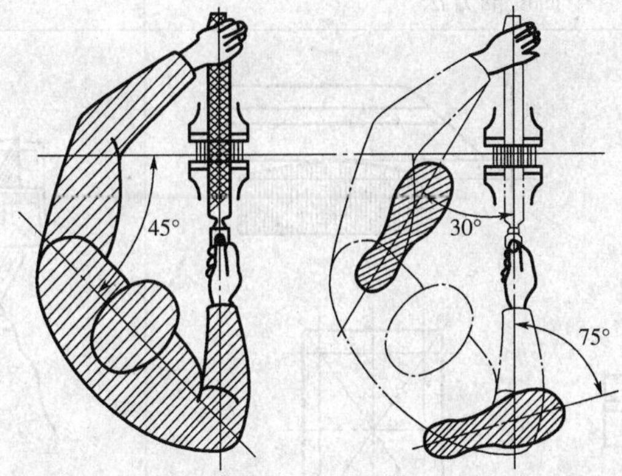
</td></tr>
<tr><td>动作姿势</td><td colspan="3">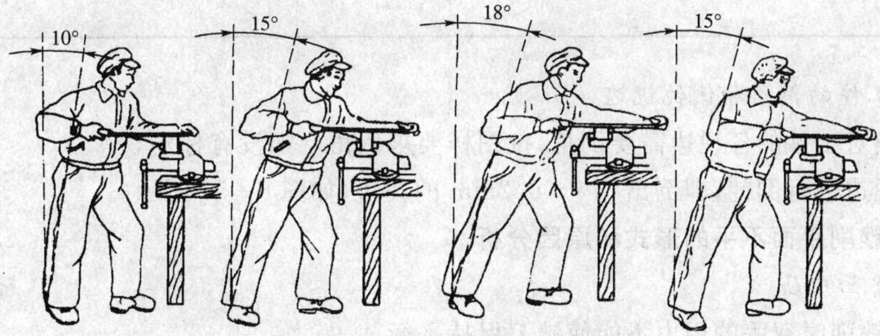
</td></tr>
<tr><td rowspan="2">锉削运力要领</td><td>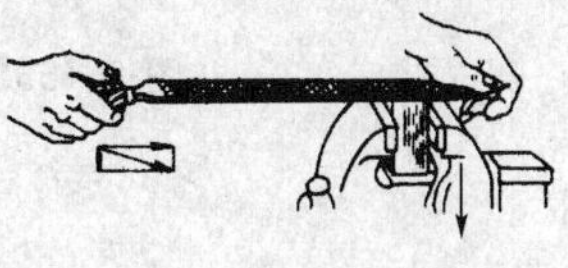</td><td>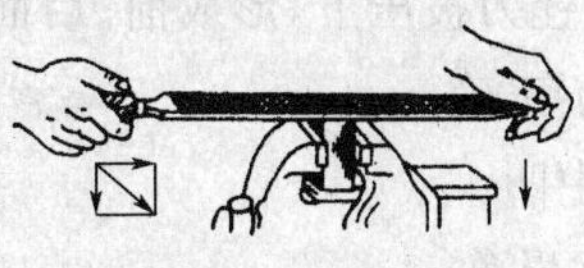</td><td rowspan="2">锉削速度一般在40次/分左右，推出时稍慢，回程时稍快，动作要自然协调。</td></tr>
<tr><td>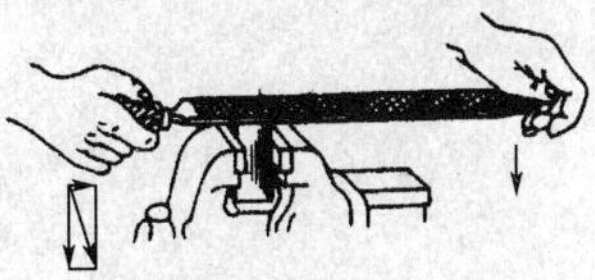</td><td>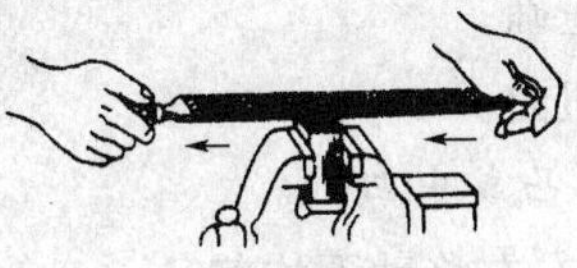</td></tr>
<tr><td rowspan="2">锉削平面的基本方法</td><td>交叉锉削法</td><td>顺向锉削法</td><td>推动锉削法</td></tr>
<tr><td>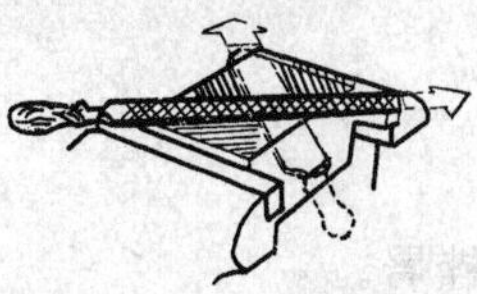</td><td>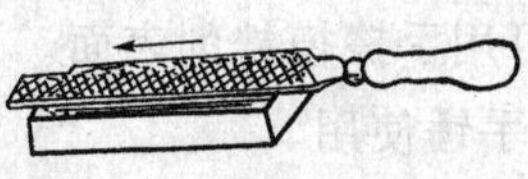</td><td></td></tr>
</table>

3. 检查平面度和垂直度

检查平面度的方法	检查垂直度的方法
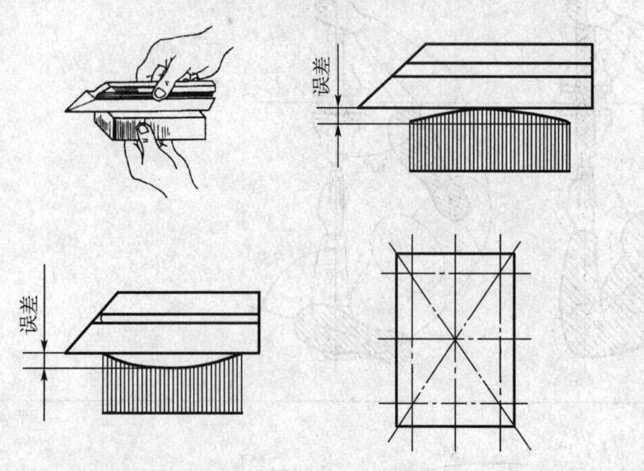	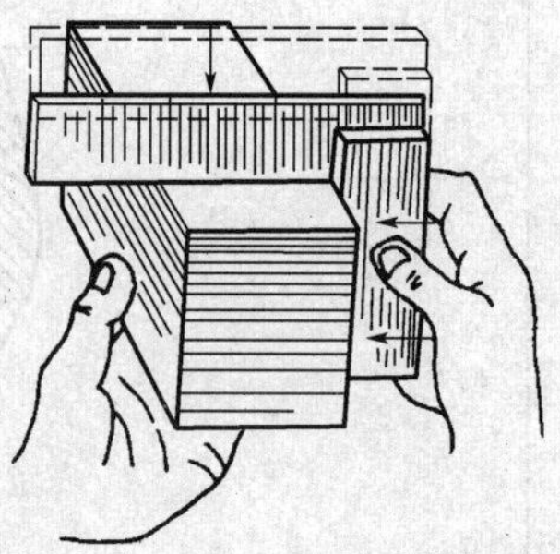

4. 工件的倒角和倒钝锐边

一般对工件的各锐边需要倒角，按图样要求倒角。如没有标注，一般可对锐边进行倒钝，即倒出 0.1～0.2mm 的棱边，如图 8－55 所示。

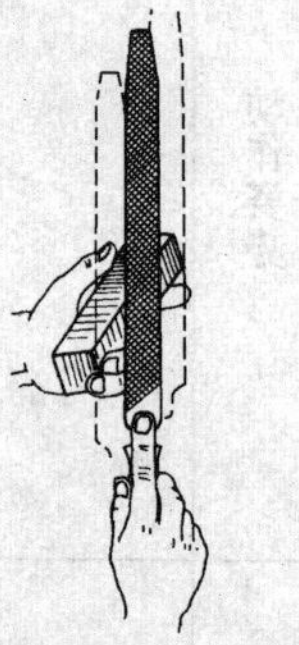

图 8－55　锐边倒钝

四、锉削平面不平的形式和原因分析

1. 平面中凸

(1)锉削时双手的用力不能使锉刀保持平衡。

(2)锉刀在开始推出时，右手压力太大，锉刀被压下，锉刀推到前面，左手压力太大，锉刀被压下，形成前、后面多锉。

(3)锉削姿势不正确。

(4)锉刀本身中凹。

2. 对角扭曲或塌角

(1)左手或右手施加压力时重心偏在锉刀的一侧。

(2)工件未夹正确。

(3)锉刀本身扭曲。

3. 平面横向中凸或中凹

锉刀在锉削时左右移动不均匀。

五、锉削操作安全注意事项

(1)合理装夹工件，正确选用锉刀。

(2)不能使用无柄锉刀、裂柄锉刀和无柄箍锉刀。

(3)不能用嘴吹锉屑，也不可用手擦摸锉削表面。

(4)不能把锉刀当作撬棒和手锤使用。

(5)锉刀齿槽堵塞，应用钢丝或钢丝刷顺其齿纹方向刷去锉屑。

(6)锉刀硬脆、不可掉地下以免伤脚或崩断。

实训项目——锉削操作

训练目标

(1)学会锉削的站立姿势,掌握锉刀握法和锉削的动作要领。

(2)初步掌握平面的锉削技能。

(3)掌握利用刀口平尺以透光法检测平面度的技能。

工作任务

锉配凹凸样板工件。要求:

(1)掌握平面锉削的站立姿势和动作。

(2)掌握平行面、垂直面的锉削方法,达到一定的锉削精度。

(3)进一步熟练锉、锯的技能达到一定的加工精度。

(4)掌握具有对称度要求的配合件的划线和工艺保证方法。

(5)进一步掌握具有对称度要求的工件的加工和测量方法。

(6)掌握用直角尺、游标卡尺、检查加工面的垂直度、表面平行度以及表面锉削质量方法。

(7)掌握样板件的检验及误差修正方法。

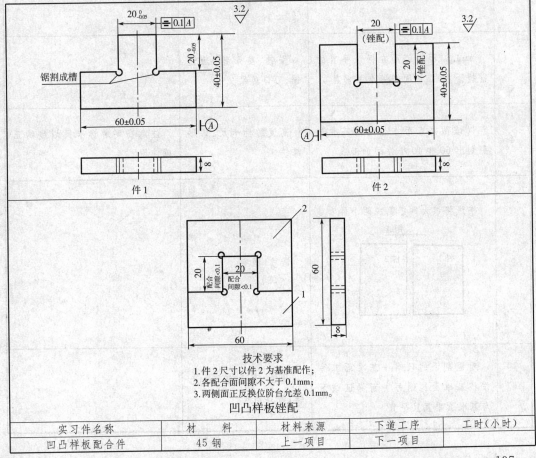

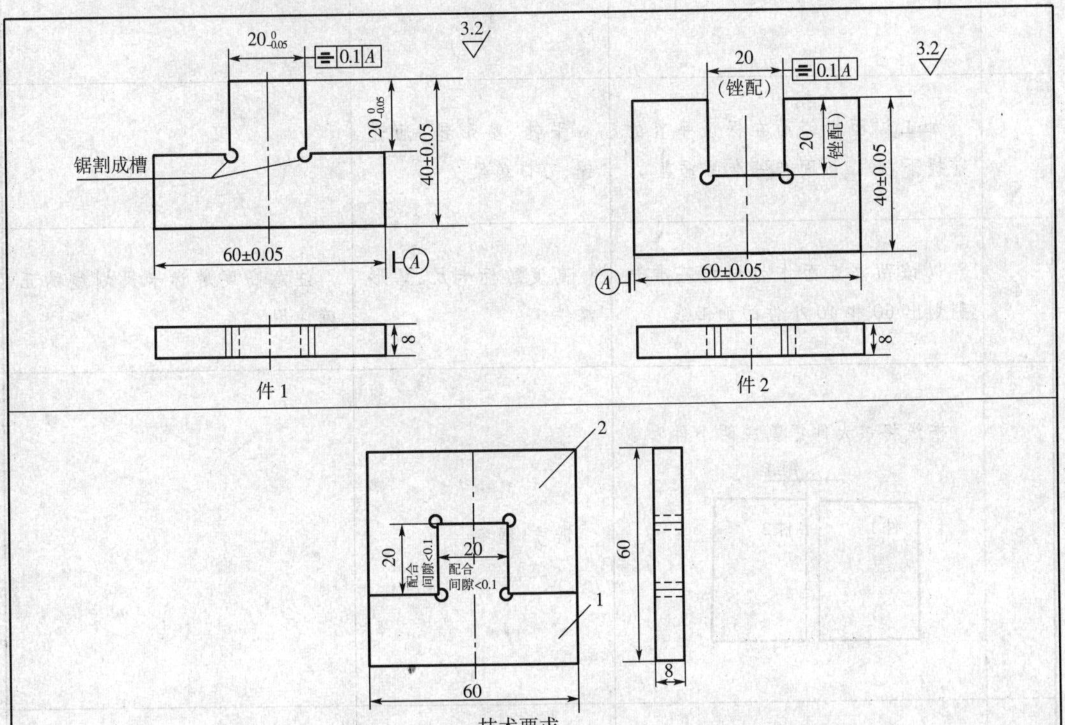

技术要求

1.件 2 尺寸以件 2 为基准配作;

2.各配合面间隙不大于 0.1mm;

3.两侧面正反换位阶台允差 0.1mm。

凹凸样板锉配

实习件名称	材　料	材料来源	下道工序	工时(小时)
凹凸样板配合件	45 钢	上一项目	下一项目	

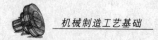

工具和量具

锯弓、锯条、平锉、三角锉、油光锉、整形锉、高度游标卡尺、v形靠铁、刀口角尺、游标卡尺、钢尺、塞尺。

操作工艺程序

序号	加工步骤	刀辅具量具	工艺规程 安全规程
1	检查第二节錾削完成件，选一位置较正面作为基准面待加工	刀口角尺、游标卡尺	
2	锉削该面保证平直要求 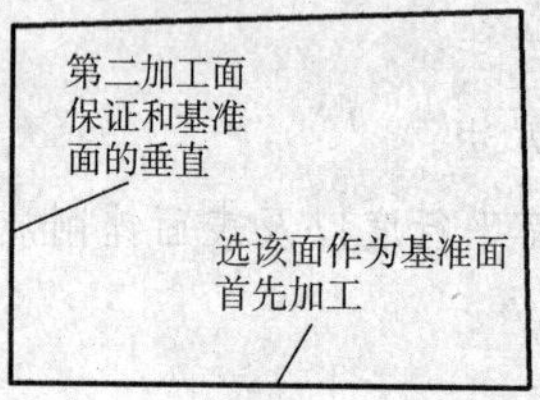	平锉、整形锉、油光锉、刀口角尺	(1)注意锉削姿势和方法的培养； (2)加工面比较窄，要锉平和保证与大平面的垂直，在整个加工过程中都要注意
3	加工该面相邻面在保证平直的前提下，修正该面与基准面垂直	平锉、整形锉、油光锉、刀口角尺	
4	以该两垂直面作为划线基准分别划出 60 和 40 小件的加工线	高度游标卡尺、V形靠铁	注意高度游标卡尺划线的正确使用
5	按线将该大件锯割成两小件 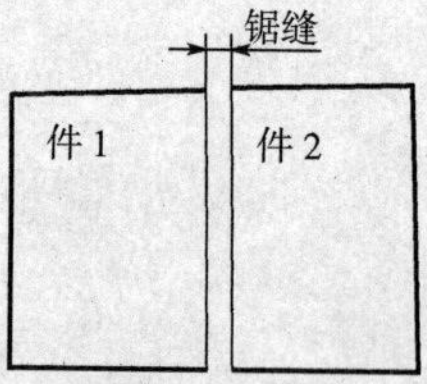	锯弓、锯条	
6	对锯割下的只有一基准面工件按该基准面锉削另一面保证该面与基准面垂直且平直	平锉、整形锉、油光锉、刀口角尺	

（续表）

序号	加工步骤	刀辅具量具	工艺规程 安全规程
7	按图样再次检查划出外形加工线，锉削件1和件2 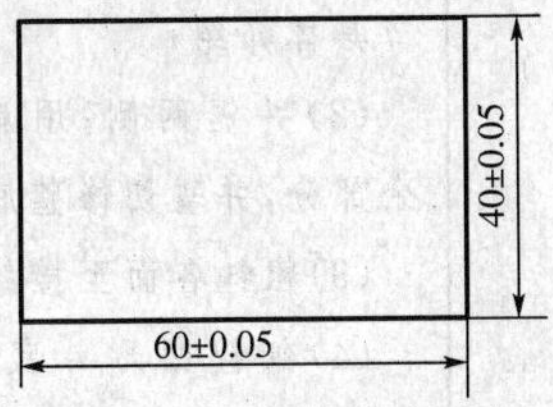	高度游标卡尺、v形靠铁、平锉、整形锉、油光锉、刀口角尺	达到尺寸40±0.05和60±0.05mm；保证垂直度要求
8	划件1和件2全部加工线	高度游标卡尺、V形靠铁	
9	按图样加工件1凸形面，按划线垂直锯去一角余料，粗、细锉两垂直面 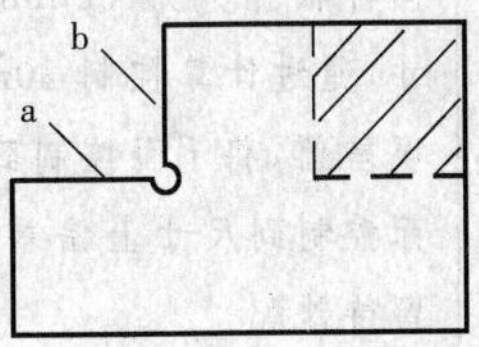 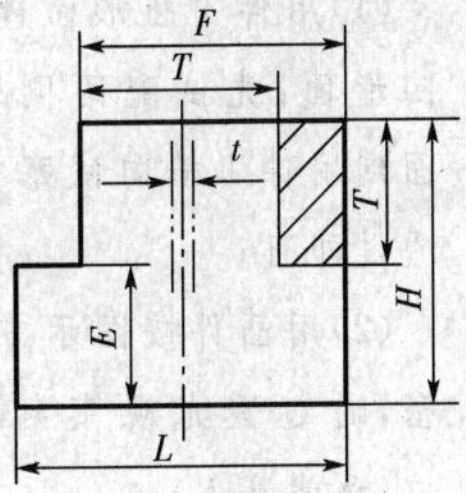	平锉、整形锉、油光锉、刀口角尺、三角锉刀	用锯条锯拉出工艺槽； (1)根据40mm处的实际尺寸，通过计算控制可测量的20mm处的尺寸误差值： $E_{\min}^{\max} = H_{实际} - T_{1\max}^{\min} = 40_{实际} - 20_0^{-0.05}$ 锉削a面从而保证$20_0^{-0.05}$mm处的尺寸要求； (2)通过控制40mm的尺寸误差值： $F_{\min}^{\max} = \frac{L_{实际}+T_{\max}^{\min}}{2} \pm \frac{t}{2} = \frac{60_{实际}+20_0^{-0.05}}{2} \pm \frac{0.1}{2}$ 锉削b面从而保证取得尺寸$20_0^{-0.05}$mm要求的同时，又能保证其对称度在0.10mm内
10	按划线锯、锉另一垂直角 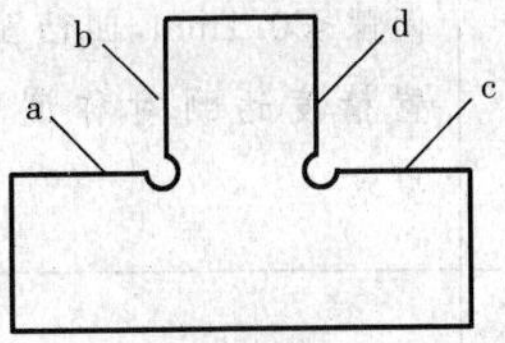	锯、平锉、整形锉、油光锉、刀口角尺、三角锉刀	锯去余料，用锯条锯拉出工艺槽；用上述方法控制锉c面，通过控制该面与底面的尺寸$20_0^{-0.05}$mm的尺寸要求；锉d面，直接测量控制到尺寸$20_0^{-0.05}$mm的范围内

（续表）

序号	加工步骤	刀辅具量具	工艺规程 安全规程
11	加工凹形面 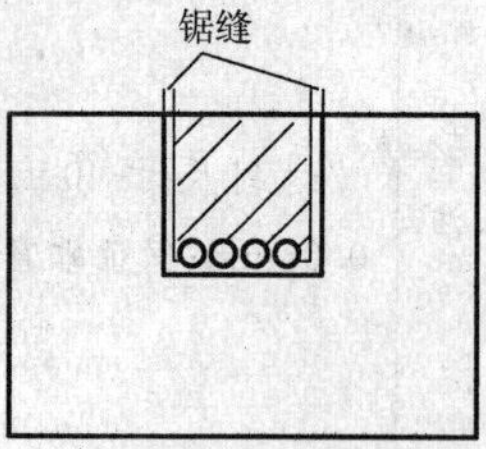 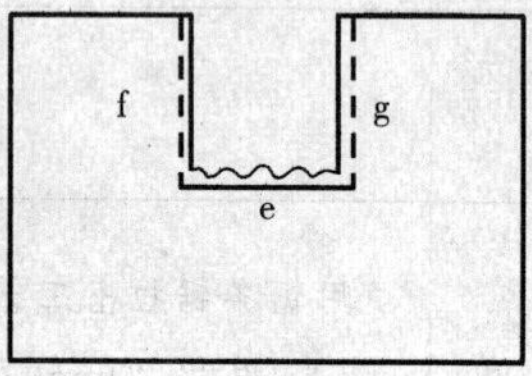 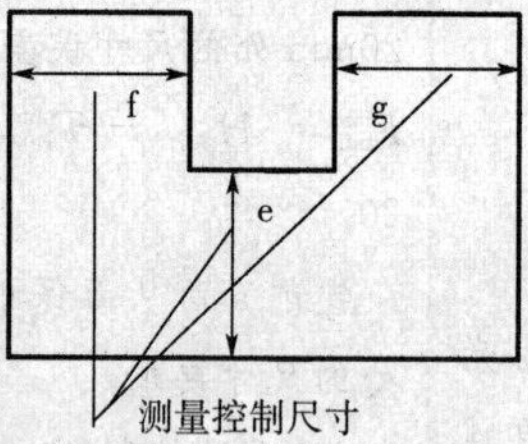	锯、平锉、整形锉、油光锉、刀口角尺、三角锉、刀口角尺、游标卡尺	(1)用 4mm 钻头钻出排孔，简单了解钻孔的操作方法，后面章节具体介绍； (2)并锯两侧，用扁錾錾除多余部分，并錾切修整底面； (3)粗锉各面至接触线条； (4)细锉凹形 e 底面，根据外形宽度 40mm 的实际尺寸，通过控制该面到外宽基准面 20mm 的尺寸误差值(本处与凸形面的两垂直面一样计算控制尺寸)，控制到上偏差，稍留余量留待锉配； (5)细锉两侧垂直面 f、g，两面同样根据外形 60mm 的实际尺寸，通过计算控制 20mm 的尺寸误差值，将 f 面控制到尺寸位，g 面控制到尺寸上偏差，稍留余量留待锉配
12	锉配 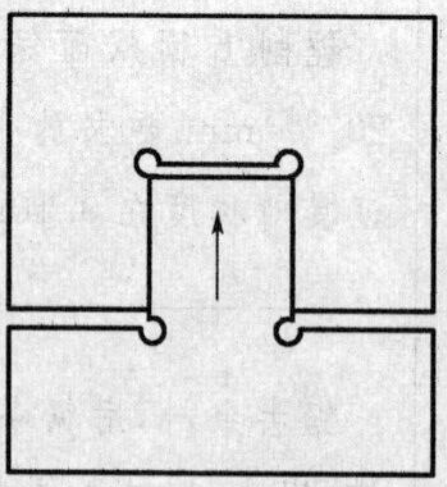	整形锉、油光锉、刀口角尺、游标卡尺	(1)用件 1 凸形面锉配件 2 的凹形面：先试配两侧面，控制 g 面到用件 1 横向试塞很紧，塞入通过即可； (2)用凸件按图示方向进行试塞，通过透光观察判断修整部位，逐步塞入； (3)最后修整底面 e，一直到凸件两端接触到凹件外端； (4)换向修配同时，保证配合间隙<0.1mm，凹凸配合处的位置精度达到对称度 0.1mm 的要求
13	全部锐边倒角，并检查全部尺寸精度	刀口角尺、游标卡尺、塞尺	按评分标准自评分

评　价

序号	项目要求	配分	实测记录	评分标准	得分
1	锉削姿势、动作、方法正确	9		视操作情况给分	
2	尺寸要求 60±0.05mm(两处)	10		每处超差不得分	
3	尺寸要求 40±0.05mm(两处)	10		每处超差不得分	
4	尺寸要求 $20^{0}_{-0.050}$mm(三处)	15		每处超差不得分	
5	凹凸配合间隙<0.1mm(10 处)	30		每处超差不得分	
6	凹、凸配合后对称度 0.1	10		每处超差不得分	
7	表面粗糙度 R_a≤3.2μm(16 面)	16		每处超差不得分	
12	工时定额 8 小时			超时扣分	
13	安全文明生产			违章扣分	
日期：	学生姓名：	班级：	指导教师：	总分：	

第七节　钻孔、扩孔、锪孔和铰孔

一、钻孔

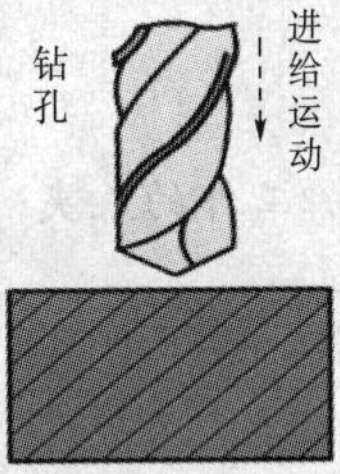

图 8-56　钻孔

钻孔(如图 8-56 所示)就是用钻头在实体材料上加工孔的方法，其加工精度不高，一般为 IT10～IT9，表面粗糙度 R_a≥2.5μm。

1. 钻孔的设备

常用钻孔设备如图 8-57 所示。

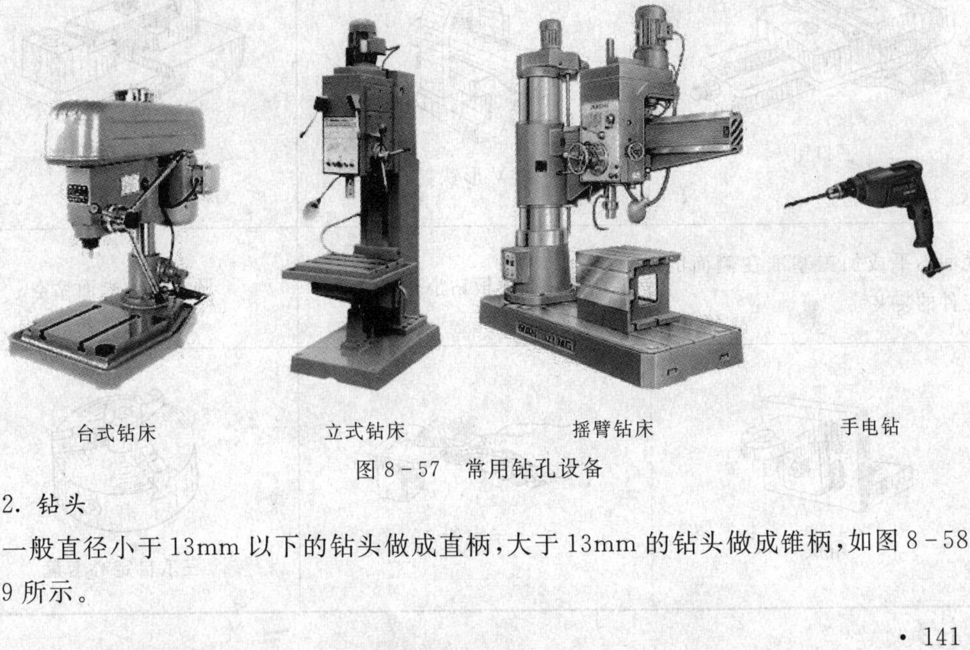

台式钻床　　立式钻床　　摇臂钻床　　手电钻

图 8-57　常用钻孔设备

2. 钻头

一般直径小于 13mm 以下的钻头做成直柄，大于 13mm 的钻头做成锥柄，如图 8-58、图 8-59 所示。

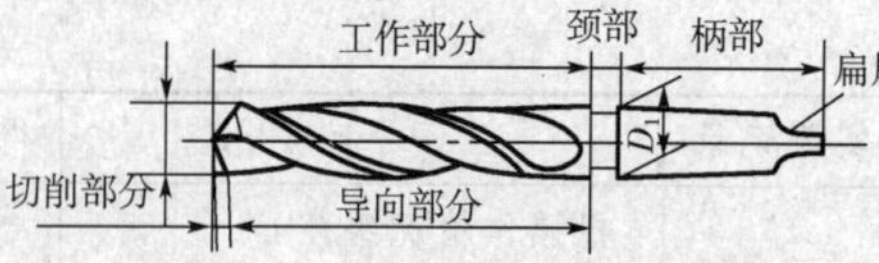

图 8-58　锥柄钻头

图 8-59　直柄钻头

3. 钻孔前的工件划线

如图 8-60 所示，按钻孔位置尺寸要求，划出孔位的十字中心线，并打上中心样冲眼，按孔的大小划出孔的圆周线，当钻孔的位置尺寸要求较高时，可以直接划出以孔中心线为对称中心的几个大小不等的方框作为钻孔的检查线，然后将中心样冲眼敲大，以便落钻定心。

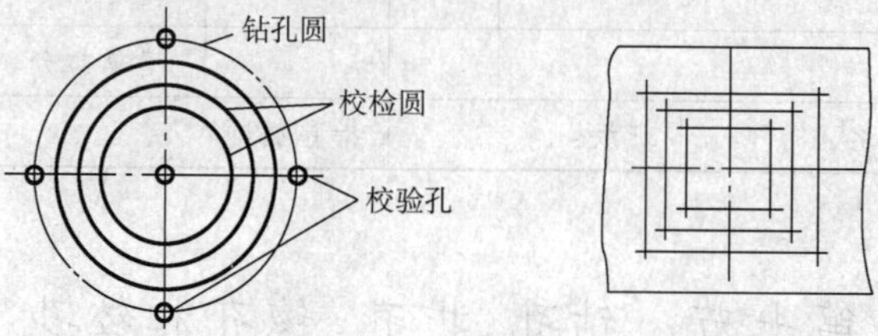

图 8-60　钻孔前的工件划线

4. 工件的装夹

平整工件的装夹	圆柱形工件的装夹	较大工件的装夹
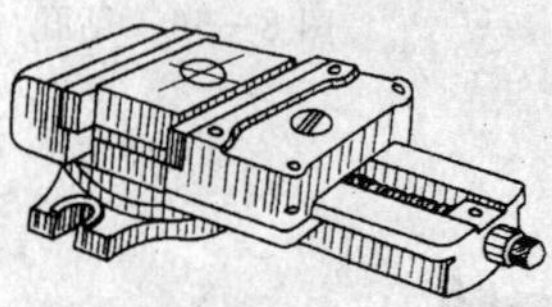 平口钳	 V 形铁	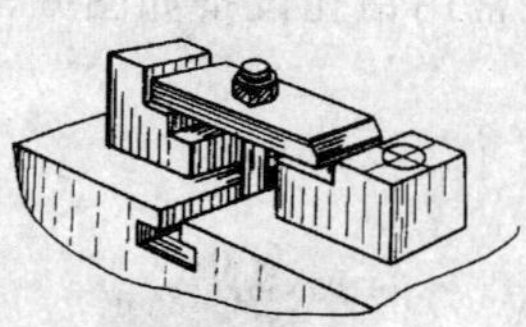 螺栓压板
底面不平或加工基准在侧面的工件的装夹	小型工件或薄板钻小孔	圆柱工件端面钻空
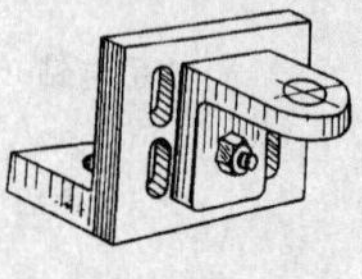 角铁	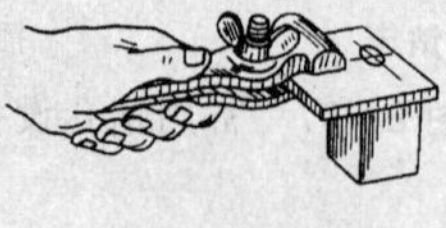 手虎钳	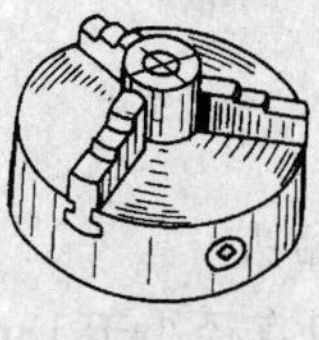 三爪自定心卡盘

5. 钻头的装拆

用钻夹头夹持	锥柄钻头的装拆及过渡锥套
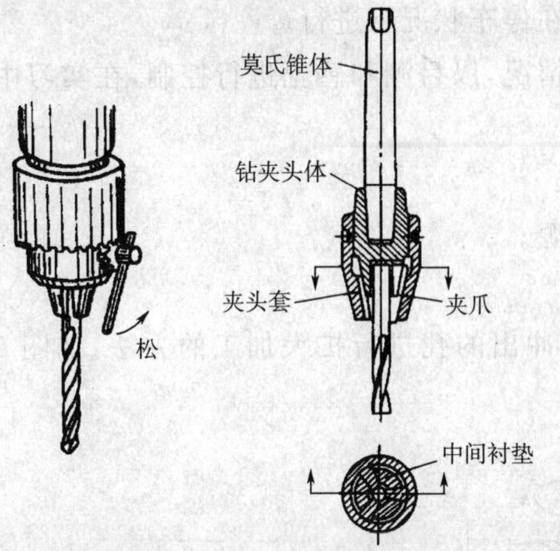	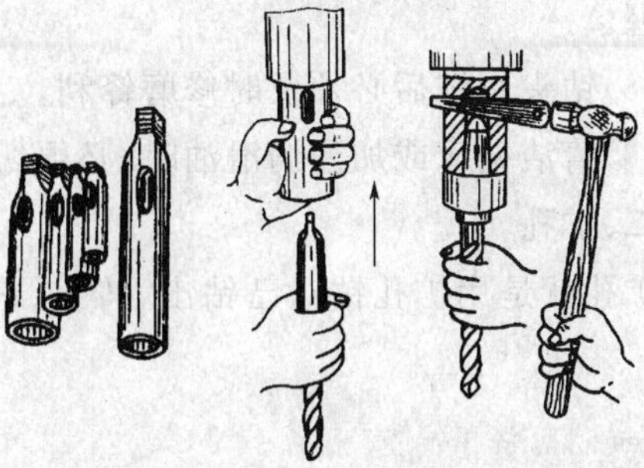

6. 钻床速度的选择

切削速度由工件材料钻头确定。工件硬度和强度较高时取较小值。小钻头取高钻速，大钻头取低钻速。

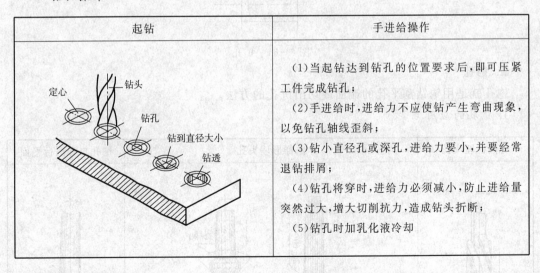

7. 钻孔操作

起钻	手进给操作
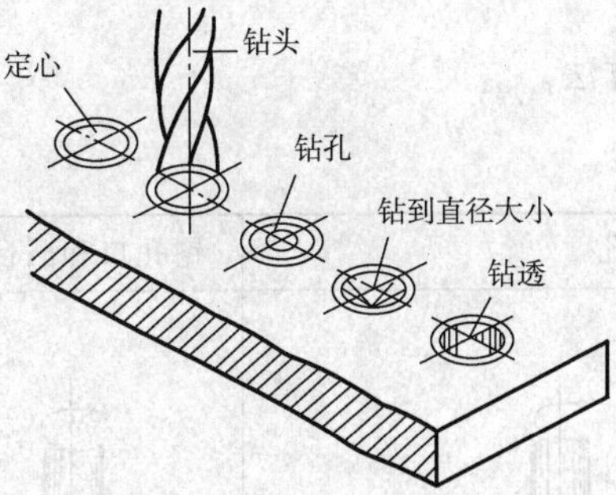	(1)当起钻达到钻孔的位置要求后，即可压紧工件完成钻孔； (2)手进给时，进给力不应使钻产生弯曲现象，以免钻孔轴线歪斜； (3)钻小直径孔或深孔，进给力要小，并要经常退钻排屑； (4)钻孔将穿时，进给力必须减小，防止进给量突然过大，增大切削抗力，造成钻头折断； (5)钻孔时加乳化液冷却

8. 钻孔时的注意事项

(1)操作钻床时不可带手套，袖口必须扎紧，女生必须戴工作帽。

(2)工件必须夹紧夹牢，孔将钻穿时，要尽量减小进给力。

(3)开动钻床前，应检查是否有钻夹头钥匙或斜铁插在钻轴上。

(4)钻孔时不可用手和棉纱头或用嘴吹来清除切屑，必须用毛刷清除，钻出长条切屑时，要用钩子钩断后除去。

(5)操作者的头部不准与旋转着的主轴靠得太近，停车时应让主轴自然停止，不可用手刹住，也不能用反转制动。

(6)严禁在开车状态下装拆工件，变速必须在停车状况下进行。

(7)钻孔时，手进给压力应根据钻头的工作情况，以目测和感觉进行控制，在实习中应注意掌握。

(8)钻头用钝后必须及时修磨锋利。

(9)清洁钻床或加注润滑油时，必须切断电源。

二、扩孔

扩孔就是用扩孔钻对已钻出、铸出、锻出或冲出的孔进行扩大加工的方法，如图 8－61 所示。

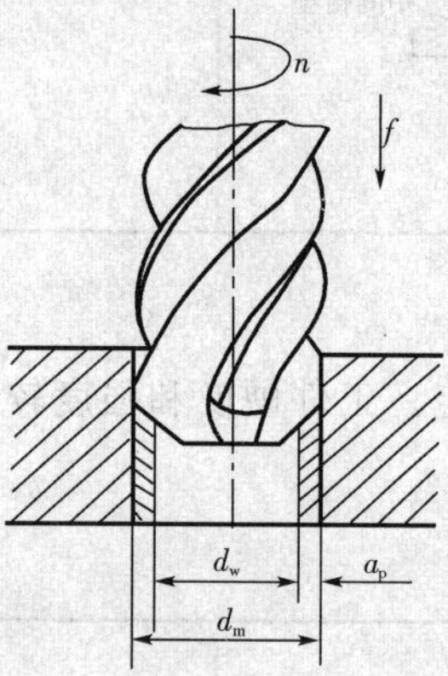

图 8－61　扩孔

三、锪孔

锪孔就是用锪钻刮平孔的端面或切出沉孔的方法。

1. 锪孔的应用

锪圆柱埋头孔	锪锥形埋头孔	锪孔口和凸台平面
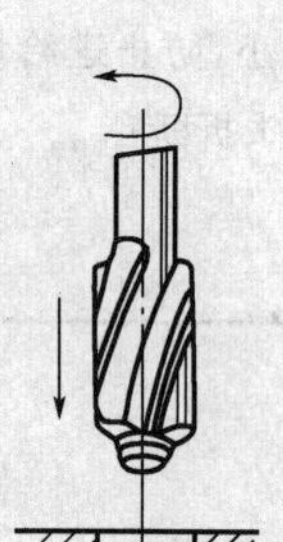	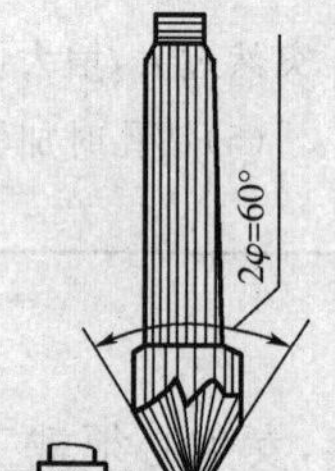 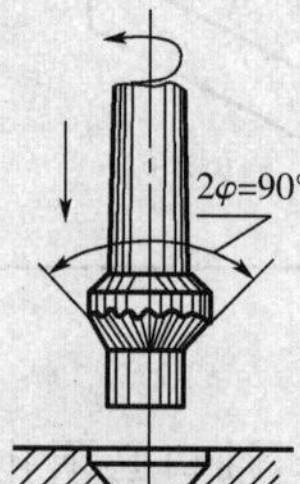	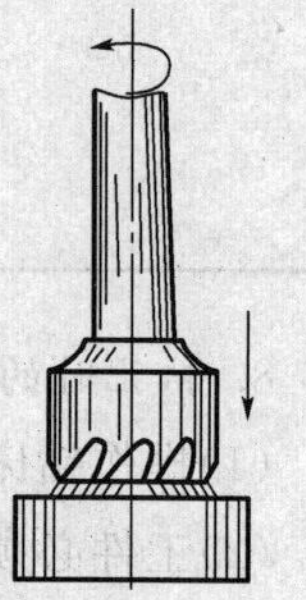

2. 常用锪孔用刀具

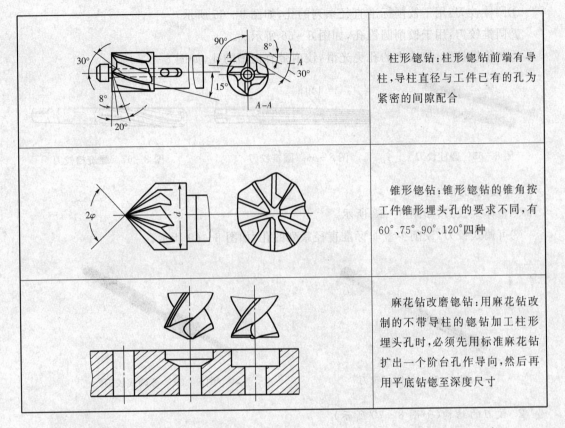

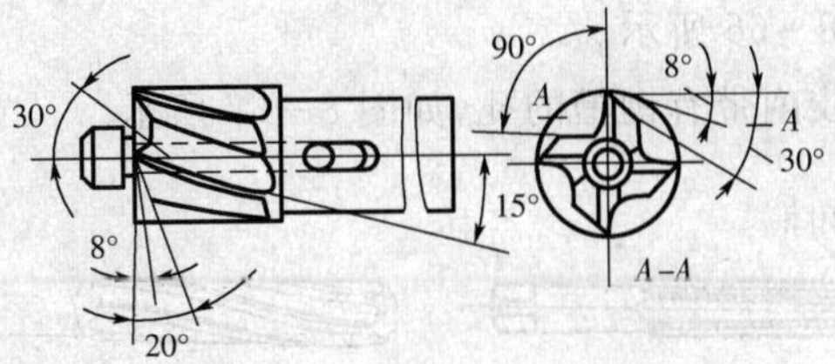	柱形锪钻：柱形锪钻前端有导柱，导柱直径与工件已有的孔为紧密的间隙配合
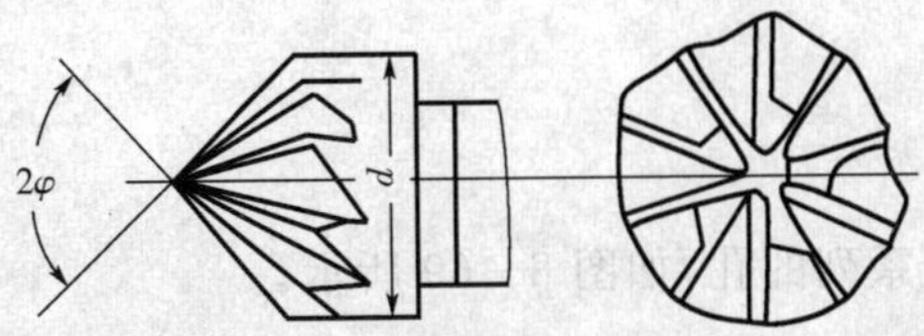	锥形锪钻：锥形锪钻的锥角按工件锥形埋头孔的要求不同，有60°、75°、90°、120°四种
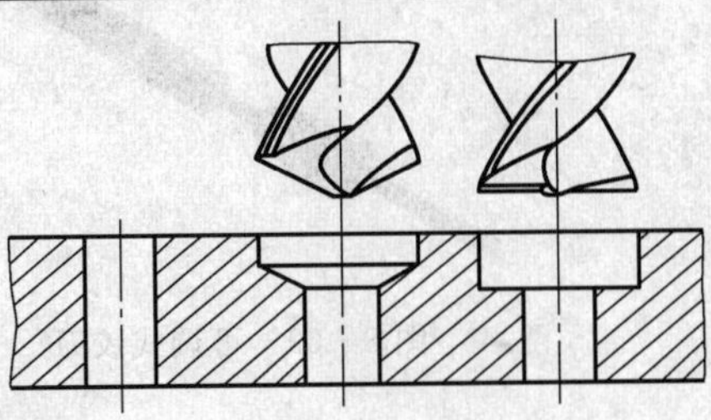	麻花钻改磨锪钻：用麻花钻改制的不带导柱的锪钻加工柱形埋头孔时，必须先用标准麻花钻扩出一个阶台孔作导向，然后再用平底钻锪至深度尺寸

3. 锪孔的操作要点

锪孔的操作方法与钻孔基本相似。但锪孔时的钻床转速要慢些，其转速是钻孔时钻速的1/3～1/2，一般采用手动进刀。

四、铰孔

如图8-62所示，铰孔就是从工件孔壁上切除微量金属层，以提高其尺寸精度和降低表面粗糙度的方法。尺寸精度可达到IT9～IT7级；表面粗糙度可达R_a1.6；铰削余量一般0.1～0.3mm。

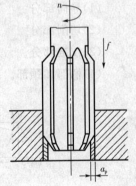

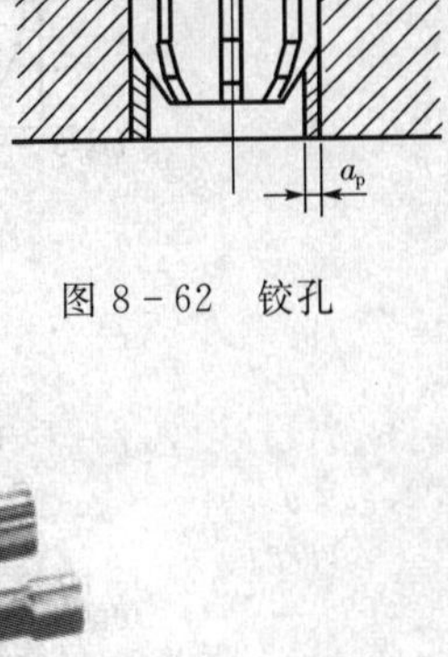

图8-62　铰孔

1. 铰刀的分类

(1)按使用方法分：

①手用铰刀，如图8-63所示。

②机用铰刀，如图8-64所示。

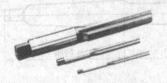

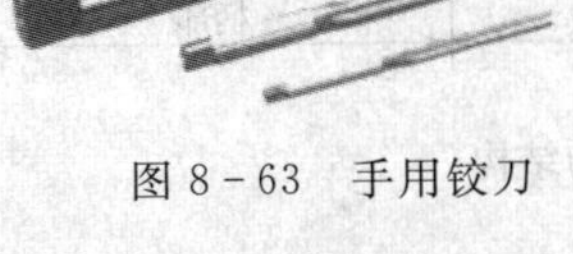
图8-63　手用铰刀

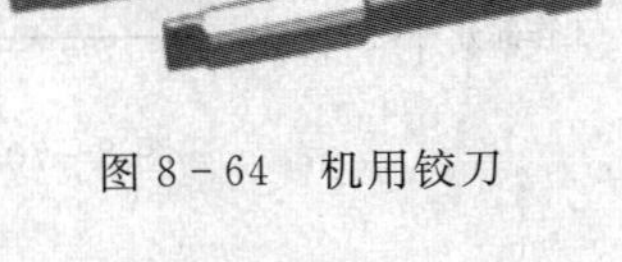
图8-64　机用铰刀

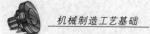

(2)按几何形状分：

①圆柱铰刀：用于铰削标准直径系列的孔，如图 8－65 所示。

②圆锥铰刀：用于铰削圆锥孔，如图 8－66 所示。

③螺旋槽铰刀：使铰出的孔更光滑，铰削带有键槽的孔，如图 8－67 所示。

图 8－65 圆柱铰刀

图 8－66 圆锥铰刀

图 8－67 螺旋槽铰刀

(3)按铰刀结构分：

①整体式铰刀，如图 8－68 所示。

②可调式铰刀：铰削少量非标准直径系列的孔，如图 8－69 所示。

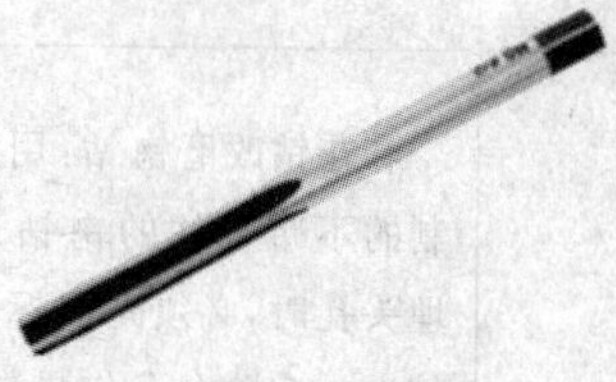

图 8－68 整体式铰刀

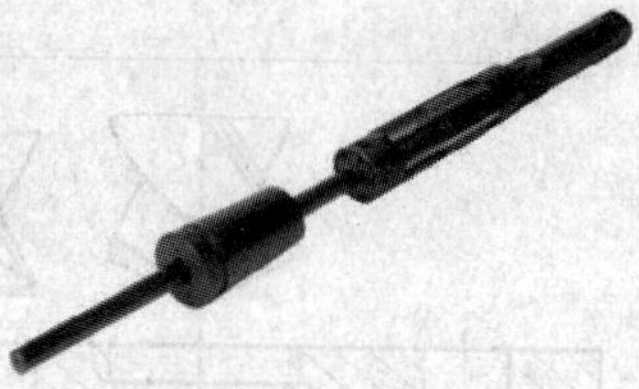

图 8－69 可调式铰刀

2. 铰刀的结构(如图 8－70 所示)

(1)导向部分。

(2)切削部分。

(3)校准部分。

(4)柄部和颈部。

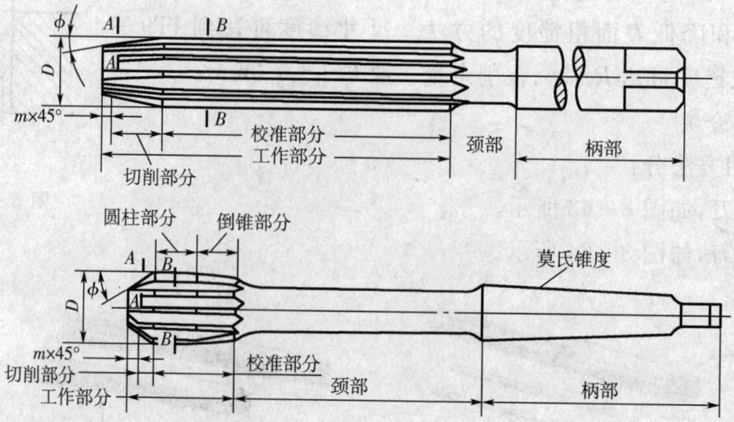

图 8－70 铰刀的结构

3. 铰孔方法

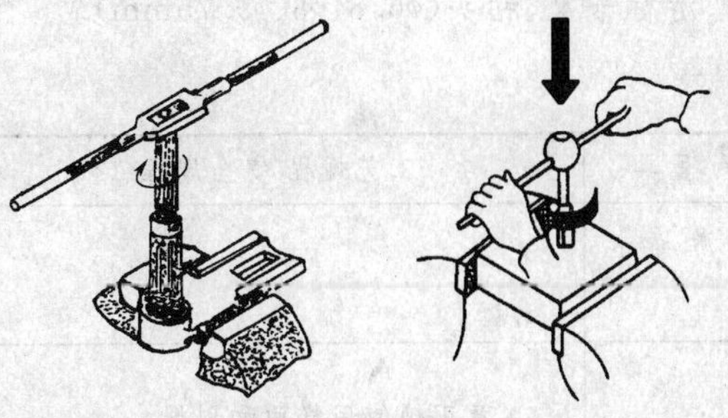	(1)起铰时，右手通过铰孔轴线施加进刀压力，左手转动铰刀； (2)铰削时，两手用力要均匀，平稳地旋转，不得有侧向压力，同时适当加压，使铰刀均匀进给； (3)铰刀铰孔或退出铰刀时，铰刀均不能反转； (4)铰削时的切削液：①钢件一般采用工业植物油；②铸铁件一般采用煤油

4. 铰孔的注意事项

(1)铰刀是精加工工具，要保护好刃口，避免碰撞，刀刃上如有毛刺或切屑粘附，可用油石小心地磨去；

(2)铰刀排屑功能差，须经常取出清屑，以免铰刀被卡住。

实训项目——钻孔操作

训练目标

(1)掌握台钻的正确使用方法。

(2)掌握钻孔孔位的划线方法。

(3)掌握钻孔工件的装夹方法。

(4)掌握钻头的装夹方法。

(5)掌握钻孔的钻削技术，合理选用切削用量。

(6)掌握钻孔的质量检查方法。

工作任务

在图样工件上进行钻孔操作。

实习件名称	材　　料	材料来源	下道工序	工时(小时)
凹凸样板件	45 钢	上一项目	下一项目	
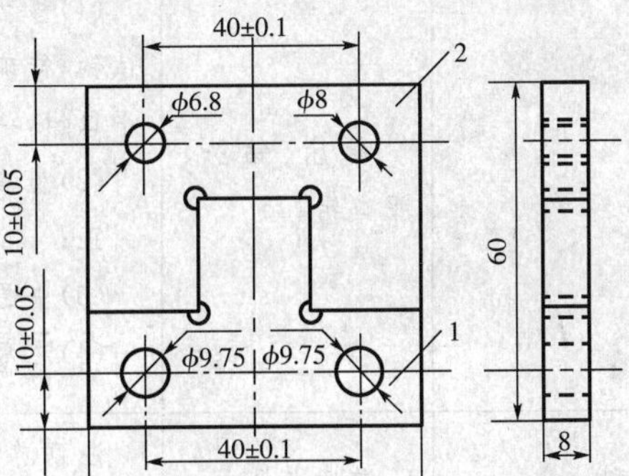				

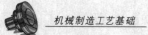

工具和量具

高度游标卡尺、V形靠铁、样冲、划规、手锤、游标卡尺、钻头($\phi6.8$、$\phi8$、$\phi9.75$mm)。

操作工艺程序

序号	加工步骤	刀辅具 量具	工艺规程 安全规程
1	在工件表面涂色,并按图样划中心线	高度游标卡尺	
2	检查划线、在孔中心打上样冲眼,并以孔心和孔径分别划出检验圆 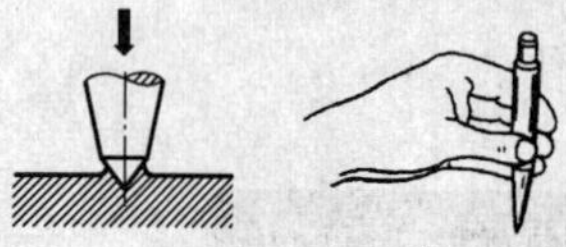	样冲、手锤、划规	注意正确使用样冲和划规 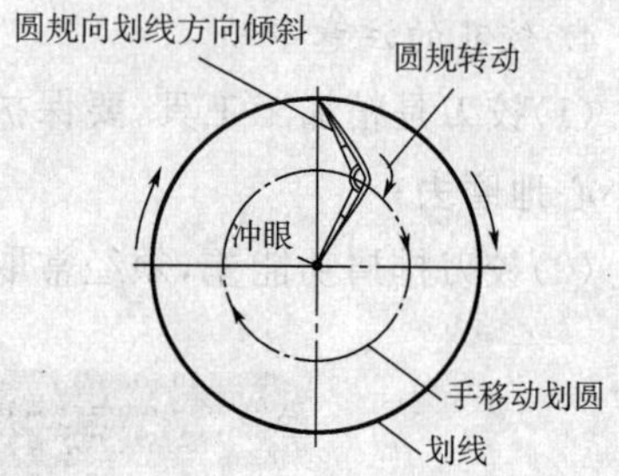
3	按所钻孔径要求选择麻花钻	钻头	检查钻头的刃口和角度是否符合要求,否则磨好
4	检查调整台钻	台钻	检查台钻是否正常,根据工件材料性质和所钻孔径大小确定钻削转速
5	装夹工件和钻头 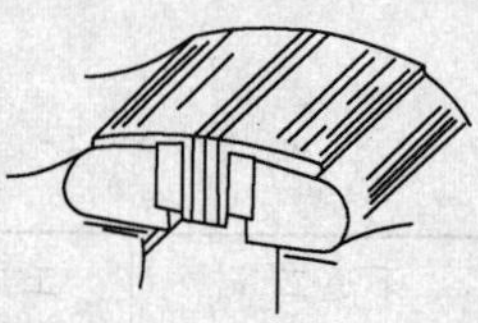	平口钳、护口铁、扇齿轮钻夹头钥匙	(1)用平口钳加钳口护铁夹持工件,避免将已加工面夹损伤,注意要夹正夹紧;(2)在台钻上正确安装钻头,并要牢固
6	钻削	钻床、钻头、平口钳	(1)移动平口钳,对准样冲眼,开钻床试钻,待确认对准中心孔时再一手按住平口钳,一手进给;(2)检查校验圆,发现偏差及时处理纠正;(3)快通时注意进给慢一些;(4)注意遵守钻削安全事项
7	检查钻削质量,去毛刺	游标卡尺	注意游标卡尺对孔加工质量的检查方法

评 价

序号	项目要求	配分	实测记录	评分标准	得分
1	钻削动作、方法正确	20		视操作情况给分	
2	尺寸要求 40±0.05mm(两处)	20		每处超差不得分	
3	尺寸要求 10±0.05mm(4 处)	20		每处超差不得分	
4	孔径正确(4 处)	20		每处超差不得分	
5	孔光洁(4 处)	20		观察给分	
6	安全文明生产			违章扣分	
日期：	学生姓名：	班级：	指导教师：	总分：	

实训项目——锪孔操作

训练目标

(1)掌握用麻花钻头刃磨平底钻。

(2)掌握锪孔的方法。

工作任务

在图样形成工件上锪孔

实习件名称	材 料	材料来源	下道工序	工时(小时)
凹凸样板件	45 钢	上一项目	下一项目	

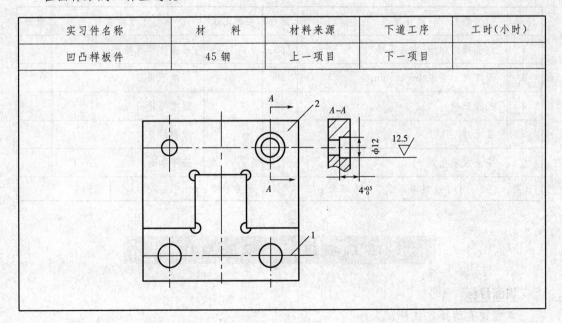

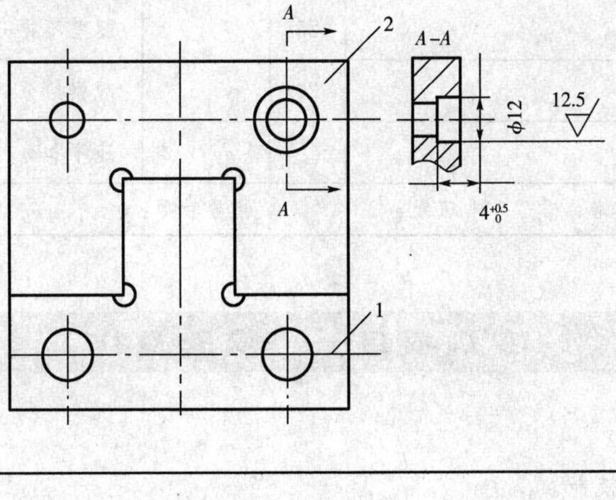

工具和量具

平口钳、游标卡尺、钻头(ϕ12mm)。

操作工艺程序

序号	加工步骤	刀辅具 量具	工艺规程 安全规程
1	改磨锪钻	钻头	(1)尽量选用比较短的钻头改磨锪钻; (2)用油石修光
2	装夹找正工件	平口钳、顶尖	将顶尖装夹在钻夹头上移动平口钳找正孔位
3	锪孔	钻床	(1)调整好钻床钻速,开机锪孔,一手进给,一手扶牢平口钳; (2)锪孔时注意切削速度,为孔切削加工的1/2～1/3,手进给压力不宜过大,要均匀; (3)注意观察钻床标尺,注意锪孔深度到位
4	检查锪孔质量	游标卡尺	用埋头螺钉试配检查

评　价

序号	项目要求	配分	实测记录	评分标准	得分
1	锪孔操作动作、方法正确	30		视操作情况给分	
2	深度尺寸要求4～4.5mm	25		超差不得分	
4	孔径正确	25		超差不得分	
5	孔光洁	20		观察给分	
6	安全文明生产			违章扣分	
日期:	学生姓名:	班级:	指导教师:	总分:	

实训项目——铰孔操作

训练目标

掌握铰孔的操作技能。

工作任务

在形成工件上进行铰孔操作。

实习件名称	材 料	材料来源	下道工序	工时(小时)
凹凸样板件	45 钢	上一项目	下一项目	

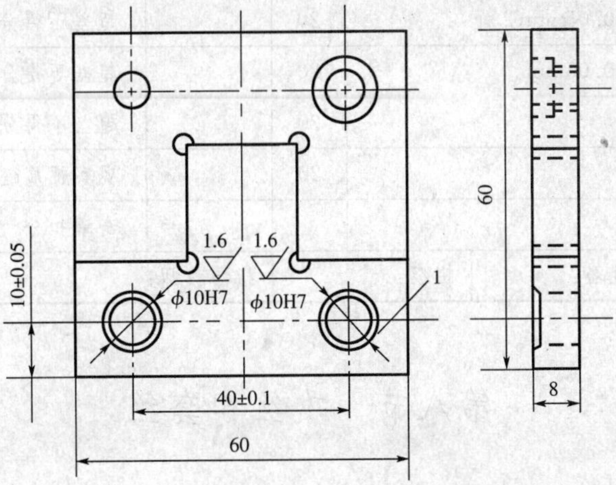

工具和量具

游标卡尺、ϕ10H7 手工圆柱铰刀、铰杠、整形锉、机油、钳口护铁、圆柱销、油石。

操作工艺程序

序号	加工步骤	刀辅具 量具	工艺规程 安全规程
1	检查孔径	游标卡尺	考虑应有的铰孔余量,检查已加工孔是否合格
2	倒角	整形锉	对孔口进行 0.5×45°倒角
3	铰孔 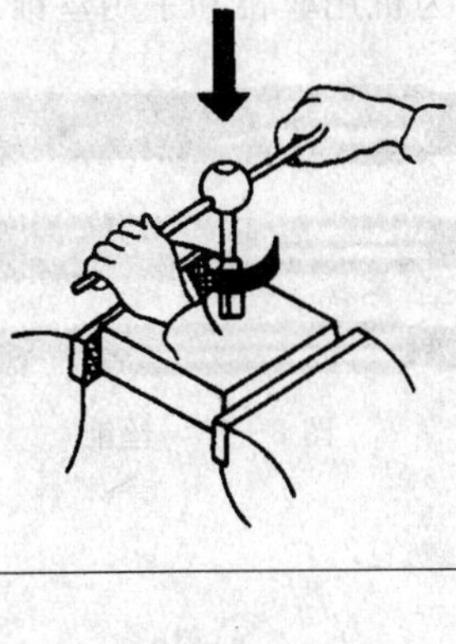	铰杠、ϕ10H7 手工圆柱铰刀、机油	(1)用钳口护铁保护工件已加工面在台虎钳上夹持工件; (2)铰前要检查铰刀,去除切屑、用油石修去毛刺; (3)起铰时,一定要保证铰刀与工件表面垂直; (4)铰孔过程中要注意不能反转,两手用力要均匀,旋转要平稳; (5)铰孔过程中要加机油润滑
4	用相应的圆柱销配检	圆柱销、游标卡尺	(1)检查孔位和孔径; (2)观察孔的光洁程度

评　价

序号	项目要求	配分	实测记录	评分标准	得分
1	铰孔操作动作、方法正确	20		视操作情况给分	
2	尺寸要求 10±0.05mm(2 处)	20		超差不得分	
3	尺寸要求 40±0.05mm	20		超差不得分	
4	孔径正确	20		超差不得分	
5	孔光洁	20		观察视痕迹扣分	
6	安全文明生产			违章扣分	
日期：	学生姓名：	班级：	指导教师：	总分：	

第八节　攻丝和套丝

一、攻丝

攻丝就是用丝锥在工件孔内表面加工出内螺纹的方法，如图 8－71 所示。

图 8－71　攻丝

1. 攻丝工具

(1)铰手　可转动手柄调节方孔大小，以适应各种不同规格大小尺寸的丝锥，如图 8－72 所示。

(2)丝锥　普通三角螺纹丝锥，其中 M6～M24 的丝锥为两只一套，小于 M6 和大于 M24 的丝锥为三只一套，如图 8－73 所示。按加工方法分为机用丝锥和手用丝锥。

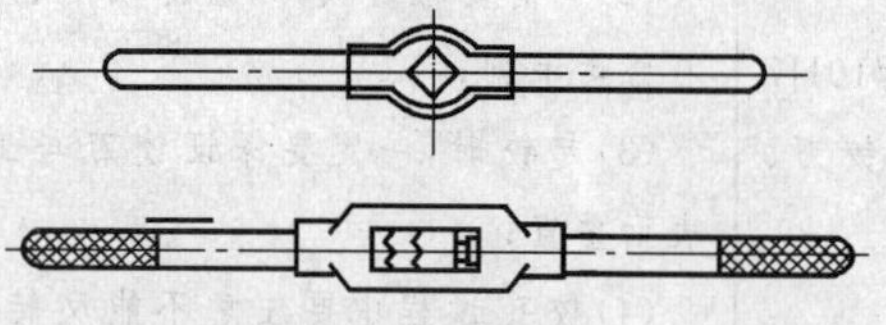

图 8－72　铰手

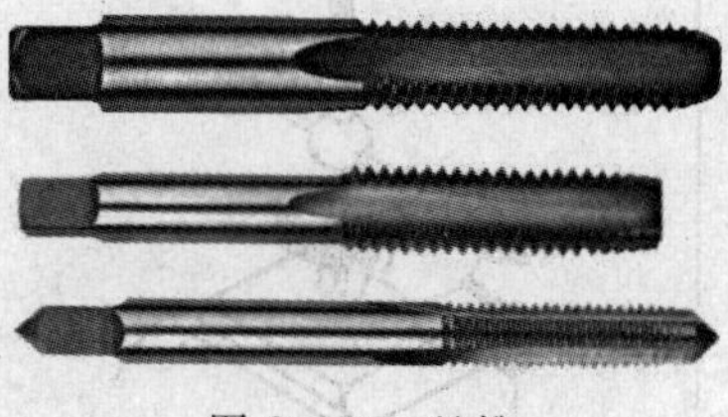

图 8－73　丝锥

2. 丝锥结构(如图 8－74 所示)

(1)切削部分。

(2)校准部分。

(3)工作部分。

(4)柄部。

(5)端部。

3. 攻螺纹前孔径的确定

(1)钢和塑性较大材料:

$$D_0 = D - P$$

(2)铸铁和塑性较小材料:

$$D_0 = D - (1.05 \sim 1.1)P$$

式中:D_0——钻头直径(mm);

D——螺纹公称直径(mm);

P——螺距(mm)。

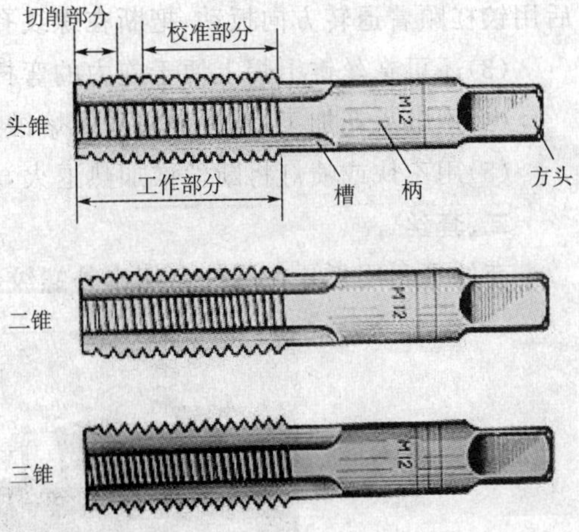

图 8-74 丝锥结构

4. 攻丝的操作方法

攻丝的操作方法如图 8-75 所示。

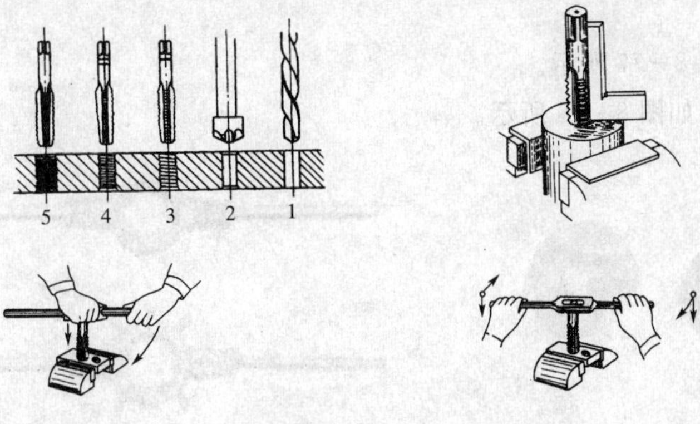

图 8-75 攻丝的操作要点

(1)攻螺纹步骤:钻孔、倒角、头锥攻螺纹、二锥攻螺纹、三锥攻螺纹。

(2)起攻前,确认丝锥与工件表面垂直。

(3)起攻时,一手掌按住扳手中部沿丝锥轴线用力往下加压,另一手配合作顺向旋进。

(4)攻丝时,双手用力均匀,然后每转一圈,倒转 1/4 圈左右断屑。

(5)按头锥、二锥、三锥顺序攻削至标准尺寸。

5. 攻丝注意事项

(1)起攻时特别要注意垂直度,并及时纠正。

(2)攻丝时丝锥必须与工件孔端面垂直,用力要均匀平稳,并加润滑液冷却润滑。攻钢件时,可加机油或工业植物油作冷却润滑液;攻铸铁件时,可加煤油作冷却润滑液。

6. 断锥取出的方法

在攻制较小螺纹时,常因操作不当,造成丝锥断在孔内。一般可用以下几种方法取出:

(1)可用狭錾或样冲抵住在断丝锥的容屑槽中顺着退转的切线方向轻轻剔出。

(2)也可在方椎的断丝锥上拧上两个螺母,用钢丝插入断丝锥和螺母间的容屑槽中,然后用铰杠顺着退转方向扳动，把断在螺纹孔中的丝锥带出来。

(3)还可在丝锥上焊上便于施力的弯杆，然后旋出。

(4)用电火花加工，慢慢地将丝锥熔蚀掉。

(5)用乙炔或喷灯将断丝锥加热退火，然后用钻头钻掉。

二、套丝

套丝是利用板牙在圆杆上切出外螺纹的方法，如图 8-76 所示。

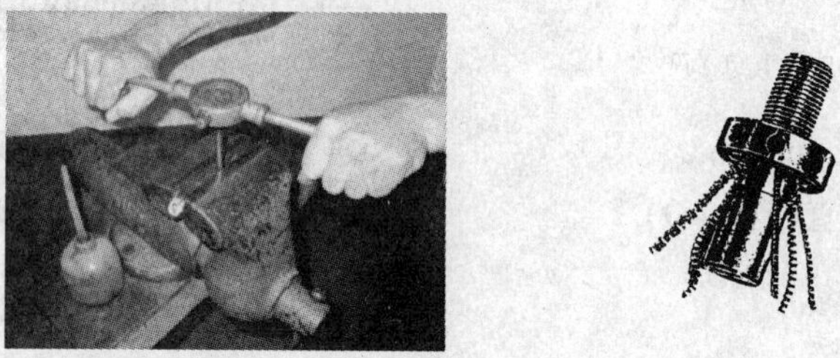

图 8-76　套丝

1. 套丝工具

(1)板牙，如图 8-77 所示。

(2)板牙铰手，如图 8-78 所示。

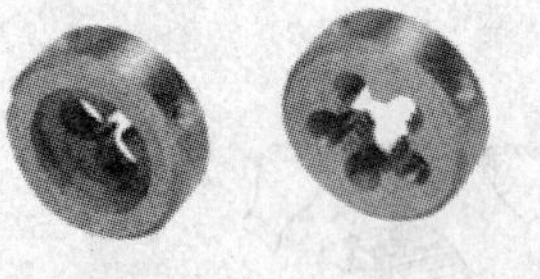

图 8-77　板牙

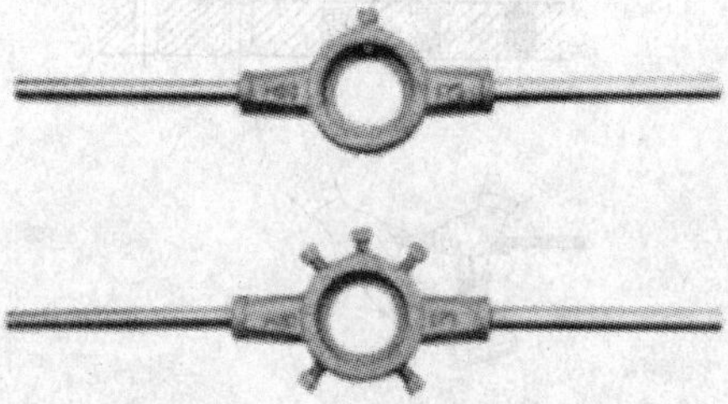

图 8-78　板牙铰手

2. 套丝前圆杆直径的确定

$$d_0=d-0.13P$$

式中：d_0——圆杆直径(mm)；

d——螺纹公称直径(mm)；

P——螺距(mm)。

3. 套丝的操作方法(如图 8-79 所示)

(1)一般用 V 形夹块或厚铜衬作衬垫，才能保证可靠夹紧。

(2)起套方法和攻丝起攻方法一样，一手用手掌按住绞杆中部，沿圆杆轴向施加压力，另一手配合作顺向切进，转动要慢，压力要大，并保证板牙端面与圆杆轴线的垂直度，不歪斜。在板牙切入 2～3 牙时，应及时检查其垂直度并作准确校正。

(3)正常套螺纹时，不要加压，让板牙自然引进，并经常倒转以断屑。

(4)在钢件上套螺纹时要加切削液，一般可加机油或较浓的乳化液，要求高时可用工业植物油。

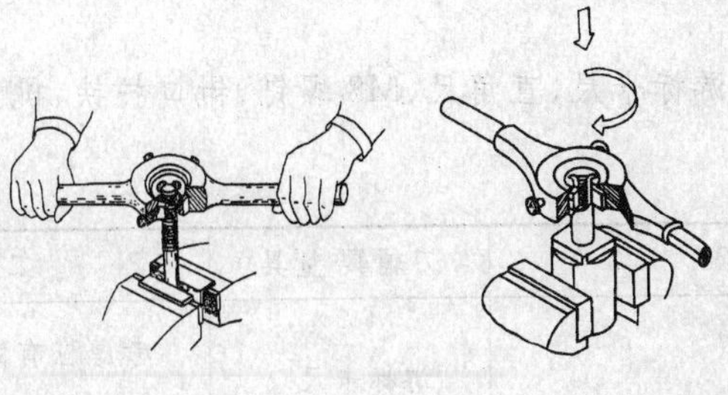

图 8－79　套丝操作

4. 套丝注意事项

(1)起套时板牙端平面必须与圆杆轴线垂直,用力要均匀平稳,钢件要加切削液润滑。

(2)装夹圆杆时,要用硬木制的 v 形槽衬垫或厚铜板作护口片来夹持圆杆,以免夹坏圆杆。

(3)套丝前,圆杆端面一定要倒角;每次套前一定要把板牙容屑孔内清理干净,并用油洗清,以免影响螺纹表面粗糙度。

(4)套削中要经常倒转,以便及时断屑。

实训项目——攻螺纹操作

训练目标

掌握攻螺纹的操作技能,并达到技术要求。

工作任务

在图样形成工件上进行攻螺纹的操作。

实习件名称	材　料	材料来源	下道工序	工时(小时)
凹凸样板件	45 钢	上一项目	下一项目	

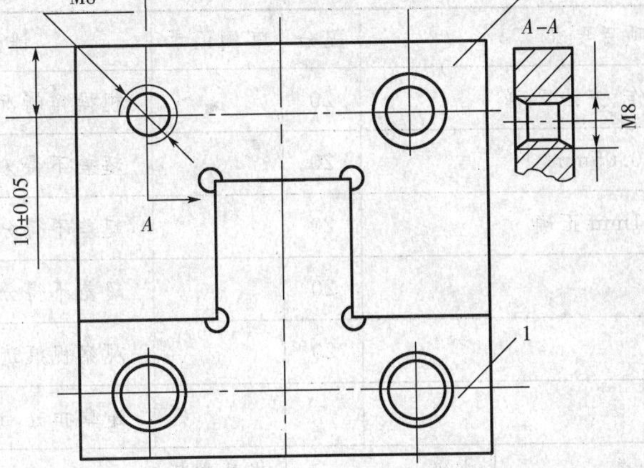

工具和量具

M8 丝锥、攻丝扳手、游标卡尺、直角尺、M8 螺钉、钳口护铁、机油。

操作工艺程序

序号	加工步骤	刀辅具 量具	工艺规程 安全规程
1	检查孔径	游标卡尺	考虑应有的攻丝底孔直径，检查已加工孔是否合格
2	倒角	整形锉	对孔口进行 0.5×45°倒角
3	攻螺纹 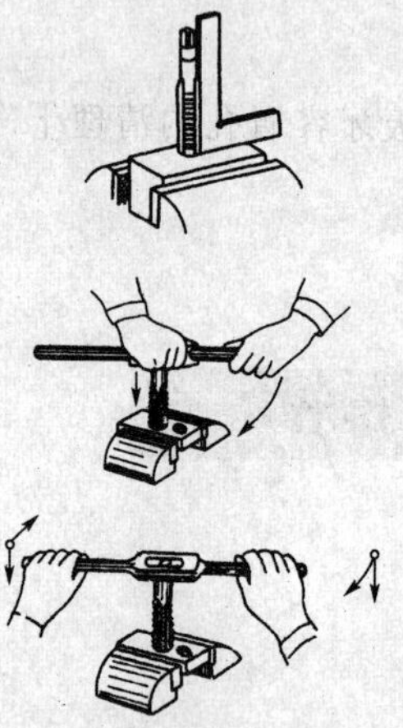	攻丝扳手、M8 丝锥、钳口护铁、直角度尺、机油	(1)用钳口护铁保护工件已加工面，在台虎钳上夹持工件； (2)检查清理丝锥； (3)用头锥起攻，起攻前，确认丝锥与工件表面垂直； (4)起攻时，一手掌按住扳手中部沿丝锥轴线用力往下加压，另一手配合作顺向旋进； (5)攻丝时，双手用力均匀，然后每转一圈，倒转 1/4 圈左右端屑； (6)按头锥、二锥顺序攻削至标准尺寸； (7)在攻丝过程中注意加机油润滑
4	用相应的螺钉配检、去毛刺	游标卡尺、M8 螺钉、直角尺	检查孔位； 检查螺纹光洁程度

评　价

序号	项目要求	配分	实测记录	评分标准	得分
1	攻螺纹操作动作、方法正确	20		视操作情况给分	
2	尺寸要求 10±0.05mm	20		超差不得分	
3	螺纹垂直度 0.1mm 正确	20		超差不得分	
4	M8 螺纹正确	20		超差不得分	
5	螺纹光洁	20		观察视痕迹给分	
6	安全文明生产			违章扣分	
日期：	学生姓名：	班级：	指导教师：	总分：	

实训项目——套丝操作

训练目标

掌握钢件套螺纹的操作技能，并达到技术要求。

工作任务

在图样圆杆上套制 M8 双头螺柱的螺纹。

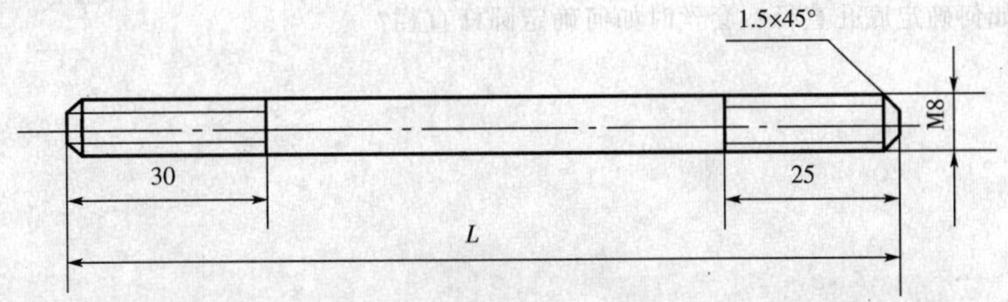

工具和量具

M8 板牙、板牙架、游标卡尺。

操作工艺程序

序号	加工步骤	刀辅具 量具	工艺规程 安全规程
1	检查圆杆直径、端面倒角是否符合要求	游标卡尺	$d_0=d-0.13P$
2	按技术要求套切螺纹	M8 板牙、板牙架、机油	(1)保证圆杆两端螺纹达到要求的长度； (2)注意加机油作切削液润滑； (3)套切螺纹时，板牙与螺杆要垂直，操作用力要均匀平稳，防止螺杆弯曲，螺纹偏斜、乱牙
3	用标准螺纹进行检配	直角尺	用前一加工完成的凹凸件配试

评 价

序号	项目要求	配分	实测记录	评分标准	得分
1	M8 螺纹正确	40		一处乱牙、滑牙扣 25 分	
2	螺纹外观完整	30		按外观完整程度给分	
3	螺纹长度±2mm	30		一处超差扣 5 分	
4	安全文明生产			违章扣分	
日期：	学生姓名：	班级：		指导教师：	总分：

思考与练习

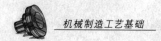

1. 钳工在机械制造中的任务有哪些？
2. 为什么要选定划线基准？其形式有哪几种？
3. 錾子的种类有哪些？各应用在什么场合？
4. 什么是锯条的锯路？它有什么作用？
5. 如何选择锯条？起锯和锯削时有哪些操作要领？
6. 怎样按加工对象正确选择锉刀？
7. 攻丝时如何确定底孔直径？套丝时如何确定圆杆直径？

第九章　装配工艺基础

学习目标

1. 了解装配工作过程的基本内容。
2. 掌握装配尺寸链的概念。
3. 掌握保证装配精度的方法。
4. 熟悉装配工艺规程和装配工艺规程的制订。
5. 了解可拆连接件、传动机构和轴承的装配。

第一节　装配基础知识准备

制造机械一般要经过三个环节:产品的机构设计,机械零件的加工,产品的装配。产品机构设计的正确性是保证产品质量的先决条件,零件的加工质量是产品质量的基础,装配是产品质量的最终保证。因此,装配工作是机械制造过程中非常重要的环节。本节主要学习装配工作的基本内容及要求。

一、装配

机械产品一般由许多零件和部件组合而成,在机械产品的制造过程中,当全部零件加工完毕后,接下来的工作是需要把这些零件装配成机械产品。

为保证有效地进行装配工作,通常将机器划分为若干能进行独立装配的部分,称为装配单元。一般情况下,装配单元可分为五级:零件、合件、组件、部件和产品。如图 9-1 所示。

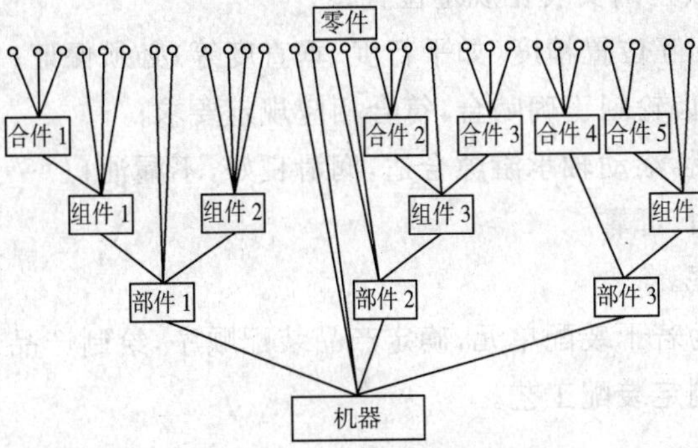

图 9-1　机器的装配过程

1. 零件

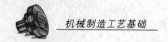

零件是产品制造的基本单元，也是组成产品的最小单元。零件一般都预先装成合件、组件、部件后才安装到机器上。

2. 合件

合件是若干个零件用不可拆卸联结法(如焊接)装配在一起后形成的单元，以及利用“加工装配法”装配在一起的几个零件(如发动机连杆小头和衬套)。

3. 组件

组件是在一个基准零件上，装上若干合件及零件而构成的。如机床主轴箱中的某一传动轴和轴上零件组合在一起后形成组件。

4. 部件

部件是由若干个零件、合件和组件组合而成，在产品中能完成一定和完整功能的独立单元。如车床的主轴箱、进给箱等。

由于产品的结构和功能的不同，并非所有的产品都有以上装配单元，有的产品可能没有合件，有的产品可能没有部件，这是在产品开发时根据需要设计的。

按规定的技术要求，将零件或部件进行配合和连接，使之成为半成品或成品的工艺过程，称为装配。

二、装配工作过程和基本内容

装配工作是将零件或部件按技术要求联结在一起形成半成品或成品的劳动，装配工作的依据是装配图，装配工作的目的是实现装配精度。装配工作的基本内容就是围绕以上要求进行的。下面以图 9-2 所示减速器装配为例，说明装配工作过程和基本内容。

1. 装配前的准备工作

(1)熟悉产品(包括部件、组件)装配图样、装配工艺文件和产品验收标准等，分析产品结构，了解零件间的连接关系和装配技术要求。

①在图 9-2 所示减速器中，减速器总装的基准件是箱体，整个减速器由三个组件组成：蜗杆轴组件、蜗轮轴组件和锥齿轮轴—轴承套组件。组件间的位置关系：蜗杆轴轴线与蜗轮轴轴线空间垂直交错，蜗轮轴轴线和锥齿轮轴轴线平面垂直交叉。

②减速器装配的主要技术要求有：

A. 零件与组件必须正确安装在规定位置；

B. 各轴线之间的相互位置精度(如平行度、垂直度等)必须保证；

C. 蜗轮蜗杆副、锥齿轮副正确啮合，符合相应规定要求；

D. 回转件运转灵活，滚动轴承游隙合适，润滑良好，不漏油；

E. 各固定连接牢固、可靠。

(2)确定装配的顺序。

把产品分解，划分为若干装配单元，确定产品装配顺序，绘制产品装配单元系统图，再划分出装配工序和工步，制定装配工艺。

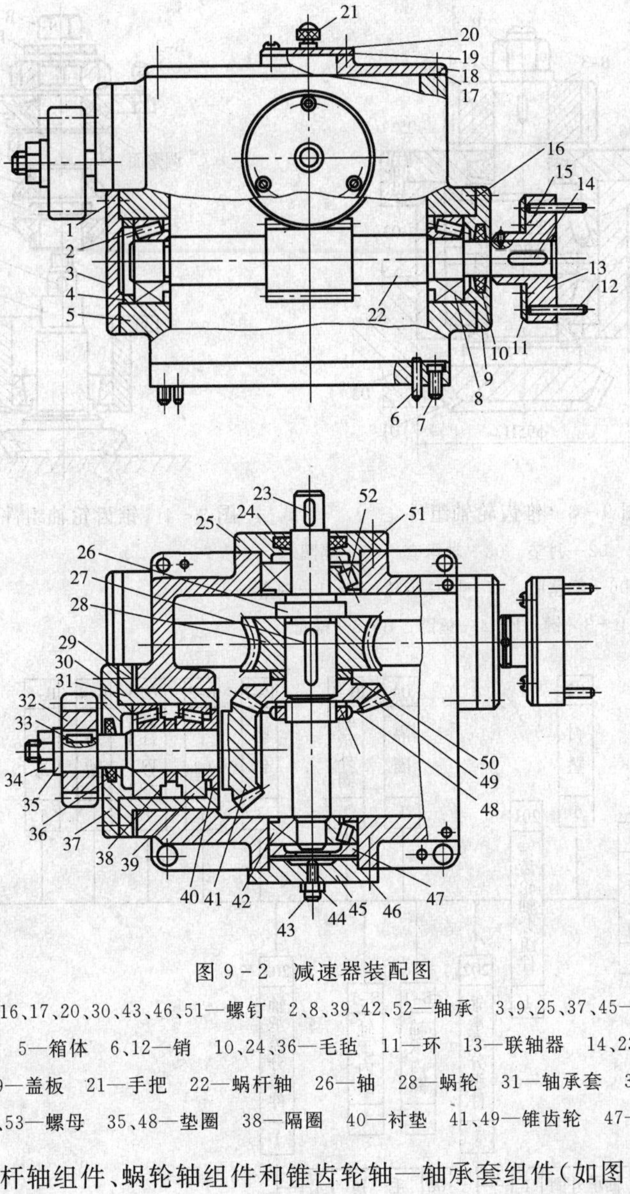

图 9－2 减速器装配图

1、7、15、16、17、20、30、43、46、51—螺钉 2、8、39、42、52—轴承 3、9、25、37、45—轴承盖 4、29、50—调整垫圈 5—箱体 6、12—销 10、24、36—毛毡 11—环 13—联轴器 14、23、27、33—平键 18—箱盖 19—盖板 21—手把 22—蜗杆轴 26—轴 28—蜗轮 31—轴承套 32—圆柱齿轮 34、44、53—螺母 35、48—垫圈 38—隔圈 40—衬垫 41、49—锥齿轮 47—压盖

①分别装配蜗杆轴组件、蜗轮轴组件和锥齿轮轴—轴承套组件(如图 9－3 所示)。在安装前要确定组内各零件的装配顺序和位置关系,图 9－4 所示为锥齿轮轴—轴承套组件的装配顺序图,也可采用图 9－5 所示的装配系统图表示。

A. 产品装配系统图的绘制　表示产品装配单元的划分及其装配顺序的图。图 9－4 所示为圆锥齿轮轴组件的装配图,经分解其装配顺序可按图示顺序来进行,然后绘制其装配单元系统图如图 9－5 所示。

绘制装配单元系统图时,先划一条横线,在横线左端画出代表基准件的长方格,在横线右端画出代表产品的长方格,然后按装配顺序从左向右将代表直接装到产品上的零件或组件的长方格从水平线引出,零件画在横线上面,组件划在横线下面。用同样方法可把每一组件及分组件的系统图展开画出。

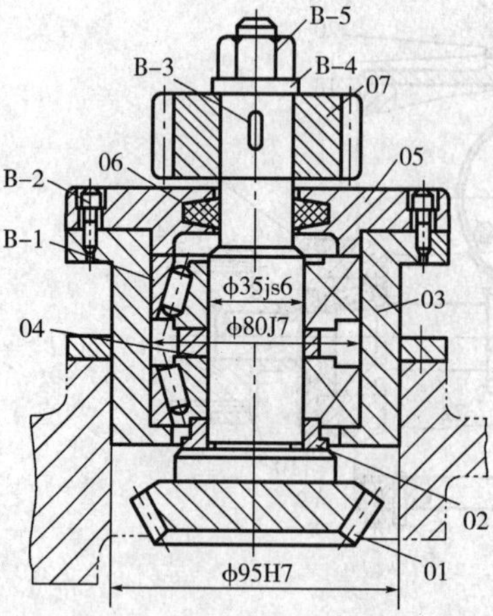

图 9-3　锥齿轮轴组件

01—锥齿轮轴　02—衬垫　03—轴承套　04—隔圈

05—轴承盖　06—毛毡圈　07—圆柱齿轮　B-1—轴承

B-2—螺钉　B-3—键　B-4—垫圈　B-5—螺母

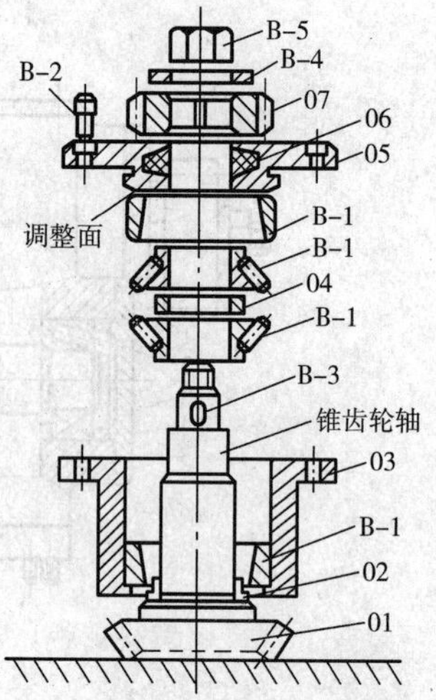

图 9-4　锥齿轮轴组件装配顺序

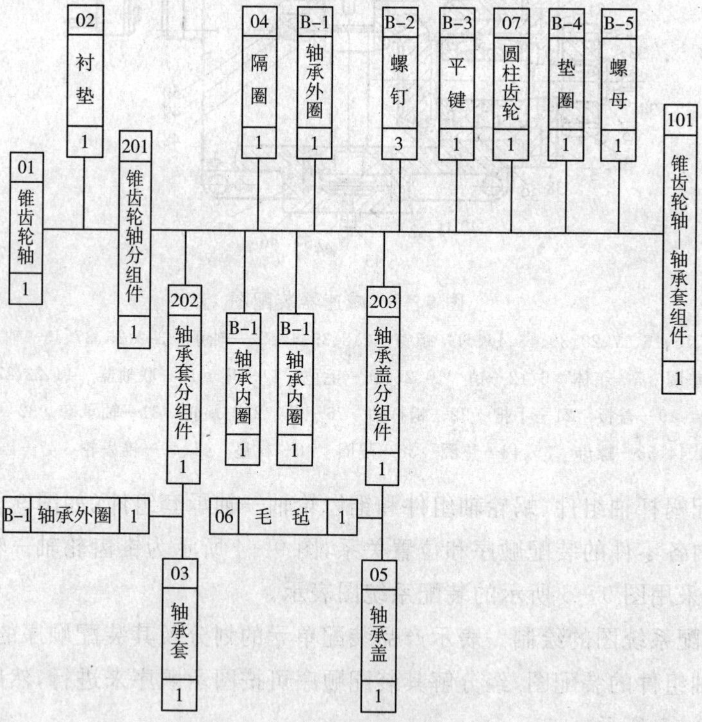

图 9-5　锥齿轮轴组件装配系统图

长方格内要注明零件或组件名称、编号和件数。

B. 装配工序和工步的划分　通常将整台机器或部件的装配工作分成装配工序和装配工步顺序进行。由一个工人或一组工人在不更换设备或地点的情况下完成的装配工作称为装配工序。用同一工具，不改变工作方法，并在固定的位置上连续完成的装配工作称为装配工步。

由锥齿轮轴组件装配单元系统图可知，锥齿轮轴组件可分成：锥齿轮分组件(201)装配、轴承套分组件(202)装配、轴承盖分组件(203)装配和锥齿轮轴组件(101)总成装配四个工序进行。

②三组件安装顺序：蜗杆轴组件——蜗轮轴组件——锥齿轮轴—轴承套组件。

③将其他零件分别装配到规定位置。

(3)确定装配方法，准备所需的装配工具，如压力机、套筒、铜棒、锤子等。

(4)清洗零件、整形和补充加工。

①清洗。用清洗剂清除零件表面的防锈油、灰尘、切屑等污物，防止装配时划伤、研损配合表面。

②整形。锉修箱盖、轴承盖等铸件的不加工表面，使其与箱体结合部位的外形一致，对于零件上未去除干净的毛刺、锐边及运输中因碰撞而产生的印痕等也应锉除。

③补充加工。指零件上某些部位需要在装配时进行的加工，有些特殊要求的零件还要进行平衡试验、密封性试验等，如箱体与箱盖、箱盖与盖板、各轴承盖与箱体的连接孔和螺孔的配钻、攻螺纹等，如图 9-6 所示。

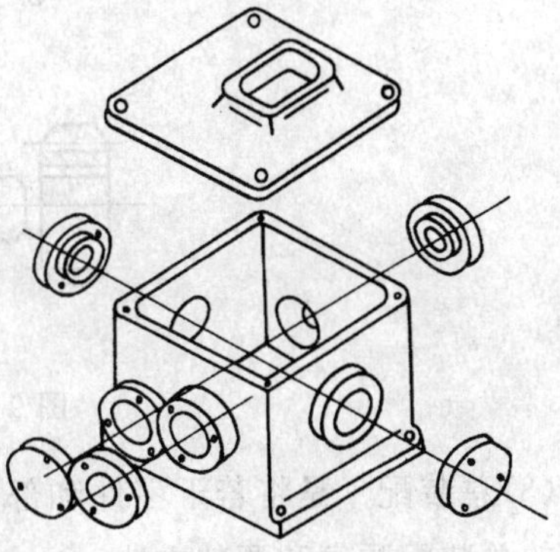

图 9-6 箱体与有关零件的装配加工

2. 装配工作

根据产品结构的复杂程度，装配工作可以分成组件装配、部件装配和总装配。

(1)组件装配 将若干零件(或零件与合件)连接成组件，或将若干零件和组件连接成结构更为复杂一些的组件。

①零件试装：在组件装配前，有时还需要试装。零件的试装又称为试配，是为保证产品总装质量而进行的各连接部位的局部试验性装配。为了保证装配精度，对未满足装配要求的，须进行调整或更换零件。例如，在图 9-2 中减速器中蜗杆轴 22 与联轴器 13、轴 26 与蜗轮 28 和锥齿轮 49、锥齿轮轴 41 与圆柱齿轮 32，均须进行平键连接试配，如图9-7 所示。

零件试配合适后，有些影响其他零件装配或总装配的零件需要卸下，如图 9-2 中序号 13 的联轴器和序号 32 的圆柱齿轮，应该作好配套标记，以便重新安装时方便定位。

②组件装配：根据装配顺序图分别装配蜗杆轴组件、锥齿轮轴—轴承套组件。装配蜗杆轴组件时，以序号 22 的蜗杆轴为基准件，装上两端轴承内圈分组件。装配锥齿轮轴—轴承套组件时，以序号 41 的锥齿轮轴(轴和锥齿轮组成的合件)为基准件按图 9-4 所示装配顺序依次装入有关零件。此时，由于图 9-2 中件 50 调整垫圈具体尺寸还不能确定，蜗轮轴组件不能组装。由于装配空间的限制，蜗轮轴组件装配只能在总装过程中进行。

(2)部件装配　将若干零件和组件连接成部件。如果把图 9－2 中减速器当作某一机械产品(如卷扬机)的部件,这时相当于进行部件装配。如果把减速器当作机械产品,由于其结构简单,没有部件,只有组件和零件组成,因此可以直接进入总装配。

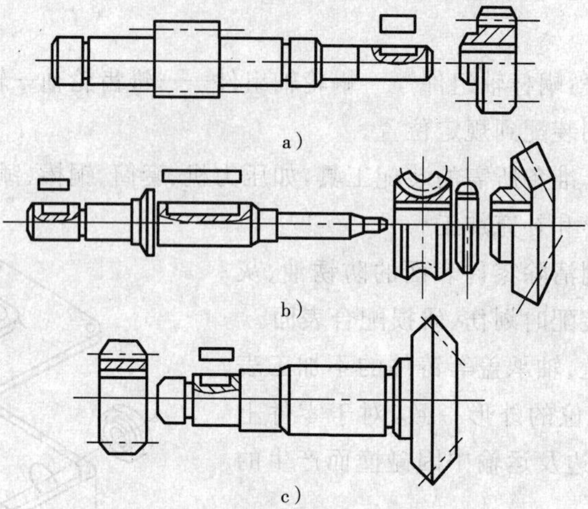

图 9－7　减速器零件配键预装

(3)总装配　是将若干零件和部件装配成最终产品。以图 9－2 所示减速器为例,说明产品的总装配顺序和调整方法。

①装配蜗杆轴组件。

装配要求:保证蜗杆轴轴向间隙在 0.01～0.02mm 之间。

装配顺序:轴承外圈装入箱体右端——装入蜗杆轴组件——轴承外圈装入箱体左端——装入右端轴承盖 5 并拧紧螺栓——用铜棒轻轻敲击蜗杆左端,使右端轴承消除游隙并贴紧右端轴承盖 5——装入调整垫片 1 和左端轴承盖 2——测量间隙△——确定调整垫圈的厚度——拆下左端轴承盖 2 和调整垫片 1——重新装入合适调整垫圈——装上左端轴承盖 2 并用螺栓拧紧。装配后,用百分表在蜗杆轴右侧外端检查轴向间隙,间隙值应在 0.01～0.02mm 之间,如图 9－8 所示。

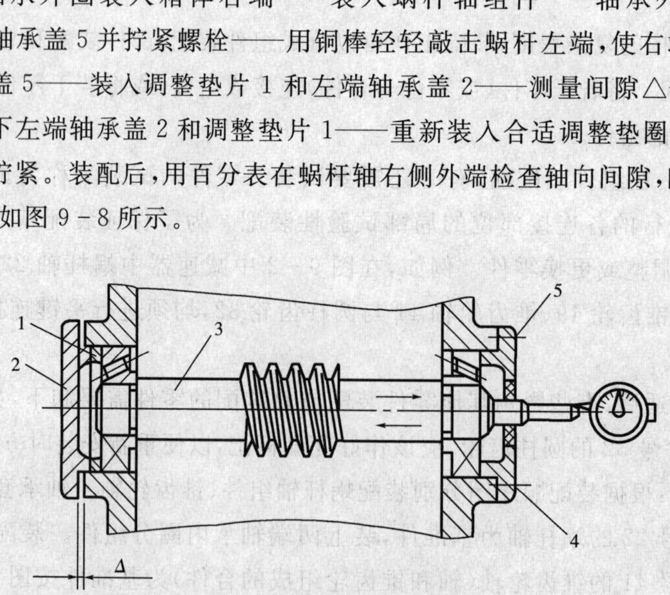

图 9－8　蜗杆轴组件的装配和轴向间隙的调整

1—调整垫片　2—左端轴承盖　3—蜗杆轴　4—螺栓　5—右端轴承盖

②试装蜗轮轴组件和锥齿轮轴—轴承套组件。

试装的目的：确定蜗轮轴的位置，使蜗轮的中间平面与蜗杆的轴线重合，以保证蜗杆副正确啮合；确定锥齿轮的轴向安装位置，以保证锥齿轮副的正确啮合。

蜗轮轴位置的确定：如图 9－9 所示要确定蜗轮轴位置，实际上就是确定左端轴承盖凸肩尺寸 H。先将圆锥滚子轴承的内圈 2 压入轴 6 的大端（左侧），通过箱体孔装上已试配好的蜗轮及轴承外圈 3，轴的小端装上用来替代轴承的轴套 7（便于拆卸）。轴向移动蜗轮轴，调整蜗轮与蜗杆正确啮合的位置并测量尺寸 H，据此确定调整轴承盖分组件 1 的凸肩尺寸（凸肩尺寸为 $H^{0}_{-0.02}$ mm）。

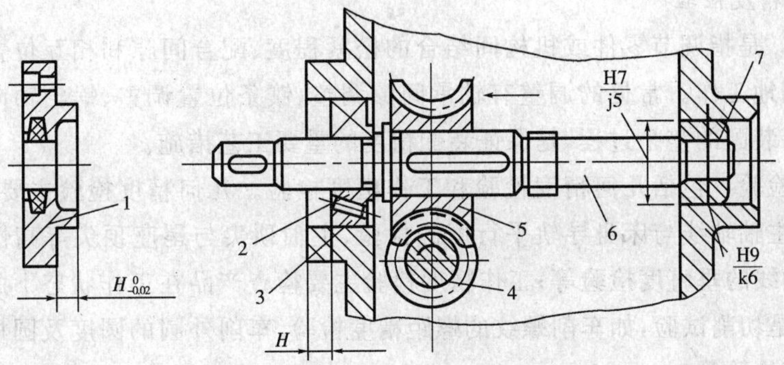

图 9－9　蜗轮轴组件的装配和位置的调整

1—轴承盖分组件　2—轴承内圈　3—轴承外圈　4—蜗杆　5—齿轮　6—轴　7—轴套

锥齿轮轴向位置的确定：如图 9－10 所示先在蜗轮轴上安装锥齿轮 4，再将装配好的锥齿轮轴—轴承套组件装入箱体，调整两锥齿轮的轴向位置，使其正确啮合，分别测量尺寸 H_1 和 H_2，据此确定两调整垫圈（在图 9－2 中，件 29 和件 50）的厚度。

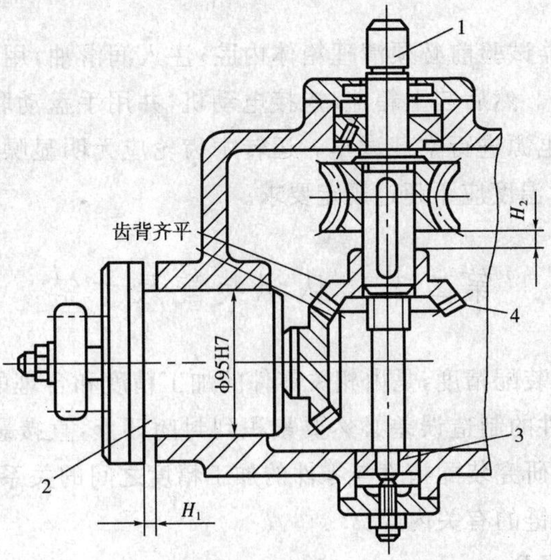

图 9－10　锥齿轮安装位置的确定

1—轴　2—锥齿轮轴—轴承套组件　3—轴套　4—锥齿轮

③装配蜗轮轴组件。

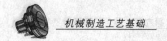

将装有轴承内圈和平键的轴放入箱体内，并依次将蜗轮、调整垫圈、锥齿轮、垫圈和螺母装在轴上，然后在箱体大轴承孔处（上端）装入轴承外圈和轴承盖分组件，在箱体小轴承孔处装入轴承、压盖和轴承盖，两端均用螺钉紧固。

④装入锥齿轮一轴承套组件。

在蜗轮轴组件安装完毕后，将锥齿轮轴—轴承套组件和调整垫圈一起装入箱体，用螺钉紧固。

⑤安装联轴器分组件等。

3. 调整、精度检验

(1)调整　是指调节零件或机构间结合的松紧程度、配合间隙和相互位置精度，使产品各机构能协调地工作。常见的调整有轴承间隙调整、镶条位置调整、蜗轮轴向位置调整等。调整工作贯穿装配的整个过程，是保证装配精度的重要工艺措施。

(2)精度检验　包括几何精度检验和工作精度检验。几何精度检验主要检查产品静态时的精度，如主轴轴线与床身导轨平行度的检验、主轴顶尖与尾座顶尖等高性检验、中滑板导轨与主轴轴线的垂直度检验等；工作精度检验主要检查产品在工作状态下的精度，对于机床来说，主要是切削试验，如车削螺纹的螺距精度检验、车削外圆的圆度及圆柱度检验、车削端面的平面度检验等。

对如图 9-2 所示的减速器，主要检查齿轮副的接触精度、齿侧间隙、相互位置精度和轴承间隙，经检查合格后安装箱盖。

4. 运转试验

是指机器装配后，按设计要求进行的运转试验。试车用来检查产品运转的灵活性、工作温升、密封性能、振动、噪声、转速和输出功率是否达到设计要求。试车包括空运转试验、负荷试验和超负荷试验。

图 9-2 所示减速器试验前必须清理箱体内腔，注入润滑油，用拨动联轴器的方法使润滑油均匀流至各润滑点。然后装上箱盖，连接电动机，并用手盘动联轴器使减速器回转，在一切符合要求后，接通电源进行空载试车。运转中齿轮应无明显噪声，传动性能符合要求，运转 30min 后检查轴承温度应不超过规定要求。

第二节　认识装配尺寸链

机械产品或部件的装配精度，是由相关零件的加工精度和合理的装配方法共同保证的。在装配过程中，相关零件的制造误差必然要累积到封闭环上，直接影响装配精度。因此，有必要通过装配尺寸链来研究装配精度与零件的加工精度之间的关系，保证产品的装配质量。本节主要阐述装配尺寸链的有关内容。

一、装配尺寸链的概念

在零件加工或机器装配过程中，由相互连接的尺寸形成的封闭尺寸组称为尺寸链。

在机械产品或部件的装配中，由相关零件的有关尺寸或相互位置关系组成的尺寸链称为装配尺寸链。如图 9-11 所示轴孔配合中，孔径、轴径和配合间隙三者就构成了一组装配尺寸链。

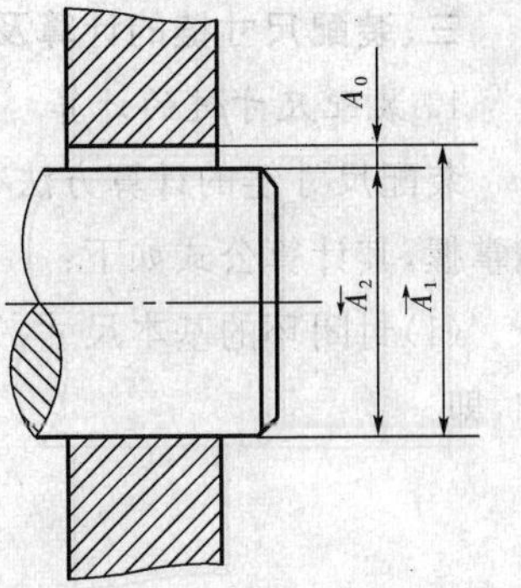

图 9-11 轴与孔的配合

装配尺寸链的组成：

(1)环 组成装配尺寸链的各个尺寸称为装配尺寸链的环，如图 9-11 中 A_0、A_1、A_2。

(2)封闭环 装配尺寸链中间接获得的环称为封闭环。一个尺寸链只有一个封闭环，装配尺寸链中，封闭环即装配技术要求。封闭环一般以下角标“0”表示，如图 9-11 中 A_0。

(3)组成环 除封闭环以外的其他环。组成环分增环和减环两种。同一尺寸链中的组成环用同一字母表示，如图 9-11 中 A_1、A_2。

(4)增环 当其余各组成环保持不变，某一组成环增大，封闭环也随之增大，则该环为增环。一般在该尺寸的代表符号上加一向右的箭头“→”表示，如图 9-11 中 A_1 为增环，记为“$\overrightarrow{A_1}$”。

(5)减环 当其余各组成环保持不变，某一组成环增大，封闭环反而减小，则该环即为减环。一般在该尺寸的代表符号上加一向左的箭头“←”表示，如图 9-11 中 A_2 为减环，记为“$\overleftarrow{A_2}$”。

二、建立装配尺寸链

建立装配尺寸链的方法和步骤：

1. 确定封闭环

装配尺寸链的建立是在产品或部件装配图上进行的。要正确确定封闭环，首先要看懂产品或部件的装配图，了解产品或部件的装配精度，一般产品的装配精度指标就是封闭环。在轴孔配合中为了保证孔与轴装配后能够灵活转动，要求装配后的径向间隙为 0.005～0.015mm，此间隙就是封闭环 A_0。

2. 查找组成环

以封闭环两端的两个零件为起点，沿着装配精度要求的方向，以相邻零件装配基准之间的联系为线索，分别找出对装配精度有影响的相关零件，直到找到同一个基准面为止。在轴孔配合中，A_0 的下端为轴(A_2)，A_0 的上端为孔(A_1)，A_1 和 A_2 在同一基准面相接，形成封闭状态，故 A_1 和 A_2 为组成环。

3. 画出尺寸链图，判断增环、减环

按照各组成环对封闭环的影响，确定其为增环或减环。在图 9-12中，A_1 为增环，A_2为减环。

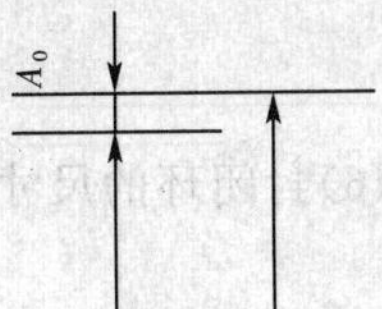

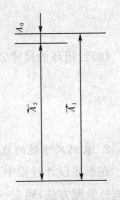

图 9-12 尺寸链图

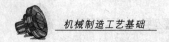

三、装配尺寸链的计算及应用

1. 装配尺寸链的计算

装配尺寸链的计算方法有极值法和概率法。通常采用极值法计算，该方法简单可靠，容易掌握，其计算公式如下：

(1)封闭环的基本尺寸 A_0 等于所有增环的基本尺寸之和减去所有减环的基本尺寸之和，即

$$A_0 = \sum_{i=1}^{m} \overrightarrow{A}_i - \sum_{j=m+1}^{n-1} \overleftarrow{A}_j$$

(2)封闭环的最大极限尺寸 $A_{0\max}$ 等于所有增环的最大极限尺寸减去所有减环的最小极限尺寸之和，即

$$A_{0\max} = \sum_{i=1}^{m} \overrightarrow{A}_{i\max} - \sum_{j=m+1}^{n-1} \overleftarrow{A}_{j\min}$$

(3)封闭环的最小极限尺寸 $A_{0\min}$ 等于所有增环的最小极限尺寸减去所有减环的最大极限尺寸之和，即

$$A_{0\min} = \sum_{i=1}^{m} \overrightarrow{A}_{i\min} - \sum_{j=m+1}^{n-1} \overleftarrow{A}_{j\max}$$

(4)封闭环的上偏差 ES_{A_0} 等于所有增环的上偏差之和减去所有减环的下偏差之和，即

$$ES_{A_0} = \sum_{i=1}^{m} ES_{\overrightarrow{A}_i} - \sum_{j=m+1}^{n-1} EI_{\overleftarrow{A}_j}$$

(5)封闭环的上偏差 EI_{A_0} 等于所有增环的下偏差之和减去所有减环的上偏差之和，即

$$EI_{A_0} = \sum_{i=1}^{m} EI_{\overrightarrow{A}_i} - \sum_{j=m+1}^{n-1} ES_{\overleftarrow{A}_j}$$

(6)封闭环的尺寸公差 T_{A_0} 等于所有组成环尺寸公差之和，即

$$T_{A_0} = \sum_{i=1}^{n-1} T_{A_i}$$

2. 装配尺寸链的应用

在产品设计过程中，设计者首先完成总装配图和部件装配图，并提出装配精度要求，然后选择装配方法，确定各零件的基本尺寸及偏差，这时可以通过解装配尺寸链来确定。当需要对已设计的图样进行校核验算时，利用与装配精度有关的零件基本尺寸及偏差，通过求解装配尺寸链，验算这些零件装配后的装配精度是否满足设计要求。

第三节 保证装配精度的方法

装配工作不仅仅是简单地把零件连接在一起，还必须满足一定的精度要求，机械产品的精度要求，最终靠装配来实现。而装配工作的核心问题是采用何种装配方法来达到规定的装配精度，特别是当零件的加工质量不十分高时，如何以较低的零件精度来达到较高的装配精度要求。恰当的装配工艺方法，不但能提高劳动生产率，还能有效地保证机械产品的装配质量。本节阐述选择装配精度的方法。

一、装配精度

装配过程并非简单地将合格零件进行连接，而是根据组件装配、部件装配和总装配的技术进行，每一级装配都有装配精度要求，最后还需要通过校正、调整、平衡、配作及反复试验来保证产品符合质量要求。

机器或部件装配后的实际几何参数与理想几何参数的符合程度称为装配精度。

一般机械产品的装配精度包括零部件间距离精度、相互位置精度、相对运动精度以及接触精度等。

1. 距离精度

指相关零件间的距离尺寸和装配中应保证的间隙。如卧式车床主轴轴线与尾座孔轴线不等高的精度、齿轮副的侧隙等，如图 9－13 所示。

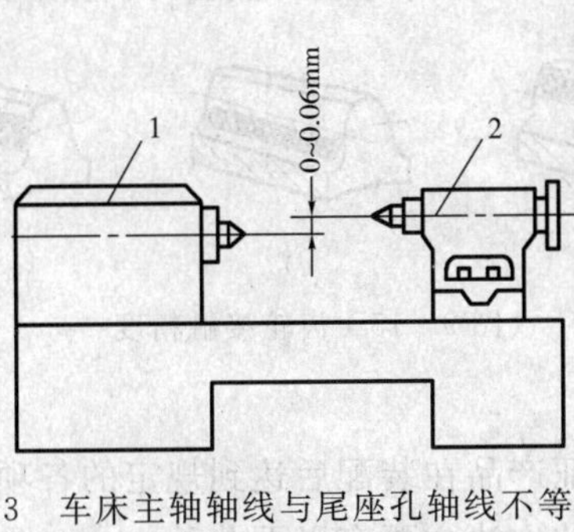

图 9－13 车床主轴轴线与尾座孔轴线不等高的精度

1—主轴箱 2—尾座

2. 相互位置精度

包括相关零部件间的平行度、垂直度、同轴度、跳动等。如主轴莫氏锥孔的径向圆跳动，其轴线对床身导轨面的平行度等。

如图 9－14 所示钻模在装配时要求严格控制定位心轴轴线与底平面 B 的平行度在 0.05mm 以内，还提出了钻套内孔轴线与底平面 B 的垂直度要求，与定位心轴轴线的对称度要求。

3. 相对运动精度

指产品中有相对运动的零部件间在相对运动方向和相对速度方面的精度。相对运动方向精度表现为零部件间相对运动的平行度和垂直度，如铣床工作台移动对主轴轴线的平行度或垂直度。相对速度精度即传动精度，如滚齿机主轴与工作台的相对运动速度等。

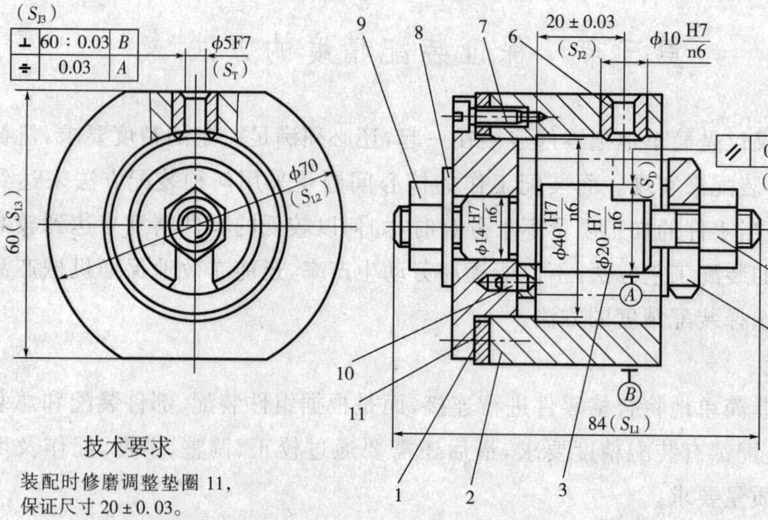

图 9-14　钻模具

1—盘　2—套　3—定位心轴　4—开口垫圈　5—夹紧螺母　6—固定钻套

7—螺钉　8—垫圈　9—锁紧螺母　10—防转销钉　11—调整垫圈

4. 接触精度

零部件间的接触精度通常以接触面积的大小、接触点的多少及分布的均匀性来衡量。如主轴与轴承的接触，机床工作台与床身导轨的接触，齿轮接触(如图 9-15 所示)等。

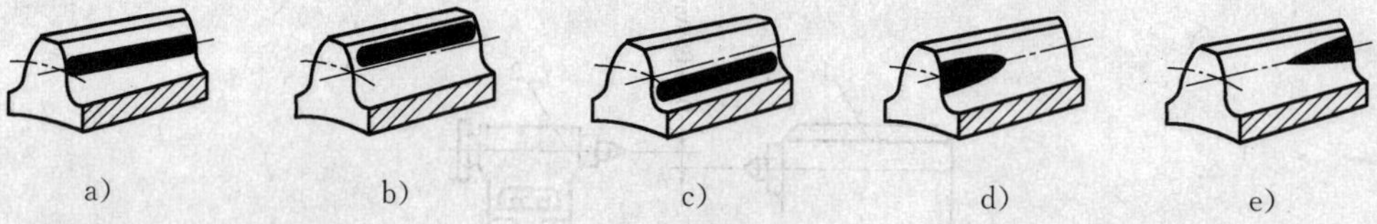

图 9-15　齿轮接触精度

二、保证装配精度的方法

装配工作的主要任务是保证产品在装配后达到规定的各项精度要求，因此，必须采取合理的装配方法。保证装配精度的方法主要有以下几种：

1. 完全互换装配法

(1)基本概念

完全互换装配法是指在装配过程中，参与装配的每一个零件不经任何选择、修理和调整，装上后全都能达到装配精度要求的装配方法。即使同类零件互换，仍然能保证设计的装配精度要求。如果产品在使用过程中某一零件磨损或损坏，只要换上一个新的同类零件即可正常使用。

这种方法的实质是靠控制零件的加工误差来保证产品的装配精度，即满足封闭环的公差等于或大于各组成环公差之和(采用极值法计算)，即

$$T_{A_0} \geqslant \sum_{i=1}^{n-1} T_{A_i}$$

式中：T_{A_0}——封闭环公差，mm；

T_{A_i}——组成环公差，mm；

n——尺寸链总环数。

(2)完全互换装配法的特点

①优点：装配质量稳定可靠，对装配工人的技术水平要求较低；装配工作简单、经济、生产率高，便于组织流水作业和自动化装配；零部件的互换性好，方便企业间的协作生产和用户维修。

②缺点：对零件的加工精度要求较高，特别是当封闭环要求较严或组成环的数目较多时，会提高零件的精度要求，给加工带来困难。

(3)完全互换装配法的适用场合

仅适用于参与装配的零件少，生产批量大，零件可以用经济加工精度制造的场合。如汽车、自行车和轴承等。

(4)完全互换装配法的尺寸链解法

①画装配尺寸链，判断封闭环、增环和减环。

②确定封闭环基本尺寸及偏差。

③确定协调环。由于一条装配尺寸链中有多个未知数，计算时是要选择一个容易加工的尺寸作"协调环"。它的极限偏差是通过计算后确定的，以便与其他组成环相协调，最后满足封闭环极限偏差的要求。确定协调环的原则是：结构简单，非标准件，不能是几个尺寸链的公共环，方便加工和测量。

④确定各组成环公差。

A. 先确定各组成环的平均公差。

B. 再确定各组成环公差值。对于结构简单，组成环数很少且基本尺寸相同或相近的装配尺寸链，可以直接选用平均公差值；对于结构较复杂，组成环数较多且基本尺寸相差较大的装配尺寸链，根据平均公差值查表对照标准公差值，选定与平均公差值相近的精度等级，一般各组成环按等精度(或相近精度)原则选取，避免零件精度差距过大。根据所选定精度等级确定各组成环的标准公差值。

C. 确定组成环公差带位置，组成环公差带位置按"入体原则"标注。对于内尺寸(孔)，其尺寸偏差按 H 配置；对于外尺寸(轴)，其尺寸偏差按 h 配置。

D. 确定协调环偏差，采用极值法计算。

[例题] 现设计一轴孔配合副，如图 9-16 所示，经过结构设计计算得出，轴孔配合副的基本尺寸为 30mm，根据产品的性能要求，配合间隙在 0.005～0.0015mm 之间，采用完全互换法装配，试确定轴、孔的尺寸及偏差。

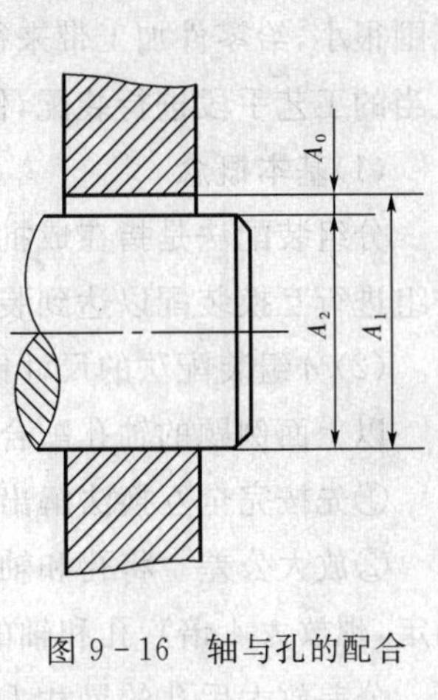

图 9-16 轴与孔的配合

解:①画装配尺寸链,如图 9-12

A_0 为封闭环,A_1 为增环,A_2 为减环。

②确定封闭环基本尺寸及偏差。

封闭环的基本尺寸 $A_0=A_1-A_2=0$。

根据题意,封闭环的尺寸 $A_0=0^{+0.015}_{+0.005}$mm,封闭环公差 $T_{A_0}=0.015-0.005=0.01$mm。

③确定协调环。

由于轴比孔更便于加工和测量,故选 A_2 为协调环。

④确定各组成环公差的平均公差。

各组成环的平均公差 $T_m=\dfrac{T_{A_0}}{m}=\dfrac{0.01}{2}=0.005$mm。

⑤确定组成环公差带位置。

组成环 A_1 为内尺寸,按基孔制确定公差带位置 $A_1=\phi30^{+0.005}_{0}$mm。

⑥确定协调环 A_2 的偏差。

根据公式,得

$$ES_{A_0}=\sum_{i=1}^{m}ES_{\vec{A}_i}-\sum_{j=m+1}^{n-1}EI_{\overleftarrow{A}_j}$$

$$ES_{A_0}=ES_{A_1}-EI_{A_2}$$

$$EI_{A_2}=ES_{A_1}-ES_{A_0}=0.005-0.015=-0.01\text{mm}$$

$$ES_{A_2}=EI_{A_2}+T_2=-0.01+0.005=-0.005\text{mm}$$

所以协调环 A_2 尺寸为 $\phi30^{-0.005}_{-0.010}$mm。

2. 分组装配法

完全互换装配法有很多优点,但加工精度要求特别高。从上面的例题可以看出,要保证轴孔间隙为 0.005~0.0015mm,孔的尺寸 $D=\phi30^{+0.005}_{0}$mm,轴的尺寸 $d=\phi30^{-0.005}_{-0.010}$mm,公差范围很小,给零件加工带来很大困难。能否放大配合件的公差,降低零件精度加工,再采用适当的工艺手段进行装配,保证装配精度要求呢?分组装配法便可以解决这一问题。

(1)基本概念

分组装配法是指在成批或大量生产中,将产品各配合副的零件按实测尺寸分组,装配时按组进行互换装配以达到装配精度的装配方法。

(2)分组装配法的尺寸链解法

以上面例题的轴孔配合副为例,说明分组装配法的尺寸链解法。具体方法和步骤如下:

①先按完全互换法解出各组成环的允许公差和偏差值(上例中已完成)。

②放大公差。将孔和轴的公差同时放大若干倍(放大的倍数根据经济精度和生产条件确定,现放大 4 倍),孔和轴的放大方向必须相同,如图 9-17 所示。

公差放大后孔的尺寸 $D=\phi30^{+0.02}_{0}$mm,轴的尺寸 $d=\phi30\pm0.01$mm;

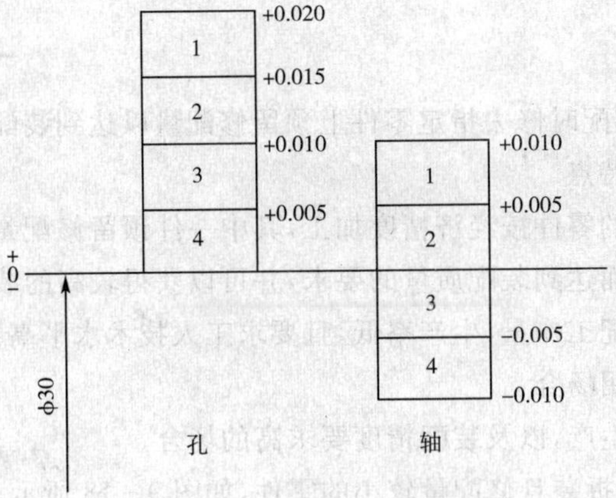

图 9-17 孔与轴的装配关系

③测量分组。将孔和轴公差放大后，再按尺寸加工，用精密量具逐一测量其实际尺寸，将孔、轴零件按实际尺寸从大到小分成四组(公差放大几倍，分组相应分成几组)，并按组号分别涂上不同颜色的标记，如下表 9-1 所示。

表 9-1 孔与轴的分组尺寸 mm

组别	标志颜色	孔直径 $D=\phi30_{0}^{+0.02}$	轴直径 $d=\phi30\pm0.01$	配合情况	
				最小间隙	最大间隙
1	蓝	$D=\phi30_{+0.015}^{+0.020}$	$d=\phi30_{+0.005}^{+0.010}$	0.005	0.015
2	红	$D=\phi30_{+0.010}^{+0.015}$	$d=\phi30_{0}^{+0.005}$		
3	白	$D=\phi30_{+0.005}^{+0.010}$	$d=\phi30_{-0.005}^{0}$		
4	黑	$D=\phi30_{0}^{+0.005}$	$d=\phi30_{-0.010}^{-0.005}$		

④分组装配。装配时将同一组内的轴孔零件相配(让具有相同颜色的轴孔零件相配)，小轴配小孔，大轴配大孔，使之达到原定的装配精度要求。

分组装配法装配前须对加工合格的零件逐件测量，并进行尺寸分组，装配时按对应组别进行互换装配，每组装配具有互换装配法的特点。因此在不提高零件制造精度的条件下，仍可以获得很高的装配精度。

(3)分组装配法的特点

①优点：由于采用了分组装配法，降低了零件的制造精度(公差放大为原来的四倍)，即降低了零件的生产成本，且仍然可获得较高的装配精度。

②缺点：分组装配法的缺点是增加了零件的检测、分组工作量，还增加了零件的投入批量、储存量及相应的管理工作。

(4)分组装配法的适用场合

一般应用于成批或大量生产中装配精度要求高、参与装配零件数量少且不便于调整装配的场合。如中小型柴油机的活塞与缸套、活塞与活塞销、滚动轴承内外圈和滚动体的装配等。

3. 修配装配法

(1)基本概念

修配装配法是指装配时修去指定零件上预留修配量以达到装配精度的方法。

(2)修配装配法的特点

①优点：参与装配的零件按经济精度加工，其中一件预留修配量，装配时进行修配，补偿装配中的累积误差，从而达到装配质量的要求，并可以获得较高的装配精度。

②缺点：增加了装配工作量，生产率低，且要求工人技术水平高。

(3)修配装配法适用场合

多用于单件、小批生产，以及装配精度要求高的场合。

修配件应选择易于拆装且修配量较小的零件，如图 9-18 所示。

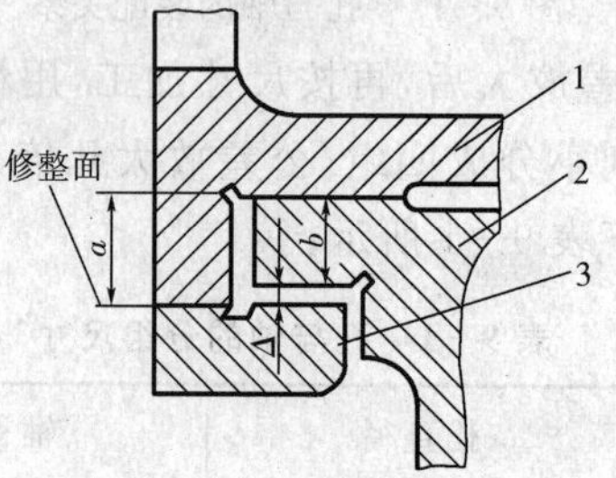

图 9-18　床鞍的修配装配

1—床鞍　2—床身　3—压板

图中压板是在机床工作时用以限制床鞍离开床面，床鞍与床面的间隙(即压板与床身下导轨面的间隙)$\Delta=a-b$，装配时通过修整压板使间隙 Δ 满足装配要求。由于床身和床鞍都是笨重的零件，采用控制 a、b 的尺寸(提高精度)保证间隙的方法是不经济的。

4. 调整装配法

(1)基本概念

调整装配法是指在装配时改变产品中可调整零件的相对位置或选用合适的调整件以达到装配精度的方法。

常见的调整方法有两种：

①固定调整法：预先制造各种尺寸的固定调整件(如不同厚度的垫圈、垫片等)，装配时根据实际累积误差，选定所需尺寸的调整件装入，以保证装配精度要求，如图 9-19 所示，传动轴组件装入箱体时，使用适当厚度的调整垫圈(补偿件)补偿累积误差，保证箱体内侧面与传动轴组件的轴向间隙。

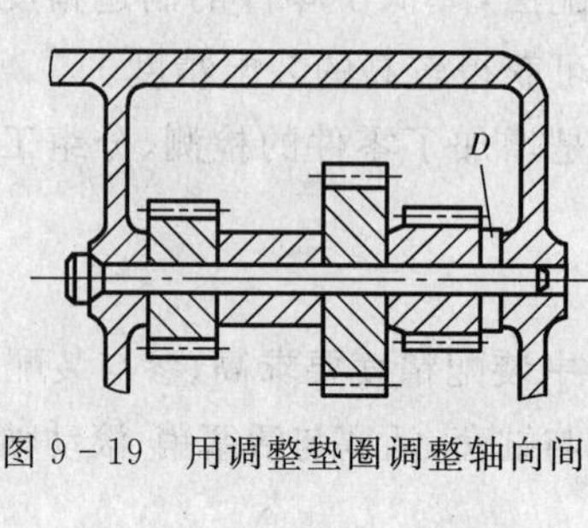

图 9-19　用调整垫圈调整轴向间隙

②可动调整法:使调整件移动、回转或移动和回转同时进行,以改变其位置,进而达到装配精度。常用的可动调整件有螺钉、螺母、楔块等。可动调整法在调整过程中不需拆卸零件,故应用较广。如图 9-20 所示,通过调整螺钉使楔块上下移动,改变两螺母间距,以调整传动丝杠和螺母的轴向间隙。图 9-21 所示为用螺钉调整轴承的轴向间隙。

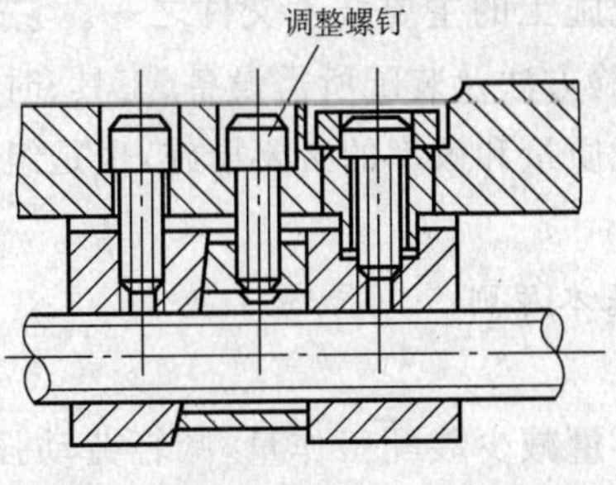

图 9-20　用螺钉、楔块调整丝杠和螺母的轴向间隙

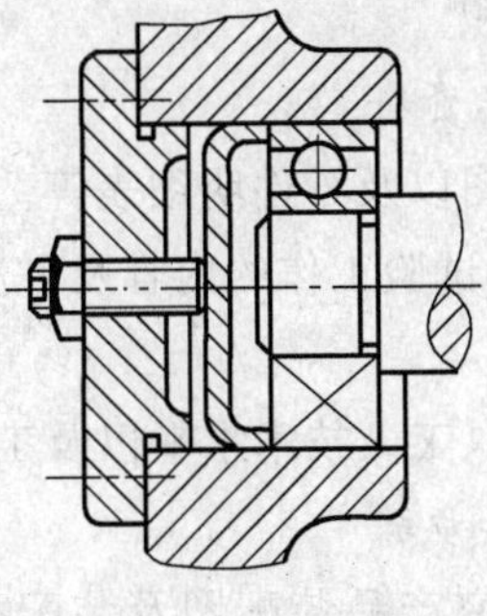
图 9-21　轴承间隙的调整

(2)调整装配法的特点

零件按经济加工精度制造,装配时产生的累积误差用机构设计时预先设定的固定调整件(又称补偿件)或改变可动调整件相对位置来消除。

调整装配法可获得很高的装配精度,并且可以随时调整因磨损、热变形或弹性及塑性变形等原因所引起的误差。其不足之处就是增加了零件数量及较复杂的调整工作位置。

(3)调整装配法的适用场合

①固定调整装配法和可动调整装配法均适合用于封闭环公差要求较严而组成环又较多的装配尺寸链,在汽车、拖拉机、自行车等机械产品中得到广泛应用。

②固定调整装配法适用于对刚度要求高、不需要经常调整间隙的机构,如减速机传动轴轴向间隙调整机构。

③可动调整装配法适用于对刚度要求较低、对配合要求较高且需要经常调整间隙的机构。如自行车前后轴轴向间隙调整机构。

第四节　装配工艺规程的制订

装配前通过熟悉产品装配图、工艺文件和技术要求,了解产品的结构、零件的作用以及

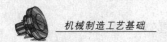

相互连接关系，把产品分解，划分为若干装配单元，确定装配方法、顺序，绘制装配单元系统图，划分装配工序和工步，还需要以书面形式制定出技术文件去指导装配施工，因此制订装配工艺规程是必不可少的环节。本节主要阐述装配工艺规程的制订方法。

一、装配工艺规程及其作用

装配工艺规程是指导装配施工的主要技术文件之一。它规定产品及部件的装配顺序、装配方法、装配技术要求和检验方法及装配所需设备、工具、时间定额等。

装配工艺规程是提高装配质量和效率的必要措施，也是组织生产的重要依据。

二、装配工艺规程的制订

1. 制订装配工艺规程的基本原则

(1)保证产品装配质量。

(2)合理安排装配工序，尽量减少装配工作量，减轻劳动强度，提高装配效率，缩短装配周期。

(3)尽可能少占车间的生产面积。

2. 制订装配工艺规程所需原始资料

(1)产品的总装图和部件装配图以及零件明细表等。

(2)产品的验收技术条件，包括试验工作的内容及方法。

(3)产品生产规模。

(4)现有的工艺装配、车间面积、工人技术水平以及工时定额标准等。

3. 制订装配工艺规程的方法和步骤

(1)对产品进行分析。包括研究产品装配图及装配技术要求；对产品进行结构尺寸分析，根据装配精度进行尺寸链分析计算，以确定达到装配精度的方法；对产品结构进行工艺性分析，将产品分解成可独立装配的组件和分组件。

(2)确定装配组织形式。主要根据产品结构特点和生产批量，选择适当的装配组织形式，进而确定总装及部装的划分，装配工序是集中还是分散，产品装配运输方式及工作场地准备等。

(3)根据装配单元确定装配顺序。首先选择装配基准件，如前面所分析的圆锥齿轮组件装配以锥齿轮分组件为基准，然后根据装配结构的具体情况，按先下后上，先内后外，先难后易，先精密后一般，先重后轻的规律去确定其他零件或分组件的装配顺序。

(4)划分装配工序。装配顺序确定后，还要将装配工艺过程划分为若干工序，并确定各个工序的工作内容、所需的设备、工夹具及工时定额等。

(5)制订装配工艺卡片。单件小批生产，不需指定工艺卡，工人按装配图和装配单元系统图进行装配。成批生产，应根据装配系统图分别制订总装和部装的装配工艺卡片，用以简要说明每一工序的工作内容、所需设备和工夹具、工人技术等级、时间定额等。大批量生产则需要一序一卡。如前面所分析的锥齿轮组件的装配工艺卡片如下：

锥齿轮轴组件装配工艺卡

<table>
<tr><td colspan="3" rowspan="3">（锥齿轮轴组件装配图）</td><td colspan="3">装配技术要求</td></tr>
<tr><td colspan="3">(1)组装时，各装入零件应符合图样要求；</td></tr>
<tr><td colspan="3">(2)组装后圆锥齿轮应转动灵活，无轴向窜动</td></tr>
<tr><td rowspan="2">（厂名）</td><td colspan="2" rowspan="2">装配工艺卡</td><td>产品型号</td><td>部件名称</td><td>装配图号</td></tr>
<tr><td></td><td>轴承套</td><td></td></tr>
<tr><td>车间名称</td><td>工段</td><td>班组</td><td>工序数量</td><td>部件数</td><td>净重</td></tr>
<tr><td>装配车间</td><td></td><td></td><td>4</td><td>1</td><td></td></tr>
</table>

<table>
<tr><td rowspan="2">工序号</td><td rowspan="2">工步号</td><td rowspan="2">装配内容</td><td rowspan="2">设备</td><td colspan="2">工艺设备</td><td rowspan="2">工人等级</td><td rowspan="2">工序时间</td></tr>
<tr><td>名称</td><td>编号</td></tr>
<tr><td>Ⅰ</td><td>1</td><td>分组件装配：圆锥齿轮与衬垫的装配以锥齿轮轴为基准，将衬垫套装在轴上</td><td></td><td></td><td></td><td></td><td></td></tr>
<tr><td>Ⅱ</td><td>1</td><td>分组件装配：轴承盖与毛毡的装配，将已剪好的毛毡塞入轴承盖槽内</td><td></td><td></td><td></td><td></td><td></td></tr>
<tr><td rowspan="4">Ⅲ</td><td></td><td>分组件装配：轴承套与轴承外圈的装配</td><td rowspan="4">压力机</td><td rowspan="4">塞规
卡板</td><td rowspan="4"></td><td rowspan="4"></td><td rowspan="4"></td></tr>
<tr><td>1</td><td>用专用量具分别检查轴承套孔及轴承外圈尺寸</td></tr>
<tr><td>2</td><td>在配合面上加机油</td></tr>
<tr><td>3</td><td>以轴承套为基准，将轴承外圈压入孔内至底面</td></tr>
<tr><td rowspan="8">Ⅳ</td><td></td><td>锥齿轮轴组件装配</td><td rowspan="8">压力机</td><td rowspan="8"></td><td rowspan="8"></td><td rowspan="8"></td><td rowspan="8"></td></tr>
<tr><td>1</td><td>以圆锥齿轮组件为基准，将轴承套分组件套装在轴上</td></tr>
<tr><td>2</td><td>在配合面上加油，将轴承内圈压装在轴上并紧贴衬垫</td></tr>
<tr><td>3</td><td>套上隔圈，将另一轴承内圈压装在轴上，直至与隔圈接触</td></tr>
<tr><td>4</td><td>将另一轴承外圈涂上油，轻压至轴承套内</td></tr>
<tr><td>5</td><td>装入轴承盖分组件，调整端面的高度，使轴承间隙符合要求后，拧紧螺钉</td></tr>
<tr><td>6</td><td>安装平键，套装齿轮、垫圈、拧紧螺母，注意配合面加油</td></tr>
<tr><td>7</td><td>检查锥齿轮转动的灵活性及轴向窜动</td></tr>
</table>

<table>
<tr><td></td><td></td><td></td><td></td><td></td><td></td><td></td><td></td><td></td><td>共　张</td></tr>
<tr><td>编号</td><td>日期</td><td>签章</td><td>编号</td><td>日期</td><td>签章</td><td>编制</td><td>移交</td><td>批准</td><td>第　张</td></tr>
</table>

第五节　典型部件的装配

一、可拆连接件的装配

常见可拆连接有螺纹连接、键连接、销连接等。

1. 螺纹连接件的装配

(1)装配技术要求

螺纹连接件装配的主要技术要求是：有合适、均衡的预紧力，保证要求的配合精度，连接后有关零件不发生变形，螺钉、螺母不产生偏斜和弯曲以及防松装置可靠等。

(2)装配作业要点

①装配时，螺纹件通常采用各种扳手(呆扳手、活动扳手、套筒扳手等)拧紧，拧紧力矩应适当：太小会降低连接强度，太大则可能扭断螺纹件。对于需要控制拧紧力矩的螺纹连接件，须采用限力矩扳手或测力扳手拧紧。

②成组螺纹连接件装配时，为了保证各螺钉(或螺母)具有相等的预紧力，使连接零件均匀受压、紧密贴合，必须注意螺钉(或螺母)拧紧的顺序，各组螺纹连接均采用对称拧紧的顺序，如图 9－22 所示。

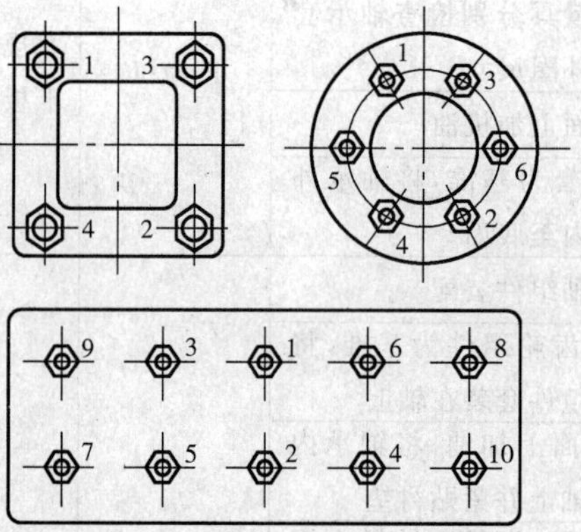

图 9－22　螺钉(或螺母)的拧紧顺序

(3)螺纹连接的防松措施

一般螺纹连接都有自锁性能，在受静载荷和工作温度变化不大时，不会自行脱落。但在受冲击、振动和变载荷作用下，以及工作温度变化很大时，这种连接有可能自松，影响正常工作甚至发生事故。常用的方法有：设置锁紧螺母、弹簧垫圈、串联钢丝和使用开口销与带槽螺母等防松装置。

2. 普通平键连接的装配

(1)装配技术要求

平键连接装配的主要技术要求是：保证平键与轴及轴上零件键槽间的配合要求，能平稳地传递运动与转矩。

普通平键连接的结构及剖面尺寸如图 9－23 所示。

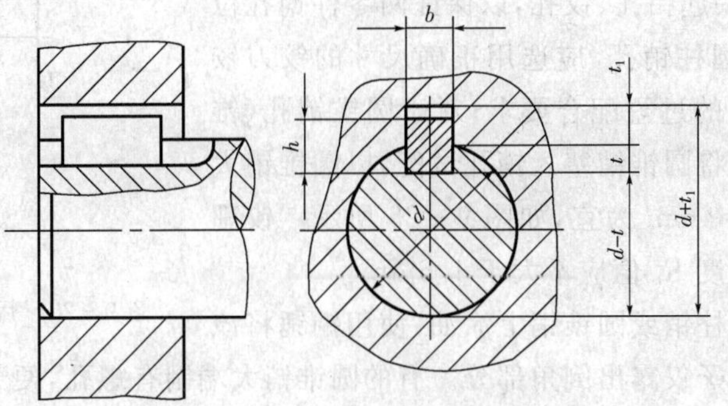

图 9－23 普通平键连接的结构

(2)装配作业要点

成批、大量生产中的平键连接，平键采用标准件，轴与轴上零件的键槽按标准加工，装配后即可保证配合要求。单件、小批生产中，常用手工修配的方法达到配合要求，其作业要点如下：

①以轴上键槽为基准，配作平键两侧面，使其与轴槽的配合有一定的过盈。同时配锉键长，使键端与轴槽有 0.1mm 左右的间隙。

②将轴槽锐边倒钝，使铜棒或台虎钳(使用软钳口)将平键压入轴槽，并使键底面与槽底贴合。

③配装轴上零件(齿轮、带轮等)，平键顶面与轴上零件键槽底面必须留有一定的间隙，并注意不要破坏轴与轴上零件原有的同轴度。平键两侧面与轴上零件键槽侧面间应有一定过盈，若配合过紧，可调整轴上零件键槽的侧面，但不允许有松动，以保证平稳地传递运动和转矩。

3. 销连接的装配

(1)装配技术要求

销连接在机械中主要起到定位、紧固及传递转矩、保护等作用，如图 9－24 所示。

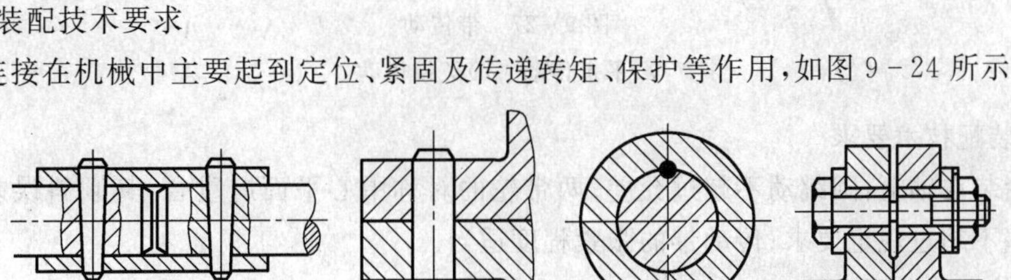

a)　　b)　　c)　　d)

图 9－24 销连接的应用

a)紧固并传递转矩 b)、c)定位 d)保护

销连接的主要技术要求是：销通过过盈紧固在销孔中，保证被连接零件具有正确的相对位置。

(2)装配作业要点

①将被连接的两零件按规定的相对位置装配，达到位置精度要求后，予以固定。

②将零件组合一起钻孔、铰孔，以保证两零件销孔位置的一致性。对于圆柱销孔，应选用正确尺寸的铰刀铰孔，以保证与圆柱销的过盈配合要求；对于圆锥销孔（锥度1∶50），铰孔时应将圆锥销塞入销孔试配，以圆锥销大端露出零件端面 3～4mm 为宜，如图 9－25 所示。铰削后的销孔，表面粗糙度 R_a 值应不大于 1.6μm。

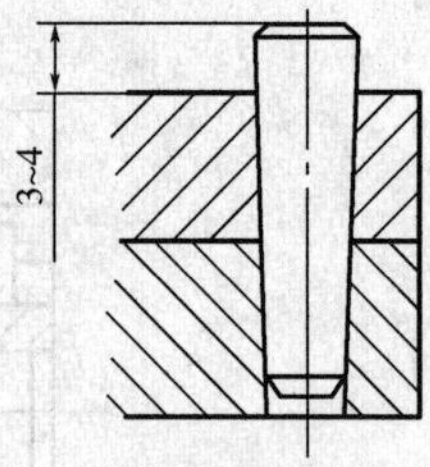

图 9－25　用圆锥销试配销孔尺寸

③装配时，在圆柱销或圆锥销上涂油，使用铜锤将该销轴敲入销孔，使销子仅露出倒角部分。有的圆锥销大端制有螺孔，便于拆卸时使用拔销器将销取出，如图 9－26 所示。

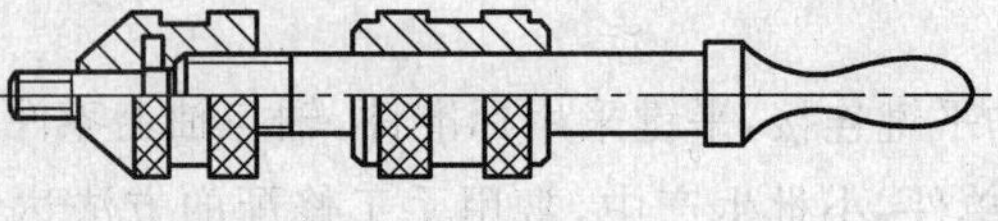
图 9－26　拔销器

二、传动机构的装配

1. 带传动机构的装配

常用带传动有平带传动和 V 带传动等，如图 9－27 所示。

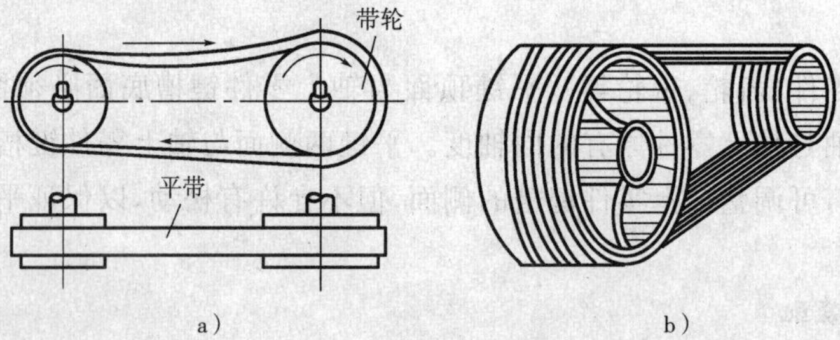

图 9－27　带传动

a)平带传动　b)V 带传动

(1)装配技术要求

带轮装在轴上，圆跳动不超过允差；两带轮的对称中心平面应重合，其倾斜误差和轴向偏移误差不超过规定要求；传动带的张紧程度适当。

(2)装配作业要点

①带轮安装：带轮在轴上安装一般采用过渡配合。为防止带轮歪斜，安装时应尽量采用专用工具，如图 9－28 所示。

安装后，使用划针盘或百分表检查带轮径向圆跳动和端面圆跳动，如图 9－29 所示。

②带轮间相互位置的保证：带轮间相互位置的正确性一般在装配过程中通过调整达到。对两带轮对称中心平面的重合程度，当两轮中心距不大时可

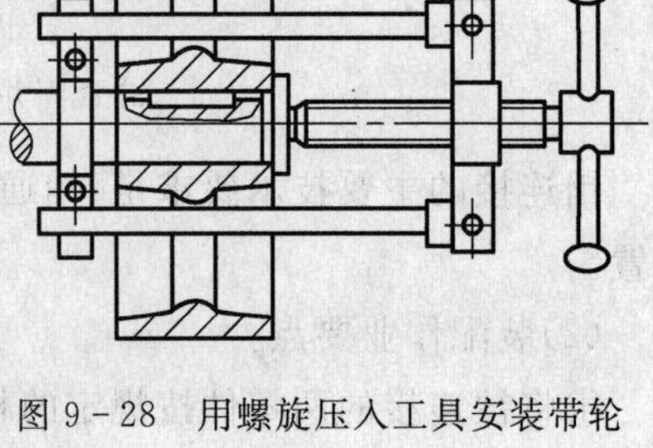
图 9－28　用螺旋压入工具安装带轮

用钢直尺检查，中心距较大时可用拉线法检查，如图 9－30 所示。

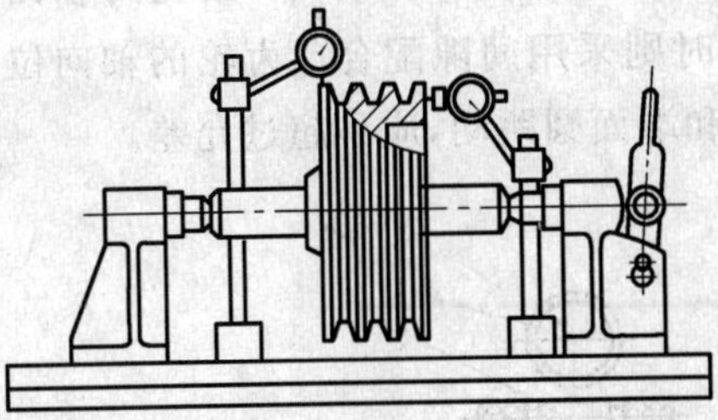

图 9－29 带轮圆跳动的检查

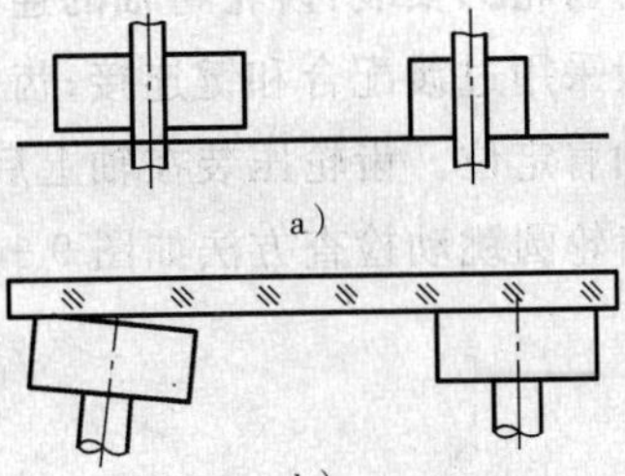

a)

b)

图 9－30 带轮相互位置正确性检查

a)拉线法 b)钢直尺法

③V 带的安装：先将 V 带套在小带轮槽中，然后边转动大带轮，边用手或工具将 V 带拨入大带轮槽中。安装好的 V 带在带轮槽中的正确位置应是 V 带的外边缘与带轮轮缘平齐(新装 V 带可略高于轮缘)，如图 9－31 所示。

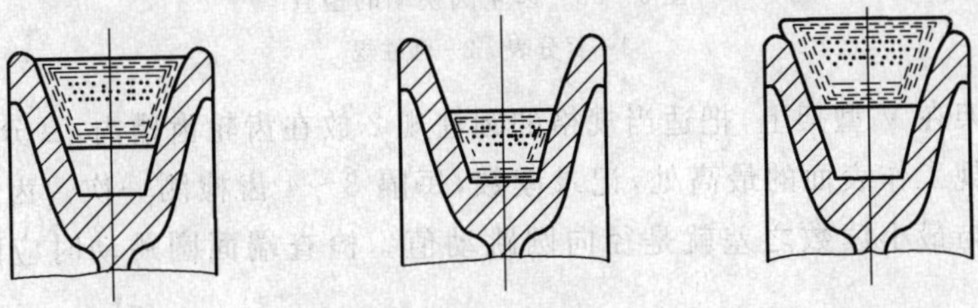

a) b) c)

图 9－31 V 带在带轮槽中的位置

a)正确 b)、c)错误

若 V 带陷入槽底会导致工作侧面接触不良；若 V 带高出轮缘则使工作侧面接触面积减少，导致传动能力降低。

④张紧力的调整：张紧力应适当。张紧力太小会使带传动打滑并引起带的跳动；张紧力太大将造成传动带、轴、轴承的过早磨损，并使传动效率降低。张紧力的调整可以通过调整两带轮间中心距或使用张紧轮的方法进行。对于中等中心距的 V 带传动，其张紧程度，以大拇指将 V 带中部压下 15mm 为宜，如图 9－32 所示。

图 9－32 V 带的张紧程度

2. 齿轮传动机构的装配

圆柱齿轮传动机构是齿轮传动中最常见、最普遍的一种。

(1)装配技术要求

保证两齿轮间严格的传动比；齿轮之间的侧隙和齿面的接触质量符合规定要求；齿宽的错位误差小于规定值。

(2)装配作业要点

①齿轮的安装：齿轮与轴的连接有固定连接和空套连接两种形式。齿轮与轴固定连接时一般采用过渡配合和键连接；齿轮空套在轴上时则采用间隙配合。齿轮的轴向位置通常采用轴肩定位。齿轮压装在轴上后，须检查径向和端面圆跳动，应不超过允差。

齿轮圆跳动检查方法如图 9-33 所示。

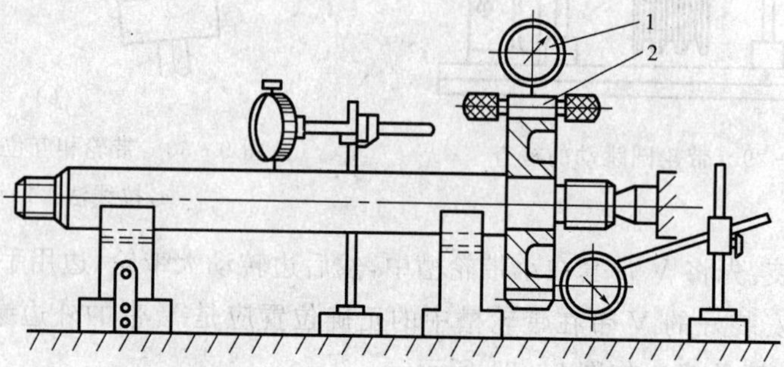

图 9-33　齿轮圆跳动的检查

1—百分表　2—圆柱规

将齿轮轴架在 V 型架上，把适当规格的圆柱规 2 放在齿轮齿槽内，百分表 1 的测量杆垂直抵在圆柱规工作表面的最高处，记录读数，每隔 3～4 齿检测一次。齿轮回转一周百分表最大读数与最小读数之差就是径向圆跳动值。检查端面圆跳动时应防止齿轮轴向移动。

②齿轮副侧隙的保证：齿轮啮合时应具有规定要求的侧隙。侧隙在齿轮加工时用控制齿厚的上、下偏差来保证，也可在装配时通过调整中心距来达到。装配时，侧隙可用塞尺或百分表直接测量。用百分表直接测量时，应先将一齿轮固定，再将百分表测量杆抵在另一齿轮的表面上，测出的可动齿轮面的摆动量即为侧隙。若用百分表不便直接测量时，则可使用拨杆进行，如图 9-34 所示。

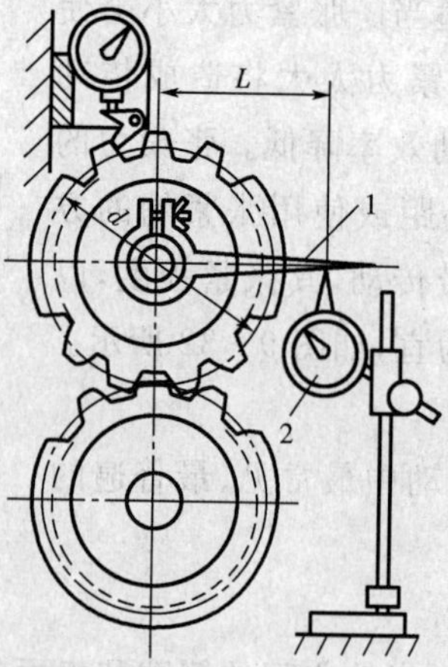

图 9-34　齿轮副侧隙的检查

侧隙值可通过下面公式换算

$$j_n = \frac{cd}{2L}$$

式中：j_n——齿轮副法向侧隙，mm；

c——摆动齿轮时百分表读数，mm；

d——齿轮分度圆直径，mm；

L——拨杆长（测量点到齿轮中心的距离），mm。

大模数的齿轮副的侧隙较大，如图 9－35 所示，可用压扁软金属丝的方法测量：将直径适当的软金属丝垂直于齿轮轴线方向放置在齿面上，齿轮啮合时被压扁的软金属丝厚度即为侧隙。

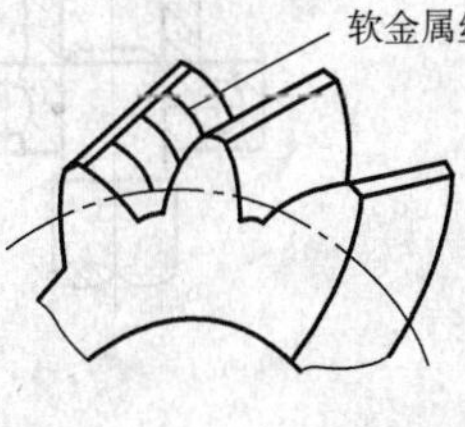

图 9－35 用软金属丝测量侧隙

③齿轮副的接触质量：齿轮副接触质量用接触斑点的大小及位置来衡量，用涂色法经无载荷跑合后检查。好的接触质量，其接触斑点大小按高度方向量度一般为 40%～55%，按长度（齿宽）方向量度一般为 50%～80%，接触斑点应在齿面的中部，如图 9－36 所示。

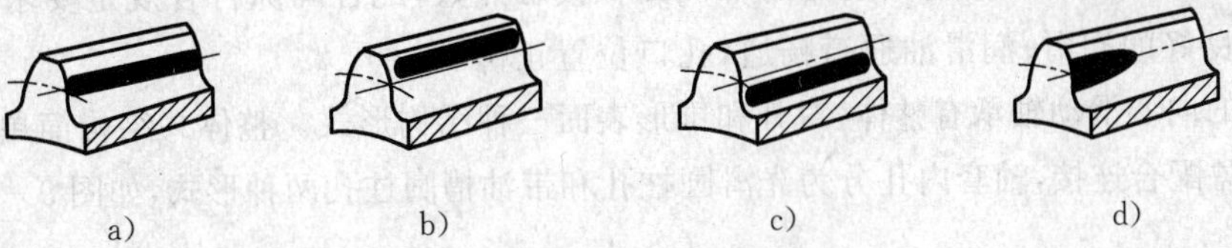

图 9－36 圆柱齿轮副的接触斑点

a)正确啮合 b)中心距太大 c)中心距太小 d)两轴线歪斜

中心距太大，接触斑点上移；中心距太小，接触斑点下移；两齿轮轴线不平行，则接触斑点偏向齿宽方向一侧。如出现以上情形，可在中心距允差的范围内，通过刮削轴瓦或调整轴承座改善。

三、轴承的装配

1. 滚动轴承的装配

(1)装配技术要求

保证轴承内圈与轴颈、轴承外圈与轴承座孔的正确配合；径向、轴向游隙符合要求；回转灵活，噪声和温升值符合规定要求。

(2)常用滚动轴承装配作业要点

滚动轴承是标准件，装配前应先将滚动轴承去除油封，轴承和与之相配合的零件用煤油清洗干净，并在配合表面上涂上润滑油。需要用润滑脂润滑的轴承，在清洗后按要求涂上洁净的润滑脂。

滚动轴承内圈与轴颈一般采用过盈配合，外圈与轴承座孔（或箱体孔）一般采用过渡配合。装配时使用手锤或压力机压装。由于轴承的内外圈较薄，装配时容易变形，因此，应使用铜质或软质钢材制造的装配套筒垫在内外圈上，使压装时内外圈受力均匀，并保证滚动体不受任何装配力作用，如图 9－37 所示。

如果轴承内圈与轴颈配合的过盈量较大，可将轴承放入有网格的油箱（以保证受热均匀）中加热后装配；小型轴承则可用挂钩挂在油中加热。

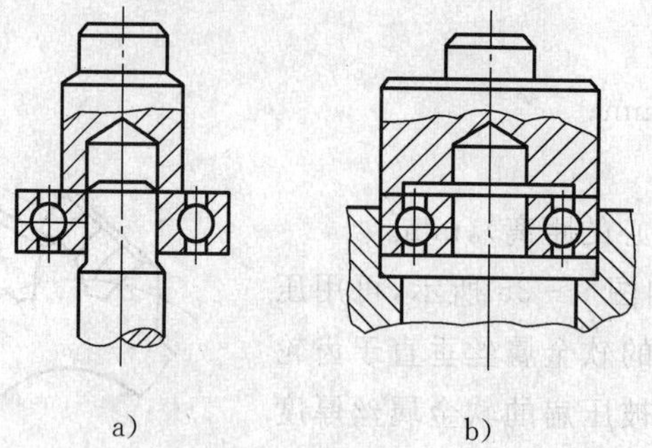

图 9-37　滚动轴承的压装

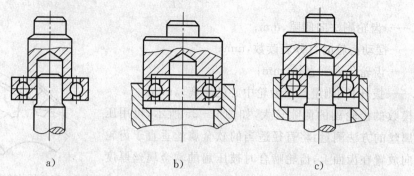

a)压装内圈　b)压装外圈　c)同时压装内外圈

2. 滑动轴承的装配

(1)装配技术要求

轴颈与轴承配合表面达到规定的单位面积接触点数；配合间隙符合规定要求，以保证工作时得到良好的润滑；润滑油通道畅通，孔口位置正确。

普通的向心滑动轴承有整体、对开和锥形表面三种结构形式。整体式结构简单，轴套与轴承座用过盈配合连接，轴套内孔分为光滑圆柱孔和带油槽圆柱孔两种形式，如图 9-38 所示。

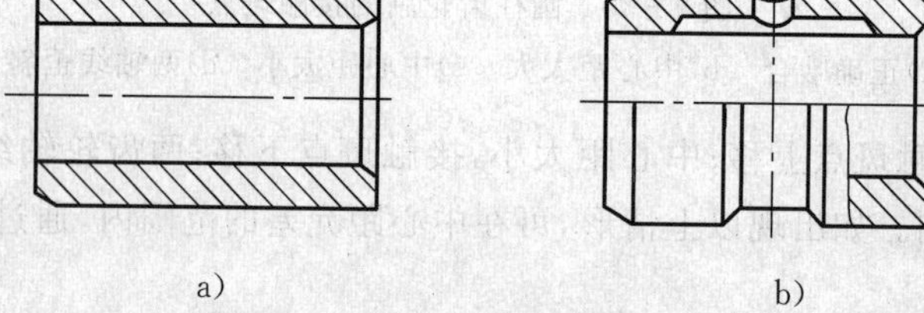

图 9-38　整体式滑动轴承

a)光滑轴套　b)带油槽轴套

轴套与轴颈之间的间隙不能调整，机构安装和拆卸时必须沿轴向移动轴或轴承，很不方便。对开式轴承，其轴瓦与轴颈之间的间隙可以调整，安装简单，维修方便。锥形表面轴承的轴套有外柱内锥与外锥内柱两种结构，轴套与轴颈之间的间隙通过轴与轴套的轴向相对位移调整。

(2)整体式轴承装配作业要点

①压装套筒：压装前，应清洁配合表面并涂以润滑油。有油孔的轴套压前应与轴承座上的油孔周向位置对齐，不带凸肩的轴套压入轴承座后应与座孔端面齐平。压装轴套可用锤子敲入或用压力机压入，但均应注意防止轴套歪斜。常用装配方法如下表所示。

②轴套孔壁的修正：轴套压入后，其内孔容易发生变形，如尺寸变小，圆度、圆柱度误差增大等，此外箱体（机体）两端轴承的轴套孔的同轴度误差也会增大。因此，应检查轴承与轴的配合情况，并根据轴套与轴颈之间规定的间隙和单位面积接触点数的要求进行修正，直至达到规定要求。轴套孔壁修正常采用铰孔、刮削或滚压等方法。

使用衬垫压入：在轴套 2 上垫以衬垫 1，用锤子直接将其敲入轴承座。衬垫的作用主要是避免击伤轴套。这种方法简单，但容易发生轴套歪斜。	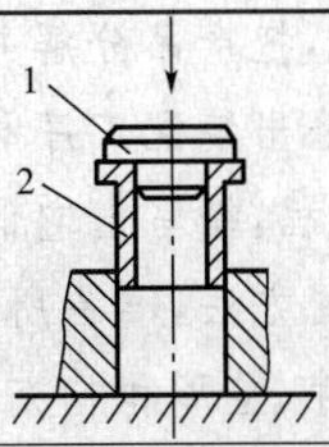
使用导向套压入：在使用衬垫同时采用导向套 3，由导向套控制压入方向，防止轴套歪斜。	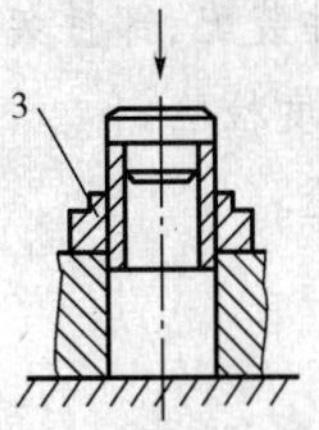
使用专用心轴：使用专用心轴 4 导向，主要用于薄壁轴套的压装。	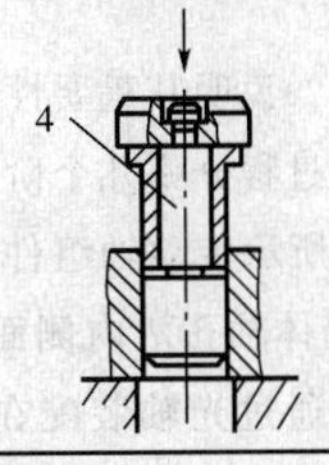

实训项目——减速器的装配

训练目标

减速器是一种通用的机械设备，安装在原动机与工作机之间，用来降低转速和相应增大转矩。如图 9－2 所示是常用的蜗轮、锥齿轮减速器。通过装配实训，使学生对减速器各个零件、部件有直观认识，熟悉装配的工作过程和内容，掌握装配工艺的分析制定以及常见可拆连接件、传动机构和轴承的装配，熟练正确运用常用装拆工具，并思考装配精度和保证装配精度的方法。

工作任务

(1)实训前要认真阅读减速器装配图样和装配技术要求，分析产品结构，了解零件间的连接关系和装配技术要求，分析该减速器部件的装配工艺过程，制定减速器各组件的工艺规程，编写出它们的装配工艺卡。

(2)运用正确的装配方法，正确使用拆装工具完成减速器的拆装工作。

(3)通过实训，养成认真负责的工作习惯和同学间相互配合与团结协作的精神。

(4)实训结束后认真总结完成实训小结报告。

工具和量具

(1)活动扳手和呆扳手、压力机、套筒、铜棒、锤子等工具。

(2)游标卡尺、钢直尺、百分表等量具。

步骤和内容

(1)认真阅读减速器装配图样和装配技术要求，分析产品结构，了解零件间的连接关系和装配技术要求，把产品分解并划分为若干装配单元，确定产品装配顺序，绘制产品装配单元系统图，再划分出装配工序和工步，分析制定该减速器部件的装配工艺过程，制定减速器各组件的工艺规程，编写出它们的装配工艺卡。

(2)确定装配方法，准备所需的装配工具。

(3)清洗零件、整形和补充加工。

(4)按照组件装配、部件装配、总装的顺序完成装配工作。

(5)调整、精度检验。

(6)运转试验。

思考与练习

1. 什么是装配？说明其重要性。

2. 产品的装配过程分哪几个阶段？各个阶段的主要内容是什么？

3. 如图 9-39 所示传动轴组件，在装配前所有零件均已加工完毕。在轴向的尺寸有：箱体轴孔两内侧面距离尺寸 A_1、齿轮尺寸 A_2、垫片尺寸 A_3，当三个零件通过光轴装配在一起后，要求形成一定的轴向间隙 A_0，试建立该组件的装配尺寸链。

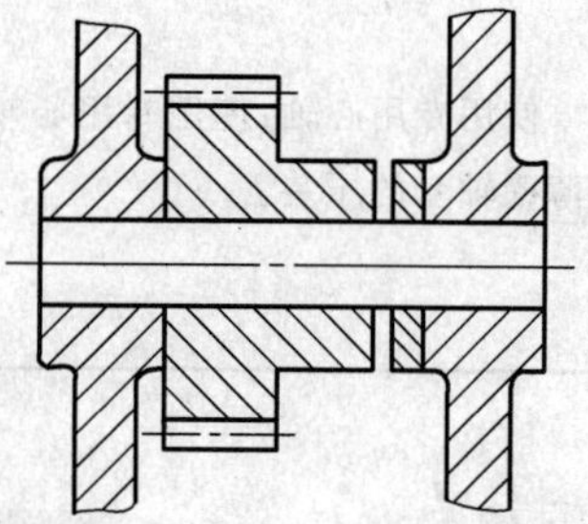

图 9-39 传动轴组件装配

4. 什么是装配精度？一般产品的装配精度包括哪些内容？

5. 保证装配精度的方法有哪几种？各有什么特点？

6. 如图 9-40 所示为键和键槽的装配关系，根据结构设计可知，键和键槽的基本尺寸 $A_1=A_2=20$mm，要求装配间隙 $A_0=0^{+0.15}_{+0.05}$mm。请思考：

①为了保证装配精度，可选用哪些装配方法？

②如果大批量生产，请选择保证装配精度的方法，并确定各组成零件的尺寸及偏差。

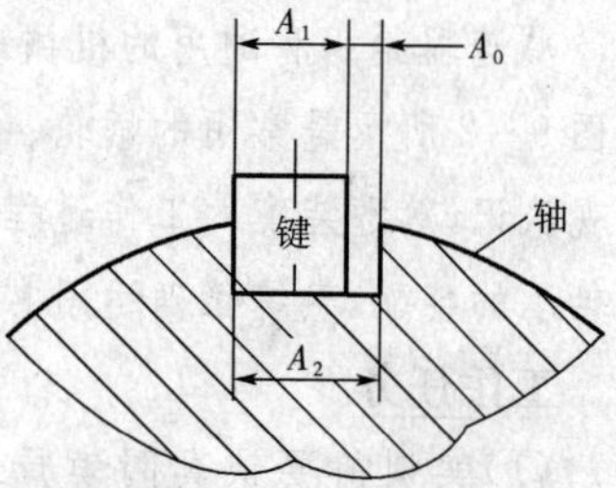

图 9-40 键和键槽的装配

7. 根据工艺分析，试制定减速器部件中蜗杆轴组件（如图 9-8 所示）和蜗轮轴组件（如图 9-9 所示）的工艺规程，编写出它们的装配工艺卡。

8. 常用可拆卸连接有哪些？

9. 成组螺纹连接时，拧紧顺序对连接质量有何影响？举例说明连接时的拧紧顺序。

10. 带传动机构装配的主要技术要求是什么？

11. 张紧程度对带传动有什么影响？调整张紧力的方法有哪些？

12. 装配带轮时，如何防止带轮歪斜？

13. 齿轮机构装配的主要技术要求有哪些？

14. 如何检查齿轮的圆跳动误差？

15. 齿轮副侧隙的大小如何来测定？

16. 齿轮副正确啮合时的接触斑点如何？

17. 滚动轴承的装配的主要技术要求是什么？

18. 滑动轴承的装配的主要技术要求是什么？

参考文献

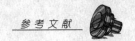

1. 陈海魁主编．机械制造工艺基础．北京:中国劳动社会保障出版社，2000.

2. 蒋增福主编．钳工工艺与技能训练．北京:中国劳动社会保障出版社，2001.

3. 宁晓波主编．机械加工技术．北京:高等教育出版社,2002.

4. 王雪艳主编．机械技术基础．武汉:华中科技大学出版社,2007.

5. 尹玉珍主编．机械制造技术常识．北京:电子工业出版社,2006.